500kV BIANDIAN YUNWEI
CAOZUO JINENG

500kV 变电运维操作技能

主　编　张红艳

中国电力出版社
CHINA ELECTRIC POWER PRESS

内 容 提 要

　　本书系统梳理了变电运维专业知识和技能操作项目，紧密结合现场实际工作要求，以技能训练为核心，以技术规范、规程、作业指导书为依据，突出教材可操作性、实用性和典型性。

　　本书共分十九章，主要内容包括变电站继电保护典型配置及基本原理、断路器及线路停送电操作、变压器停送电、母线停送电操作、电容器停送电操作、直流系统停送电、二次设备操作、新设备投运操作、变电站设备定期试验与轮换、设备巡视的一般要求及规定、一次设备巡视及异常处理、二次设备巡视及异常处理、常见二次回路异常处理、变电站继电保护动作行为分析、故障处理基本原则及步骤、线路事故处理、变压器事故处理、母线事故处理、复杂事故处理等。

　　本书对供电企业 500kV 变电运维人员岗位培训有较强的指导作用，也可作为其他专业了解变电运维知识的参考资料。

图书在版编目（CIP）数据

500kV 变电运维操作技能 / 张红艳主编 . —北京：中国电力出版社，2021.8
ISBN 978-7-5198-5563-5

Ⅰ . ① 5… Ⅱ . ①张… Ⅲ . ①变电所—电力系统运行 Ⅳ . ① TM63

中国版本图书馆 CIP 数据核字（2021）第 064461 号

出版发行：中国电力出版社
地　　址：北京市东城区北京站西街 19 号（邮政编码 100005）
网　　址：http://www.cepp.sgcc.com.cn
责任编辑：孙建英（010-63412369）　代　旭
责任校对：黄　蓓　郝军燕
装帧设计：赵丽媛
责任印制：吴　迪

印　　刷：三河市万龙印装有限公司
版　　次：2021 年 8 月第一版
印　　次：2021 年 8 月北京第一次印刷
开　　本：787 毫米 ×1092 毫米　16 开本
印　　张：17.25　插页 1 张
字　　数：385 千字
印　　数：0001—2000 册
定　　价：88.00 元

本 书 编 委 会

主　　任　陈铁雷
委　　员　赵晓波　杨军强　田　青　石玉荣　郭小燕
　　　　　祝晓辉　毕会静

本 书 编 审 组

主　　编　张红艳
编写人员　张　亮　王利桃　李兴文　张国旭　段三良
　　　　　苗俊杰　刘　磊　董　哲　岳　洋　曾建生
　　　　　刘　哲
主　　审　张　云　宋彦军　祖树涛

前　言

为满足供电企业变电运维一线员工培训需求，加强岗位技能培训的系统性、针对性，特编写此书。本书紧密结合现场实际工作要求，以技能训练为核心，以技术规范、规程、作业指导书为依据，突出教材可操作性、实用性和典型性。

本书共分十九章，包括变电站继电保护典型配置及基本原理、倒闸操作、设备巡视及异常处理、事故处理等方面。本书的编写中，张红艳同志任主编，负责全书的统稿和各章节内容的初审，张云、宋彦军、祖树涛同志任主审，负责全书的审定。第一章由张红艳、张亮、苗俊杰、刘哲同志编写，第二章由王利桃同志编写，第三章由李兴文、刘磊同志编写，第四章由张红艳、苗俊杰、董哲同志编写，第五章、第六章、第九章由张国旭同志编写，第七章、第十八章由李兴文同志编写，第八章由张红艳、王利桃、张国旭同志编写，第十章、第十五章、第十九章由段三良同志编写，第十一章由段三良、张红艳同志编写，第十二章由李兴文、岳洋同志编写，第十三章、第十四章由张亮、张红艳同志编写，第十六章由王利桃、张红艳同志编写，第十七章由张国旭、曾建生同志编写。

本书系统梳理了变电运维专业知识和技能操作项目，在内容上，以仿真变电站的设备配置为基础，按照"知识够用、技能必备"的原则编写实训项目，并结合实训内容和实际案例进行知识点解析。各类实训项目与现场人员的实际工作相吻合，能激发学习兴趣，提高现场人员对各项技能作业的深入理解。

本书的编写得到了国网河北省电力有限公司检修分公司的大力支持，在此，表示衷心地感谢！同时，编写过程中参考了大量的文献书籍，在此对原作者表示深深的谢意！

本书如能对读者和培训工作有所帮助，我们将感到十分欣慰。由于编者的水平有限，难免存在纰漏，敬请各位专家、读者指正。

编者
2021 年 3 月

目　录

第 一 章

变电站继电保护典型配置及基本原理

第一节 继电保护基本知识

电力系统是由发电、输电、变电、配电和用电组成的一个整体，电力系统中的输电、变电、配电三部分称为电力网。变电站是连接电力系统的中间环节，是电网中一个个的节点，用以汇集电源、升降电压和分配电力，通常由一次设备、二次设备（主控制室）和相应的设施以及辅助生产建筑物等组成。一次设备是指直接生产、输送和分配电能的高压电气设备，包括主变压器、高压断路器、隔离开关、互感器等设备；二次设备是指对一次设备的工作进行监视、控制、调节、保护以及为运行、维护人员提供运行工况或生产指挥信号所需的低压电气设备。

一、继电保护概念

继电保护装置是指能反应电力系统中电气元件发生故障或不正常运行状态，并动作于断路器跳闸或发出信号的一种自动装置。

二、继电保护基本任务

（1）自动、迅速、有选择地将故障元件从电力系统中切除，使故障元件免于继续遭到破坏，保证其他无故障部分迅速恢复正常运行。

（2）反应电气元件的不正常运行状态，并根据运行维护的条件（如是否无人值班），而动作于发信号、减负荷或跳闸。此时一般不要求保护迅速动作，而是根据对电力系统及其设备的危害程度规定一定的延时，以免不必要的动作和由于干扰而引起的误动作。

三、继电保护的基本原理

继电保护反应的是电气元件故障或不正常运行状态，因此需要继电保护能够正确地区分正常运行与发生故障或不正常运行状态之间的差别。

电气元件发生故障或不正常运行状态时有以下特征：

（1）电流增大：发生短路故障后会在电源与短路点之间的设备中通过很大的短路电流，根据这个特征可以构成过电流保护。

（2）电压降低：伴随电流突增，电压会迅速下降，而且离故障点越近电压降得越多，甚至为零，根据这个特征可构成低电压保护。

（3）阻抗降低：阻抗为电压与电流的比值，发生短路故障时，电流突增，电压突降，所以测量阻抗降低，根据这个特征可构成阻抗保护。

（4）出现序分量：发生接地故障时会产生零序分量，非对称故障时会产生负序分量，根据这些特征可构成序分量保护。

（5）方向变化：发生故障时电压电流间的相位角会发生变化，根据此特征可构成方向保护。

（6）出现差流：正常时电气元件流入电流和流出电流相等，差流近似为零，而短路时流入电流和流出电流不相等，产生很大差流，根据此特征可构成差动保护。

（7）非电量状态变化：当发生故障时，电气元件的压力、温度等非电量状态发生变化，根据此特征可构成非电量保护。

四、继电保护分类

1. 按采集量

按采集量可分为电量保护和非电量保护。

2. 按作用

按作用可分为主保护、后备保护、辅助保护和异常运行保护。

（1）主保护是为满足系统稳定和设备安全要求，能以最快速度有选择性地切除被保护设备和线路故障的保护。

（2）后备保护是主保护或断路器拒动时，用来切除故障的保护。后备保护可分为远后备保护和近后备保护两种。远后备保护是当主保护或断路器拒动时，由相邻电力设备或线路的保护来实现的后备保护。近后备保护是当主保护拒动时，由本电力设备或线路的另一套保护来实现的后备保护。

（3）辅助保护是为补充主保护和后备保护的性能或当主保护和后备保护退出运行时而起保护作用。

（4）异常运行保护是反应被保护电力设备或线路异常运行的保护。

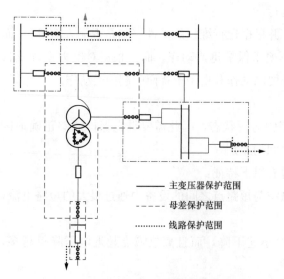

图 1-1　保护范围划分图

3. 按反应故障类型

可分为接地保护和相间短路保护。

4. 按被保护设备

可分为母线保护、主变压器保护和线路保护等。

五、继电保护范围划分

保护所需要的电流都取自电流互感器，所以保护范围的划分通常是以电流互感器为界。

如图 1-1 所示，电流互感器通常装设在断路器与线路侧或主变压器侧隔离开关之间，电流互感器线路侧属于线路保护范围，电流互感器母线侧属于母线保护范围，同样电流互感器主变压器侧属于主变压器差动保护范围。各主保护之间通过交叉取用不同二次圈电流形成保护交叉区，消除保护死区。考虑到实际运行中10~35kV断路器可靠性不高，断路器在切除短路故障中发生爆炸的事件时有发生，按照反措要求将主变压器低压侧断路器纳入主变压器差动保护范围之内。

六、继电保护的配置要求

电力系统重要设备的继电保护应采用双重化配置。

（1）双重化配置的继电保护应满足以下基本要求：

1）两套保护装置的交流电流应分别取自电流互感器互相独立的绕组；交流电压宜分别取自电压互感器互相独立的绕组。其保护范围应交叉重叠，避免死区。

2）两套保护装置的直流电源应取自不同蓄电池组供电的直流母线段。

3）两套保护装置的跳闸回路应与断路器的两个跳闸线圈分别一一对应。

4）两套保护装置与其他保护、设备配合的回路应遵循相互独立的原则，且两套保护装置之间不应有电气联系。

5）线路纵联保护的通道（含光纤、微波、载波等通道及加工设备和供电电源等）、远方跳闸及就地判别装置应遵循相互独立的原则按双重化配置。

（2）330kV及以上电压等级输变电设备的保护应按双重化配置。

（3）220kV及以上电压等级线路保护应按双重化配置。

（4）220kV及以上电压等级变压器、高压电抗器、滤波器等设备微机保护应按双重化配置。每套保护均应含有完整的主、后备保护，能反应被保护设备的各种故障及异常状态，并能作用于跳闸或给出信号。

第二节　线路保护配置及基本原理

一、线路保护分类

（1）反应一端电气量的保护：在被保护元件的一端取电气量通过检测、比较鉴别出"正常"与"不正常"两种运行状态时的差别并以此特点构成的保护。常用的有过电流保护、零序保护、距离保护。

（2）反应两端电气量的保护：同时检测并比较在"内部故障"与"外部故障"（包括正常运行状态）两种工况下被保护元件两端的电气量，依据其差别为判据构成的保护，如纵联保护。

二、线路保护配置

各电压等级的输配电线路，根据所在变电站的性质、电压等级、供电负荷的重要性等因素，所配置的保护也不相同。

（1）220kV线路保护配置双套保护，每套保护装置功能包括纵联保护、相间距离保护、接地距离保护、零序电流保护、综合重合闸等功能。

（2）500kV线路保护配置双套保护，每套保护装置功能包括纵联保护、相间距离保护、接地距离保护、零序电流保护等功能。同时配备双套过电压保护及远方跳闸就地判别装置。

500kV 线路的重合闸按断路器配置,由断路器保护实现。

三、距离保护

1. 保护原理

距离保护是利用短路时电压、电流同时变化的特征,测量电压与电流的比值,反应故障点到保护安装处的距离而工作的保护,$Z=U/I$ 这个比值称为测量阻抗。

(1) 在正常运行状态下,距离保护感受的是工作电压和负荷电流之比,即负荷阻抗,其值较大。

(2) 当被保护线路发生短路故障时,会产生很大的短路电流,而使电压迅速下降(保护感受的电压是残余电压,电流是短路电流),$Z=U/I$ 就会下降,当测量阻抗小于整定阻抗时,保护动作。

因为阻抗与线路长度成正比,短路点离保护安装处越近,短路阻抗越小,短路点距离保护安装处越远,短路阻抗越大,所以又叫距离保护。

2. 距离保护分类

距离保护分为接地距离保护和相间距离保护。

(1) 接地距离保护:反应各种接地故障。对于接地短路,故障环路为相—地故障环路,接地距离保护取测量电压为保护安装处故障相对地电压,测量电流为带有零序电流补偿的故障电流,由它们算出的测量阻抗能够准确反应单相接地故障、两相接地故障和三相接地短路故障下的故障距离,由此构成的保护称为接地距离保护。

接地距离保护计算公式为 $Z=U_{\varphi}/(I_{\varphi}+K3I_0)$。

(2) 相间距离保护:反应各种相间故障。对于相间短路,故障环路为相—相故障环路,取测量电压为保护安装处两故障相的电压差,测量电流为两故障相的电流差,由它们算出的测量阻抗能够准确反应两相短路、三相短路和两相接地短路情况下的故障距离,由此构成的保护称为相间距离保护。

相间距离保护计算公式为 $Z=U_{\varphi\varphi}/I_{\varphi\varphi}$。

3. 三段式距离保护

(1) 距离保护 I 段:保护范围为被保护线路全长的 $80\%\sim85\%$,动作时间为保护装置的固有动作时间。

(2) 距离保护 II 段:保护范围为被保护线路的全长及下一线路全长的 $30\%\sim40\%$,动作时间为 t_{II},动作时限 t_{II} 要与下一线路 I 段的动作时限相配合,一般为 $0.3\sim0.5\text{s}$。

(3) 距离保护 III 段:保护范围为本线路和下一线路的全长乃至更远,其动作时限按阶梯原则整定。

三段式距离保护逻辑框图如图 1-2 所示。

4. 交流失压对距离保护的影响

(1) 电压互感器二次回路空气开关跳闸或熔断器熔断、接线端子接触不良造成断线、保护装置交流电压空气开关跳闸、双母线接线电压切换不到位都会造成交流失压。但是,由于保护装置采用电流作为启动条件,当电压互感器二次回路断线时,电流没有变化,因而启动元件没有启动，故障计算程序不进行工作，因此距离保护不会误动。但如果在系统波动或发生区外故障造成电流启动元件启动情况下，又发生电压互感器二次回路断线保护会误动。

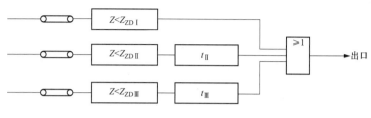

图 1-2　三段式距离保护逻辑框图

（2）当发生二次回路异常时保护装置应能检测到，并将距离保护闭锁，以避免在此期间再发生区外短路或系统扰动而引起距离保护误动。这种检测电压二次回路断线并将距离保护闭锁的方法通常称作电压断线闭锁。

5. 系统振荡对距离保护的影响

（1）正常运行时电力系统中各发电机都以同步转速运行，各发电机的电动势都以同样的工频角频率旋转，各电动势之间的相位差维持不变，电力系统处于同步稳定运行状态。如果电力系统受到干扰，各发电机的电动势以不同的角频率旋转，各电动势之间的相位差一直不断变化，这时称作电力系统失去稳定，或称作电力系统振荡。当电力系统失去稳定造成振荡时，各点的电压和线路中电流将随电动势夹角的变化做周期性的摆动，有可能造成距离保护误动。

（2）为了使距离保护在振荡时不误动，需加振荡闭锁。当系统发生振荡时由振荡闭锁将距离保护闭锁，但是当系统中发生短路时，振荡闭锁应开放保护，允许距离保护切除故障。

四、零序过电流保护

1. 保护原理

（1）当中性点直接接地系统发生接地故障时，将通过接地点、大地、主变压器中性点、输电线路形成回路，回路中将流过很大的零序电流，反应零序电流增大而构成的保护称为零序过电流保护。而正常运行和系统振荡时没有零序电流分量，所以零序过电流保护不受负荷电流的影响，也不需要经振荡闭锁。

（2）在两侧变压器的中性点均接地的电网中，当线路发生接地短路时，故障点的零序电流将分为两个支路分别流向两侧的接地中性点。为保证在各种接地故障情况下保护动作的选择性，必须在零序过电流保护基础上增加零序功率方向元件，以判别零序电流的方向，构成零序过电流方向保护。零序功率方向元件接入零序电压 $3\dot{U}_0$ 和零序电流 $3\dot{I}_0$，零序功率方向为正方向时动作，反方向时不动作。

（3）零序过电流保护最大的特点是只反应接地故障，因为系统正常运行和相间短路时不会产生零序电流，所以零序电流可以整定的较小，提高灵敏度。

2. 三段式零序过流保护

（1）零序Ⅰ段：按躲过本线路末端单相短路时流经保护装置的电流整定。

（2）零序Ⅱ段：与相邻线路Ⅰ段配合，不仅保护本线路全长，还延伸至相邻线路。

（3）零序Ⅲ段：与相邻线路Ⅱ段配合，是Ⅰ、Ⅱ段的后备保护。

五、纵联保护

1. 纵联保护概念

过电流、零序、距离等保护都是仅反应线路一侧电气量的保护，不能快速区分本线路末端和对侧母线（或相邻线路始端）故障，为了满足保护的选择性，线路末端故障需依靠这些保护的Ⅱ段延时切除。因此为了能够瞬时切除本线路全长范围内的短路故障，引入线路纵联保护。

线路纵联保护是指用某种通信通道将输电线两端的保护装置纵向连接起来，将各端的电气量（电流、功率的方向等）传送到对端，将两端的电气量比较，以判断故障在本线路范围内还是在线路范围之外，从而决定是否切断被保护线路。

2. 纵联保护分类

（1）按照信息传输通道的不同可以分为导引线纵联保护、电力载波纵联保护、微波纵联保护、光纤纵联保护。

（2）按照保护动作原理的不同可以分为纵联方向保护、纵联距离保护和纵联电流差动保护。

3. 光纤纵联电流差动保护原理

两侧保护将TA输入的各相电流换算为数字数据，通过光纤通道传送至对侧保护。两侧保护利用本侧和对侧电流数据按相进行差动电流计算，并进行相应判断，若为内部故障保护动作跳闸，若为外部故障保护不动作。

六、自动重合闸

1. 自动重合闸概念

线路中90%以上的故障属于瞬时故障，如雷击、鸟害等引起的故障。保护动作后，切断故障电流，则故障点电弧熄灭，故障消失。此时，只需要将断路器重新合上即可恢复正常送电运行。

2. 自动重合闸配置

220kV线路按线路配置重合闸，一般随线路保护装置，不单独配置，双套线路保护装置均使用其重合闸功能。500kV线路一般采用3/2接线方式，所以其重合闸按照断路器配置，每台断路器配置一套重合闸装置。

3. 自动重合闸方式

自动重合闸方式分为单重、三重、综重、停用四种，220kV线路、500kV线路正常运行时均为单重方式，对于220kV馈线线路根据调度要求可采用三重方式。

（1）单重：线路发生单相接地故障，线路保护动作跳开该故障相，单相重合，重合成功继续运行，重合于永久性故障再跳开三相；线路发生相间故障则跳开三相，不再重合。

（2）三重：线路发生任何故障，线路保护动作跳开三相，三相重合，重合成功继续运行，重合于永久性故障上保护动作再次将断路器三相跳开。

（3）综重：该方式是单重和三重两种方式的组合，对线路单相接地故障按单重方式处理，对线路相间故障按三重方式处理。

（4）停用：重合闸退出，重合闸长期不用时，置于该方式。

4．220kV 线路重合闸逻辑

以 RCS-931 保护装置为例，逻辑框图如图 1-3 所示。

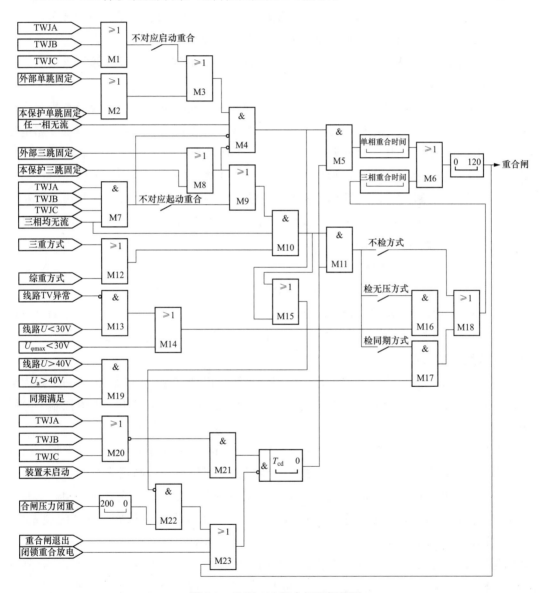

图 1-3　RCS-931 重合闸逻辑框图

（1）TWJA、TWJB、TWJC 分别为 A、B、C 三相的跳闸位置继电器的触点输入。

（2）保护单跳固定、保护三跳固定为本保护动作跳闸形成的跳闸固定。单相故障，故障相无电流时该相跳闸固定动作；三相跳闸，三相电流全部消失时三相跳闸固定动作。

（3）外部单跳固定、外部三跳固定分别为其他保护来的单跳启动重合、三跳启动重合

7

输入由本保护经无流判别形成的跳闸固定。

（4）重合闸退出指重合闸方式把手置于停用位置或定值中重合闸投入控制字置"0"。本装置重合闸退出并不代表线路重合闸退出，保护仍选相跳闸。要实现线路重合闸停用，需将沟三闭重压板投上。当重合闸方式把手置于运行位置（单重、三重或综重）且定值中重合闸投入控制字置"1"时，本装置重合闸投入。

（5）差动保护投入并且通道正常，当采用单重或三重不检方式，TV断线时不放电；差动保护退出或通道异常时，不论哪种重合方式，TV断线都要放电。

（6）重合闸充电在正常运行时进行，重合闸投入，无TWJ、无压力低闭重输入，无TV断线放电和其他闭重输入经15s后充电完成。

（7）三相重合时，可选用检无压重合闸、检同期重合闸，也可选用不检而直接重合闸方式。检无压时，检查线路电压或母线电压小于30V，检无压条件满足，而不管线路电压用的是相电压还是相间电压；检同期时，检查线路电压和母线电压大于40V且线路电压和母线电压间的相位在整定范围内，检同期条件满足。正常运行时，保护检测线路电压与母线A相电压的相角差，设为φ，采用检同期方式时，检测线路电压与母线A相电压的相角差是否在（φ-定值）至（φ+定值）范围内，因此不管线路电压用的是哪一相电压还是哪一相间电压，保护能够自动适应。

5. 500kV线路重合闸逻辑

以RCS-921A断路器保护装置为例，逻辑框图如图1-4所示。

（1）图中TWJA、TWJB、TWJC分别表示A、B、C三相的跳闸位置继电器的触点输入。A、B、C三相电流中相电流大于$0.06I_n$时判为该相有流，其返回系数为0.9。当任一相有流时线路有流成立。

（2）重合闸由两种方式启动，一是由线路保护跳闸启动重合闸，二是由跳闸位置启动重合闸。跳闸位置启动重合分为跳闸位置启动单重与跳闸位置启动三重，可由控制字分别控制投退。

（3）"先合重合闸"与"后合重合闸"，500kV线路重合闸用于3/2接线断路器，所以对应每条线路有两个断路器。当"先合投入"压板投入时设定该断路器先合闸。先合重合闸经较短延时（重合闸整定时间），发出一次合闸脉冲时间120ms；当先合重合闸启动时发出"闭锁先合"信号；如果先合重合闸启动返回，并且未发出重合脉冲，则"闭锁先合"触点瞬时返回；如果先合重合闸已发出重合脉冲，则装置启动返回后该触点才返回。先合重合闸与后合重合闸配合使用时，先合重合闸的"闭锁先合"输出触点接至后合重合闸的"闭锁先合"输入触点。当"先合投入"压板退出时设定该断路器为后合重合闸。后合重合闸经较长延时（重合闸整定时间+后合重合延时）发合闸脉冲。当先合重合闸因故检修或退出时，先合重合闸将不发出闭锁先合信号，此时后合重合闸将以重合闸整定时限动作，避免后合重合闸做出不必要的延时，以尽量保证系统的稳定性。

500kV变电站现场两台断路器保护定值一般整定为边断路器"投先合压板"为1，中断路器"投先合压板"为0，且中断路器"后合固定"控制字置1，即边断路器为先合重合

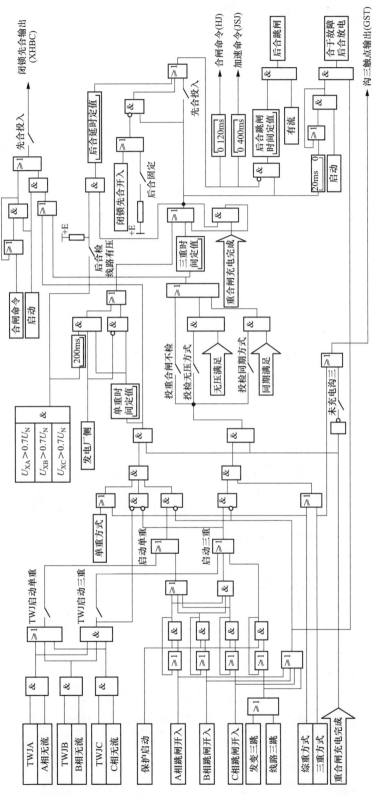

图1-4 RCS-921A重合闸逻辑框图

闸，中断路器为后合重合闸，边断路器以重合闸整定时间重合，中断路器以重合闸整定时间＋后合延时定值（0.3s）重合，当边断路器检修，中断路器单独带线路运行时，其仍以重合闸整定时间＋后合延时定值（0.3s）重合，相当于未使用"闭锁先合"输入触点相应功能。

（4）三相重合时，可选用检线路无压重合闸、检同期重合闸，也可选用不检而直接重合闸方式。检查线路电压或同期电压小于30V时，检无压条件满足；检查线路电压和同期电压大于40V且线路电压和同期电压间的相位在整定范围内时，检同期条件满足。正常运行时，保护检测线路A相电压与同期电压的相角差，设为φ，检同期时，检测线路A相电压与同期电压的相角差是否在（φ－定值）至（φ＋定值）范围内，因此不管同期电压用的是哪一相电压还是哪一相间电压，保护能够自动识别。

（5）重合闸投入指当重合闸方式把手置于运行位置（单重、三重或综重）且定值中重合闸投入控制字置"1"时，本装置重合闸投入。

（6）重合闸退出指重合闸方式把手置于停用位置或定值中重合闸投入控制字置"0"，则重合闸退出。

（7）为了避免多次重合，必须在"充电"准备完成后才能启动合闸回路。

（8）对于后合重合闸，当单重或三重时间已到，但后合重合延时未到，这之间如再收到线路保护的跳闸信号，立即放电不重合。这样可以确保先合断路器合于故障时，后合断路器不再重合。

（9）沟三触点。沟三触点闭合的条件为（或门条件）：

1）当重合闸在未充好电状态且未充电沟通三跳控制字投入，将沟三触点（GST）闭合；

2）重合闸为三重方式时，将沟三触点（GST）闭合；

3）重合闸装置故障或直流电源消失，将沟三触点（GST）闭合。

沟三触点为动合触点，沟三触点是为了使断路器具备三跳的条件。

（10）后合跳闸。当后合重合闸定值中"后合检线路有压"控制字投入，如果先合重合闸未合，线路三相电压不能恢复，则检线路有压后合的断路器不再合闸，若线路有流则经后合跳闸延时定值后跳本断路器。

七、过电压保护和远方跳闸保护

（1）500kV电压等级输电线路一般装设有过电压保护，过电压保护逻辑比较简单，通过测量保护安装处线路电压，如超过定值则延时跳开本侧断路器，同时发送远方跳闸信号。

（2）远方跳闸保护是一种辅助保护，当某些设备故障或主保护动作不能切除故障时，为了快速切除系统故障而设置。500kV断路器失灵保护、过电压保护、高压电抗器保护可以启动远方跳闸。500kV线路专设有远方跳闸就地判别装置，收到远跳信号，就地判据满足则出口跳闸。220kV母差保护、断路器失灵保护可以启动远方跳闸，220kV线路保护的远方跳闸功能在线路保护内，收到远跳信号，同时本侧保护启动，则出口跳闸。下面举例说明其应用。

1）500kV线路启动远方跳闸示意图如图1-5所示，当故障发生在k_1点（即断路器与TA之间）时，故障属于母差保护范围，母差动作跳开边断路器，但故障并未切除，此时启动边断路器的失灵保护，跳开中断路器，并启动远方跳闸保护，向线路对端发远方跳闸信号，对端经远方跳闸就地判别后，跳开该侧断路器，故障切除。如不设远方跳闸保护，则需要靠线路后备保护动作，切除故障时间增长。就地判据包括补偿过电压、补偿欠电压、电流变化量、零负序电流、低电流、低功率因数、低有功功率等。

另外，当故障发生在 k_2 点（即线路高压电抗器）时，高压电抗器保护动作跳开本侧断路器，同时发远方跳闸信号，对端经远方跳闸就地判别后，跳开该侧断路器，故障切除。

2）双母线接线启动远方跳闸如图 1-6 所示，若断路器与 TA 间发生故障，属于母差保护范围，母差保护动作跳开本侧断路器，但故障并未切除，此时给对侧保护发远方跳闸信号，对侧线路保护收到远方跳闸信号后，同时该侧保护启动，则出口跳闸跳开该侧断路器。如不设远方跳闸保护，则需要靠线路后备保护动作，切除故障时间增长。

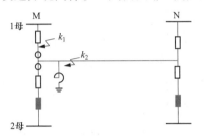

图 1-5　500kV 线路启动远方跳闸示意图　　图 1-6　双母线接线启动远方跳闸示意图

3）RCS-925 远方跳闸保护逻辑框图如图 1-7 所示。

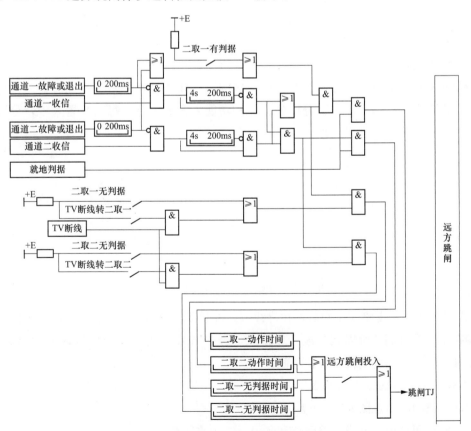

图 1-7　RCS-925 远方跳闸保护逻辑框图

第三节 母线保护配置及基本原理

母线的作用是汇集和分配电能，连接着许多重要设备，所以母线发生故障必须要及时切除，否则会对电力系统的安全稳定运行产生非常严重的影响。

一、母线保护配置

（1）500kV变电站500kV母线、220kV母线配置双套母线保护，35kV母线配置单套母线保护。双重化配置的母线保护，要选用原理不同、制造厂家不同的产品，常用型号有南瑞继保RCS-915、深圳南瑞BP-2B、北京四方CSC-150、许继WMH-800、南自SGB750等。

（2）500kV母线为单母线，相应母线保护采用单母线固定连接方式，只使用母线差动和失灵经母差跳闸保护功能。220kV母线为双母线接线方式，相应母线保护装置功能一般包括母线差动保护、母联（分段）充电保护、母联（分段）过电流保护、母联死区保护、母联（分段）失灵保护、断路器失灵保护，现场一般不使用其中的母联（分段）充电保护、母联（分段）过电流保护，而是单独配置一套母联（分段）保护。35kV母线为单母线接线，只使用母线差动保护功能。

二、220kV双母线双分段接线方式母线差动保护

双母线双分段接线方式采用两组双套配置的母线保护，每段双母线配有一组双套母线保护，下面以南瑞RCS-915保护为例介绍母线差动保护基本原理。

双母线双分段母线保护配置方式如图1-8所示。分段断路器若有两组电流互感器，则交叉分别接入两套装置，这时不存在分段死区问题；如果只有一组电流互感器，则存在分段死区问题，分段死区的保护由分段失灵保护功能来完成。对于每套装置来说，分段断路器间隔当作一个出线元件来处理。

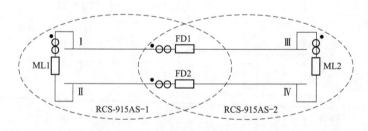

图1-8 双母线双分段母线保护配置

TA极性要求，支路TA同名端在母线侧，母联TA同名端在Ⅰ、Ⅲ母侧。分段TA的同名端在Ⅰ、Ⅱ母侧，所以在分段TA接入RCS-915AS-2时要反极性接入分段间隔单元，相当于其分段TA同名端在Ⅲ、Ⅳ母侧。

1. *RCS-915AS差动回路构成*

差动回路构成示意图如图1-9所示。

（1）差动回路包括母线大差回路和各段母线小差回路。

（2）大差是指除母联断路器外所有支路电流所构成的差动回路，用于判别母线区内和区外故障。

（3）某段母线的小差是指该段母线上所连接的所有支路（包括母联和分段断路器）电流所构成的差动回路，用于故障母线的选择。

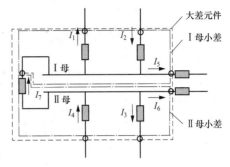

图 1-9　母线差动回路构成示意图

2. 差动保护基本原理

（1）正常运行时，母线看作一个节点，根据基尔霍夫电流定律，任何时刻流入一个节点的电流和流出这个节点的电流相等，所以大差、小差回路的差电流近似为零。

（2）Ⅰ母故障时，大差回路电流 I_1、I_2、I_3、I_4、I_5、I_6 之和不为零；Ⅰ母小差回路电流 I_1、I_2、I_5、I_7 之和不为零；Ⅱ母小差回路电流 I_3、I_4、I_6、I_7 之和为零。

（3）Ⅱ母故障时，大差回路电流 I_1、I_2、I_3、I_4、I_5、I_6 之和不为零；Ⅰ母小差回路电流 I_1、I_2、I_5、I_7 之和为零；Ⅱ母小差回路电流 I_3、I_4、I_6、I_7 之和不为零。

3. 复合电压闭锁

为了防止差动元件误动造成母线误停电，增加了复合电压闭锁条件，复合电压包括低电压、负序电压、零序电压。低电压、负序电压、零序电压三者之间为或的关系，只要任一条件满足，复合电压开放。

复合电压逻辑框图如图 1-10 所示。

图 1-10 中 U_φ 为最小的相电压、$3U_0$ 为零序电压（自产）、U_2 为负序电压（自产）。

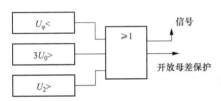

图 1-10　复合电压逻辑框图

4. 母差保护动作条件

大差启动元件动作、小差选择元件动作、相应母线电压闭锁满足条件，另外保护功能压板投入，则母差保护动作跳闸，且母差保护仅实现三相跳闸出口。

5. 母线运行方式的识别

母线保护装置引入母线侧隔离开关辅助触点判别母线运行方式，从而确定各支路分别连接到哪条母线运行。同时对隔离开关辅助触点进行自检，例如测量到某支路有电流而两个隔离开关位置都无信号时，发出告警信号，并根据当前系统的电流分布状况自动校核隔离开关位置的正确性，以确保保护不误动。母线保护屏上设有母线隔离开关模拟盘，如图 1-11 所示。

当装置发出隔离开关位置报警信号且确认隔离开关位置异常时，可利用隔离开关模拟盘上强制开关的触点代替隔离开关的辅助触点作为开入量输入保护装置，让保护装置读取正确的隔离开关位置，这样在隔离开关辅助触点检修期间，不会影响母差保护的正确工作。切换回路接线如图 1-12 所示。

（1）LED 指示目前的各元件隔离开关位置状态。

（2）S1、S2 为强制开关的触点。

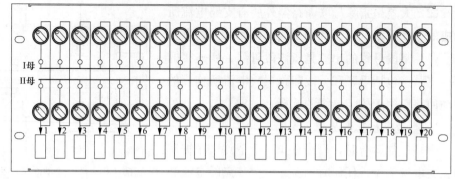

图 1-11　母线隔离开关模拟盘

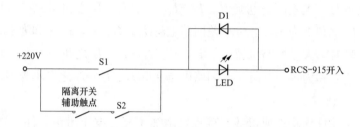

图 1-12　母线运行方式切换回路接线图

（3）强制开关有三种位置状态：自动、强制接通、强制断开。

1）自动：S1 打开，S2 闭合，开入取决于隔离开关辅助触点；

2）强制接通：S1 闭合，开入状态被强制为导通状态；

3）强制断开：S1、S2 均打开，开入状态被强制为断开状态。

6. 母差保护"选择"与"非选择"方式

（1）母差"选择"方式：母差保护能够按照一次设备的运行方式选择故障母线，分别跳闸。也称"有选择"方式。

（2）母差"非选择"方式：母线故障时，母差保护不选择故障母线直接跳开各母线上的断路器，投入"母线互联""母联互联""单母方式"压板时均会使母差"非选择"跳闸。也称"无选择"方式。

下列情况应将母差保护投入"非选择"方式：

1）采用隔离开关跨接母线运行时；

2）不停电进行倒母线操作期间；

3）母联断路器分闸闭锁；

4）规程规定的其他情况。

当母联 TA 断线或隔离开关跨接时母差保护将自动改为"非选择"方式。

三、双母线接线母联死区保护

1. 母联死区故障保护动作分析

如图 1-13 所示，当母联断路器和母联 TA 间发生故障时，Ⅰ母小差不动作，Ⅱ母小差动作跳开母联及Ⅱ母线上所有分路断路器，母联断路器跳开后，Ⅰ母电源仍然向故障点供

电，故障不能切除。我们一般把母联断路器和母联 TA 间这一段范围称作母联死区。为了快速切除母联死区故障，专设了母联死区保护。

2. 母联死区保护动作条件

（1）母差跳 I 母或 II 母命令不返回。

（2）母联断路器已跳开。

（3）母联 TA 中仍有电流。

（4）大差元件及断路器侧小差元件不返回。

满足以上 4 个条件后，经死区动作延时

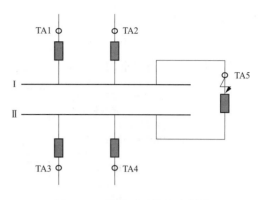

图 1-13　母联死区故障示意图

t_{sq} 跳开另一条母线。为防止母联断路器在分位时发生死区故障将母线全切除，当两条母线都有电压且母联断路器在分位时母联电流不计入小差。RCS-915 母联死区保护逻辑框图如图 1-14 所示。

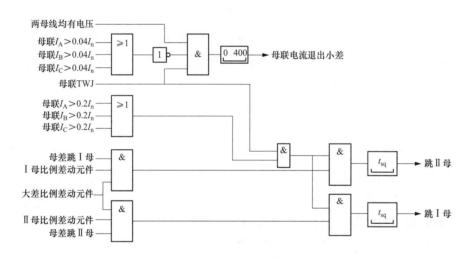

图 1-14　RCS-915 母联死区保护逻辑框图

四、双母线接线母联失灵保护

1. 母联失灵保护作用

母联失灵保护是针对母联断路器拒动所设的保护，如果 I 母线故障，I 母差动作跳母联及 I 母线上所有分路断路器，若母联断路器由于某种原因拒动，那么此时由母联失灵动作切除 II 母线上的所有分路断路器。

2. 母联断路器失灵动作条件

（1）接收到保护跳闸命令且不返回。

（2）经整定延时母联电流仍然大于母联失灵电流定值（母联任一相电流大于母联失灵电流定值）。

（3）两母线电压闭锁开放。

以上条件均满足后，母联失灵保护动作，第一时限切除分段断路器，第二时限切除两母线上所有连接元件。

3. 母联失灵保护逻辑框图

母联失灵保护逻辑框图如图 1-15 所示。

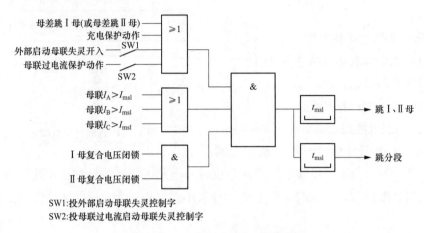

SW1:投外部启动母联失灵控制字
SW2:投母联过电流启动母联失灵控制字

图 1-15　母联失灵保护逻辑框图

通常情况下，只有母差保护和母联充电保护才启动母联失灵保护。500kV 变电站内的母联配置独立的充电保护，具有充电、过电流两种保护功能。此两种保护动作后可启动母线保护中的母联失灵保护，为外部启动母联失灵开入。逻辑框图内的"母联过电流保护动作""充电保护动作"均为 RCS-915 装置自带的保护功能，现场不使用。所以一般母差定值中"投外部启动母联失灵"控制字置 1。装置检测到"外部启动母联失灵"开入后，经整定延时母联电流仍然大于母联失灵电流定值时，母联失灵保护经两条母线电压闭锁后切除两条母线上所有连接元件。该开入若保持 10s 不返回，装置报"外部启动母联失灵长期启动"，同时退出该启动功能。

五、双母双分段接线启动分段失灵和分段失灵保护

220kV 双母线双分段接线方式分段断路器设有失灵保护。当 A 段某一母线发生故障，跳分段断路器而分段断路器拒动时，母差保护启动 B 段母线保护的分段失灵，由其动作跳开 B 段相应母线。

1. 启动分段失灵的条件

（1）母差保护动作不返回。

（2）相应母线电压闭锁开放。

（3）分段有电流（大于 $0.04I_n$）。

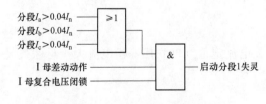

图 1-16　启动分段失灵逻辑框图

以上条件均满足，去启动另一套 RCS-915AS 的分段失灵保护。

启动分段失灵逻辑框图如图 1-16 所示。

2. 分段失灵保护动作条件

（1）投分段失灵控制字置"1"。

（2）启动分段失灵开入触点动作。

（3）母线复合电压闭锁开放。

（4）分段电流大于失灵电流定值。

以上条件均满足，分段失灵保护动作，第一时限切除母联断路器，第二时限切除相应母线上所有连接元件。

分段失灵保护逻辑框图如图 1-17 所示。

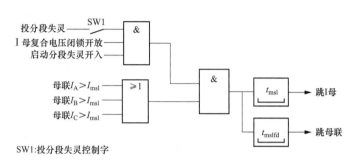

SW1:投分段失灵控制字

图 1-17　分段失灵保护逻辑框图

六、双母线接线断路器失灵保护

系统发生故障时，若故障元件的保护动作而相应断路器拒绝跳闸，为了快速切除故障，缩小事故范围，利用故障元件的保护作用在其所在母线相邻断路器使它们跳闸，有条件的还可以利用通道，使远端有关断路器同时跳闸，这样的保护装置或接线称为断路器失灵保护。

（1）对双母线接线来说，断路器失灵保护与母差保护一体化，失灵保护动作后，跳开失灵断路器所在母线上其他所有的断路器。失灵保护由失灵启动元件、延时元件、运行方式识别元件、复合电压闭锁元件 4 部分构成，其逻辑框图如图 1-18 所示。

1）失灵启动元件：断路器失灵判别条件共有两个，一是线路保护或主变压器保护启动失灵开入触点不返回（即保护跳闸触点）；二是对应相或任意相电流达到失灵保护定值。

2）复合电压闭锁元件：为防止失灵保护出口继电器误动造成误跳断路器而采取的措施，包括零序电压、负序电压和低电压，采用或关系。该定值比母线差动保护电压闭锁值要更灵敏，以满足线路末端故障时的灵敏度。

3）延时元件：失灵保护启动后经跟跳延时（150ms）再次动作于该线路断路器，如断路器跳闸则故障切除，失灵保护返回，如断路器仍然拒动，则经失灵延时（根据国家电网要求，跳母联和跳母线时间要求整定一致，均整定为 300ms）切除该元件所在母线的各个连接元件。失灵保护动作延时要大于断路器跳闸时间（含熄弧时间）与保护装置返回时间之和，以确认该断路器中仍存在的电流确实是由于断路器失灵造成的。

4）运行方式识别元件：通过元件母线侧隔离开关位置确定其上哪条母线运行，从而决定去跳哪条母线。

5）主变压器断路器失灵：主变压器 220kV 侧断路器失灵时，需联跳主变压器三侧，且不经复合电压闭锁。

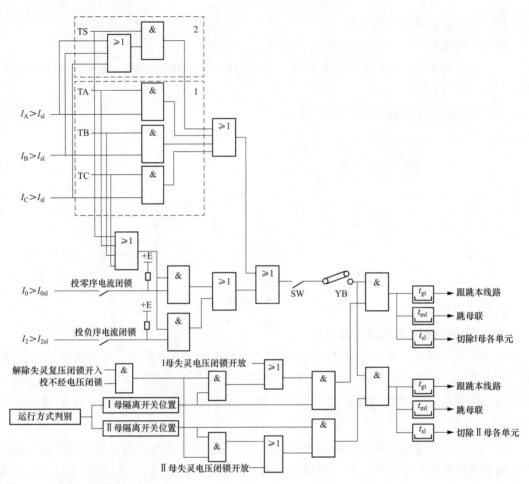

SW:断路器失灵保护投退控制字
YB:断路器失灵保护投入压板

图1-18　断路器失灵保护逻辑框图

主变压器断路器失灵不经复合电压闭锁，主要考虑当某些故障情况下（如故障发生在高、低压侧），中压侧复合电压闭锁灵敏度有可能不够，因此主变压器支路跳闸时失灵保护不经电压闭锁，将一副跳闸触点接至解除失灵复压闭锁开入来实现。

220kV母线故障时，母差保护通过内部启动母差主变压器失灵回路。

主变压器非电量保护不启动失灵，因为失灵保护要求启动失灵的跳闸触点能够快速返回，而主变压器非电量保护的气体继电器跳闸触点为机械触点，不能快速返回。

（2）为更直观了解断路器失灵保护作用，以其动作行为为例予以介绍。失灵保护动作过程如图1-19所示。正常运行时，1、2、3、4断路器在合位。当线路L1故障时，两侧线路保护动作跳1、2断路器，1断路器由于某种原因拒动，故障未切除，此时，1断路器的失灵保护动作，第一时限跟跳本断路器，如仍未跳开，则第二时限跳开Ⅱ母线上所有断路器（包括各支路和母联断路器），同时通过L2线路的光纤通道发送远方跳闸信号，L2线路N侧线路保护装置经本地判别后跳闸，跳开4断路器。

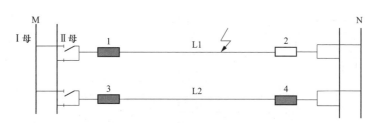

(a) 断路器失灵时设备状态

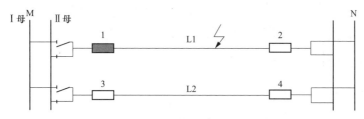

(b) 失灵保护动作后设备状态

图 1-19　断路器失灵保护动作过程

七、500kV 失灵经母差跳闸保护

失灵经母差跳闸保护是为了实现 3/2 接线边断路器失灵联跳母线断路器功能而设置。外部失灵保护装置提供两对触点给母线保护装置，装置同时检查到对应的两个失灵联跳开入并且尚未出现失灵开入异常告警时，检查电流判别元件是否动作，如动作，则失灵经母差跳闸保护启动，经 50ms 延时跳开母线上连接的所有边断路器。

边断路器是否失灵由断路器保护判别，母线保护中失灵经母差跳闸保护的电流判别元件是为了防止装置本身的失灵联跳开入出错。

八、母联独立保护

母联断路器通常配有独立保护装置。

1. 母联充电保护

母线检修或母线故障隔离后送电之前给母线充电用，此时如果充到故障上，母联充电保护可以快速动作将母联断路器跳开切除故障。为防止漏退充电保护造成倒母线时母联跳闸，母联充电保护一般设计为瞬时保护，即在母联合闸 400ms 后自动退出。

以 RCS-923 保护为例，其动作逻辑如图 1-20 所示。

2. 母联过电流保护

（1）新设备投运时，需要进行冲击试验，且新设备保护未经带负荷相量检查，不能确保其接线的正确性，所以新线路或新主变压器充电时，通常用母联过电流保护作为临时保护。特殊情况，母联断路器经某一母线串带一条线路运行时，需用母联过电流保护临时作为线路的保护，线路上有故障时母联过电流保护动作跳开母联断路器切除故障。

（2）母联过电流保护动作条件：任一相电流大于过电流整定值或零序电流大于零序过电流整定值，同时母联过电流压板投入，经整定延时跳母联断路器，逻辑框图如图 1-20 所示。

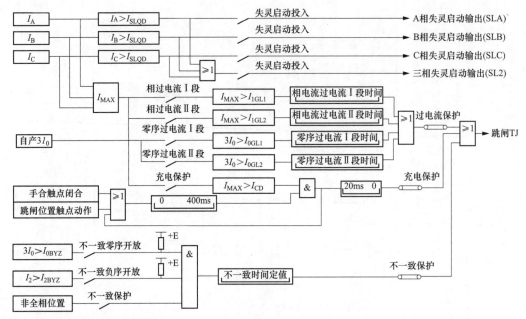

注：图中手合触点上升沿指的是手合接点开入由"0"至"1"的跳变。

图 1-20　RCS-923 母联充电、过电流保护逻辑图

I_{CD}—充电保护过电流定值；I_{MAX}—最大相电流值；I_{1GL1}—相电流过电流Ⅰ段定值；I_{1GL2}—相电流过电流Ⅱ段定值；I_{0GL1}—零序过电流Ⅰ段定值；I_{0GL2}—零序过电流Ⅱ段定值；I_{0BYZ}—不一致零序过电流定值；I_{2BYZ}—不一致负序过电流定值

第四节　断 路 器 保 护

3/2 接线配有专门的断路器保护装置，保护装置设有断路器失灵保护、充电保护、非全相保护、重合闸等功能，正常情况下只使用其中的断路器失灵保护、重合闸功能，新线路投运时采用充电保护功能。

重合闸功能在线路保护部分已经介绍，这节重点介绍断路器失灵保护（以 RCS-921 保护为例）。

一、失灵保护原理

3/2 接线方式断路器失灵保护按照断路器配置，断路器失灵保护动作时跳相邻断路器，同时启动远方跳闸。与 220kV 双母线接线断路器失灵保护不同，3/2 接线断路器失灵保护不经复合电压闭锁。

断路器失灵保护按照如下几种情况来考虑，即故障相失灵、非故障相失灵和发、变三跳启动失灵，另外，充电保护动作时也启动失灵保护。失灵保护逻辑框图如图 1-21 所示。

1. 故障相失灵

按相对应的线路保护跳闸出口和失灵过电流高定值元件都动作后，先经"失灵跳本断路器时间"延时发三相跳闸命令跳本断路器，再经"失灵动作时间"延时跳开相邻断路器。故障相失灵经零序电流闭锁。

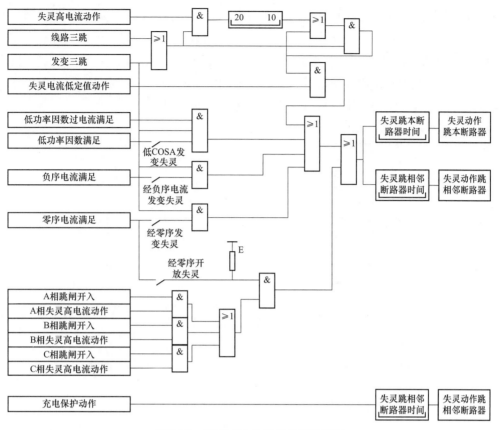

图 1-21　RCS-921 失灵保护逻辑框图

2. 非故障相失灵

保护装置接收到三相跳闸输入后，同时保持失灵过电流高定值元件动作，并且失灵过电流低定值动作元件连续动作，此时输出的动作逻辑先经"失灵跳本断路器时间"延时发三相跳闸命令跳本断路器，再经"失灵动作时间"延时跳开相邻断路器。非故障相失灵不经零序电流闭锁。

3. 发、变三跳启动失灵

由发、变三跳启动的失灵保护可分别经低功率因数、负序过电流和零序过电流三个辅助判据开放。输出的动作逻辑先经"失灵跳本断路器时间"延时发三相跳闸命令跳本断路器，再经"失灵动作时间"延时跳开相邻断路器。

4. 充电保护启动失灵

充电保护动作直接启动失灵，且不经跟跳，直接跳相邻断路器。

二、3/2 接线方式失灵保护动作过程

断路器失灵保护动作过程如图 1-22 所示。

1. 边断路器失灵

当线路发生故障时，M 和 N 侧线路保护动作跳 4、5、7、8 断路器，4 断路器因故拒动，4 断路器的失灵保护动作，第一时限跟跳本断路器，如仍未跳开，则第二时限跳中断路

21

器和Ⅰ母线上的所有断路器，同时向线路对端发远方跳闸信号，若线路为单相故障，则由对侧线路保护经就地判别后跳开该侧7、8断路器的另外两相。当母线发生故障，母差保护动作跳闸，4断路器因故失灵，4断路器失灵保护动作第一时限跟跳本断路器，如仍未跳开，则第二时限跳中断路器5断路器和Ⅰ母线上的所有断路器，同时向线路对端发远方跳闸信号，由对侧线路保护经就地判别后跳开该侧7、8断路器。

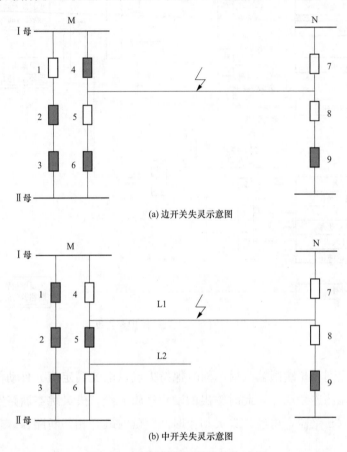

(a) 边开关失灵示意图

(b) 中开关失灵示意图

图1-22　断路器失灵保护动作过程

2. 中断路器失灵

当线路L1发生故障时，M和N侧线路保护动作跳4、5、7、8断路器，5断路器因故拒动，5断路器的失灵保护动作，第一时限跟跳本断路器，如仍未跳开，则第二时限跳相邻的4、6断路器，同时向L1、L2线路对侧发远方跳闸信号，若线路为单相故障，则L1线路对侧保护经就地判别后跳开该侧7、8断路器的另外两相，L2线路对侧保护经就地判别后跳开该侧断路器。

第五节　主变压器保护配置及基本原理

一、变压器保护配置

500kV主变压器保护按双套配置主后一体的电量保护，配置一套高中压分侧差动保护，配置一套非电量保护。国家电网继电保护设计"六统一"后，高中压分侧差动不再单独组屏，而是合到两套主后一体保护装置内，以下介绍基于按照国家电网"六统一"标准化配置。

1. 电量保护配置

主保护为两套不同原理的纵差保护。为提高切除自耦变压器内部单相接地故障的可靠性，配置由高中压和公共绕组 TA 构成的分侧差动保护。

各侧后备保护配置有所不同。

（1）高压侧后备保护。

1）阻抗保护：指向变压器的阻抗不伸出中压侧母线，作为变压器部分绕组故障的后备保护；指向母线的阻抗作为本侧母线故障的后备保护。设置两段时限，第一时限跳开本侧断路器，第二时限跳开变压器各侧断路器。

2）复合电压闭锁过电流保护：延时跳主变压器三侧。

3）零序电流保护：保护为两段式，Ⅰ段带方向，方向指向系统，延时跳本侧断路器；Ⅱ段不带方向，延时跳主变压器三侧。

4）过励磁保护：延时跳主变压器三侧。

5）过负荷保护：动作于信号。

（2）中压侧后备保护。

1）阻抗保护：指向变压器的阻抗不伸出高压侧母线，作为变压器部分绕组故障的后备保护；指向母线的阻抗作为本侧母线故障的后备保护。设置一段四时限，第一时限跳 220kV 分段断路器，第二时限跳 220kV 母联断路器，第三时限跳 220kV 主进断路器，第四时限跳开变压器各侧断路器。

2）复合电压闭锁过电流保护：延时跳主变压器三侧。

3）零序电流保护：保护为两段式，Ⅰ段带方向，方向指向系统，带三个时限，第一时限跳 220kV 分段断路器，第二时限跳 220kV 母联断路器，第三时限跳变压器各侧断路器；Ⅱ段不带方向，延时跳主变压器三侧。

4）过负荷保护：动作于信号。

（3）低压侧后备保护。

1）过电流保护：第一时限跳主变压器 35kV 断路器，第二时限跳主变压器三侧。

2）复压闭锁过电流保护：第一时限跳主变压器 35kV 断路器，第二时限跳主变压器三侧。

（4）公共绕组后备保护：零序过电流保护，动作于信号。

2. 非电量保护配置

装设本体（有载）重瓦斯、本体（有载）轻瓦斯、压力释放、压力突变、油温度高、绕组温度高、冷却器全停等输入回路。其中重瓦斯动作跳主变压器三侧，其他保护作用于信号。

3. 500kV 主变压器保护配置及详细功能

主变压器保护配置及详细功能见表 1-1，此表以石北站 2 号主变压器为例，在国家电网继电保护标准化之前，与上述介绍存在差异。

表 1-1   500kV 主变压器保护配置及详细功能

类型	保护名称		保护范围	动作结果 （以调度定值为准）
差动保护	差流速断保护		主变压器开关 TA 以内	跳三侧
	比率制动差动保护		主变压器开关 TA 以内	跳三侧
分侧差动 保护	分差保护		高中压侧及公共绕组套管 TA 以内 （或高中压外附 TA）	跳三侧
过励磁保护	定时限过励磁		主变压器本体内部过励磁	发报警信号
	反时限过励磁		主变压器本体内部过励磁	跳三侧
高压侧后 备保护	相间（接地）阻抗Ⅰ段	1时限	主变压器本体及 220kV 系统故障	跳分段断路器
		2时限	主变压器本体及 220kV 系统故障	跳母联断路器
		3时限	主变压器本体及 220kV 系统故障	跳三侧
	相间（接地）阻抗Ⅱ段 1时限		500kV 系统故障	跳三侧
	复合电压闭锁过电流 1时限		主变压器本体及系统故障	跳三侧
	零序方向电流Ⅰ段	1时限	500kV 系统接地故障	跳高压侧
		2时限		跳三侧
	零序方向电流Ⅱ段 1时限（PST-1201）		500kV 系统接地故障	跳三侧
	零流Ⅲ段 1时限（CSC-326）		500kV 系统接地故障	跳三侧
	启动风冷 2 段		—	发告警，启动油泵
非电量 保护	本体轻瓦斯保护		主变压器本体内各种故障	发告警信号
	本体重瓦斯		主变压器本体内各种故障	跳三侧
	冷却器电源全停		冷却系统故障	发告警信号
	压力释放		本体内部故障，引起压力过高	发告警信号
	温度保护（油温/绕组温度）		主变压器内部油温/绕组温度过高	发告警信号
中压侧后 备保护	相间阻抗Ⅰ段	1时限	220kV 系统故障	跳分段断路器
		2时限		跳母联断路器
		3时限		跳三侧
	相间阻抗Ⅱ段 1时限		主变压器及 500kV 系统故障	跳三侧
	复压过电流 1时限		主变压器本体及系统故障	跳三侧
	零序方向过电流Ⅰ段	1时限	220kV 系统接地故障	跳分段断路器
		2时限		跳母联断路器
		3时限		跳三侧
	零序过电流Ⅱ段 1时限		220kV 系统接地故障	跳三侧
	过负荷		公共绕组过负荷	发报警信号
低压侧 后备保护	复压过电流Ⅰ段	1时限	主变压器低压侧故障	跳低压侧
		2时限		跳三侧
	复压过电流Ⅱ段	1时限	主变压器低压侧故障	跳低压侧
		2时限		跳三侧

二、变压器主保护

1. 差动保护

（1）差动保护是将变压器各侧电流互感器的二次电流进行相量相加，正常运行和区外故障时，若忽略励磁电流损耗及其他损耗，则流入变压器的电流等于流出变压器的电流，此时差动保护不应动作。当变压器内部故障时，若忽略负荷电流不计，则只有流进变压器的电流而没有流出变压器的电流，差动保护动作将变压器切除。

（2）主变压器差动保护可以反应主变压器三侧 TA 之间的所有设备短路故障，包括变压器绕组和引出线多相短路、大电流接地系统侧绕组和引出线的单相接地短路及绕组匝间短路故障。

（3）主变压器差动保护包括比率制动差动保护和差动速断保护。差动速断是为了防止短路电流较大时，由于电流互感器饱和而使差动元件拒动，而设置的保护功能。差动速断保护的整定值大于励磁涌流的最大值，可不经励磁涌流闭锁，也不经 TA 饱和、过励磁判据，因此动作时间快，一般在 20ms 以内，在变压器发生严重故障时短路电流大于差动速断保护定值时，可以快速动作跳闸，防止损坏变压器。

2. 分侧差动保护

分侧差动保护是将变压器的高中压侧绕组作为被保护对象，在绕组的各端设置 TA 来实现差动保护。

分侧差动保护用来提高切除自耦变压器内部单相接地短路故障的可靠性，接线简单可靠，对相间和单相短路灵敏度高，但对匝间短路无保护作用。

（1）分侧差动保护的电流取自主变压器高中压侧的断路器电流以及公共绕组电流。

（2）其保护范围为高中压侧绕组以及引线上的接地和相间故障，但不保护绕组的匝间故障。

（3）由于不依靠磁路，因此不必考虑励磁涌流和变压器变比的影响。

3. 瓦斯保护

当油箱内绕组发生少数几匝的匝间短路时，虽然短路匝内短路电流很大，但表现在相电流上却并不大，差动保护反应不够灵敏，所以要装设反应变压器油箱内部故障和油面降低的瓦斯保护，也就是瓦斯保护反应变压器油箱内部故障，如铁芯过热烧伤、油面降低等，容量 800MVA 及以上的变压器要配置瓦斯保护。瓦斯保护有轻瓦斯和重瓦斯，挡板式气体继电器结构示意图如图 1-23 所示。

（1）气体继电器内部，上部一个开口杯，下部是一块金属挡板，两者都带干簧触点。开口杯和挡板可以围绕各自的轴旋转。在正常运行时，继电器内充满油，开口杯浸在油内，处于上浮位置，触点断开；挡板则由于本身重量而下垂，其触点也是断开的。

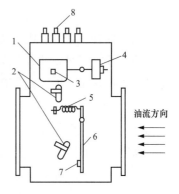

图 1-23　挡板式气体继电器
结构示意图
1—开口杯；2—干簧触点；
3、7—磁铁；4—重锤；
5—弹簧；6—挡板；8—接线端子

（2）当油箱内发生轻微故障时，产生的少量气体（称轻瓦斯）聚集在继电器的上部，迫使油面下降，开口杯露出油面。这时，开口杯及附件在空气中的重力加上杯内的油重所产生的力矩大于平衡锤所产生的力矩。因此开口杯沿逆时针方向转动，并带动永久磁铁 3 靠近干簧触点 2，干簧触点依靠磁力作用而闭合，发出轻瓦斯动作的告警信号。

（3）当变压器内部发生严重故障时，产生大量的气体，油箱内压力瞬时突增，油流向油枕方向冲击，因油流冲击挡板6，挡板克服弹簧的阻力，带动磁铁7向干簧触点2方向移动，触点闭合，接通跳闸回路，使断路器跳闸，这就是所谓的重瓦斯。重瓦斯动作，立即切断与变压器连接的所有电源，从而避免事故扩大，起到保护变压器的作用。

三、变压器后备保护

1. 阻抗保护

Q/GDW 1175—2013《变压器、高压并联电抗器和母线保护及辅助装置标准化设计规范》中规定：330kV及以上电压等级的变压器需在高中压侧配置阻抗保护作为本侧母线故障和主变压器部分绕组故障的后备保护。阻抗元件采用由具有偏移圆特性的相间、接地阻抗元件组成，其正反方向都有保护范围，正方向指向变压器，反方向则指向系统。指向变压器的阻抗元件其整定范围不应超过对侧母线，指向系统的阻抗元件其整定范围应与线路保护配合整定。

2. 复合电压闭锁过电流保护

主变压器高中低压三侧均装设复合电压闭锁过电流保护，一般均不带方向，作为主变压器和相邻元件短路故障的后备保护，其启动条件为复合电压闭锁开放、电流达到整定值。

复合电压闭锁元件由低电压元件、负序过电压元件组成。加装复合电压闭锁后，过电流保护的整定值就可以降低，提高灵敏度。对于变压器某侧复合电压元件可通过整定控制字选择是否引入其他侧的电压作为闭锁电压，对于500kV主变压器高中压侧复合电压闭锁过电流保护一般均取三侧电压"或"逻辑，任一侧复合电压满足条件，复合电压闭锁条件开放。

过电流保护：任一相电流大于整定值。

500kV主变压器高中压侧复合电压闭锁过电流保护第一时限跳三侧，低压侧复合电压闭锁过电流保护第一时限跳低压侧断路器，第二时限跳三侧。

3. 过励磁保护

由于大型变压器正常运行时的磁通密度接近饱和状态，当系统电压升高或频率下降以及变压器突然甩负荷时，变压器可能会出现过励磁运行。此时铁芯饱和，励磁电流急剧增加，励磁电流波形发生畸变，产生高次谐波，使内部损耗增大，铁芯温度升高，为保证变压器安全运行，必须装设过励磁保护。

过励磁程度用式（1-1）衡量：

$$n = U_* / f_* \tag{1-1}$$

式中 U_*、f_*——电压、频率的标幺值。

通过计算 n 可以得知变压器所处的状态，额定运行时 $n=1$。过励磁保护动作后跳主变压器三侧。

4. 零序方向过电流保护

大电流接地系统发生单相接地故障后会产生零序电流。当零序电流大于整定值时零序过电流保护动作，为了保证选择性提高灵敏度，可增加零序方向元件。

第六节 电容器保护配置及基本原理

电容器保护能反应电容器内部和外部故障，并及时切除故障，防止事故扩大。

一、电容器内部故障保护

并联电容器组由许多单台电容器串、并联组成。对于单台电容器，由于内部绝缘损坏而发生极间短路时，由专用的熔断器进行保护。当单台电容器内部绝缘损坏击穿以及其引出线上发生短路故障时，熔断器熔断切除故障电容器。如电容器的台数较多，可按电容器容量的大小及熔断器的断流容量将电容器分组，在每组（或每个单台电容器）上分别装设专用的熔断器，其熔丝的额定电流一般取电容器额定电流的 1.43 倍。

二、过电流保护

对电容器组与断路器之间连接线以及电容器组内部连接线上的相间短路，装设带短时限的过电流保护。

1. 保护原理

过电流保护接在电容器组的电流互感器二次侧，通常分为限时电流速断和过电流两段保护。当保护装置检测的电流大于整定值时，经整定时限，动作于跳闸并发告警信号。电流速断保护动作电流应按躲过电容器组的合闸冲击电流整定，瞬时动作于跳闸，动作时限为 0s。电容器过电流保护装置的动作电流整定值，一般调整到额定电流的 2～2.5 倍就能躲过因系统电压的波动而引起的过电流，一般为带短时限动作于跳闸，动作时限为 0.1～0.2s。

2. 逻辑框图

过电流保护逻辑框图如图 1-24 所示。

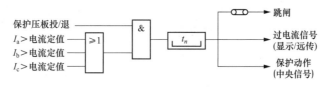

图 1-24 过电流保护逻辑框图

t_n—n 段保护时限（n=1，2）

二段式过电流保护，各段电流及时间定值可独立整定，通过分别设置保护软压板控制这两段保护的投退。当过电流保护投入时（保护软压板投入），保护装置测得 I_a、I_b、I_c 任一相电流大于电流定值，经整定时限 t_n(n=1，2）后，动作于跳闸和发出"过流保护动作"信号。

三、过电压保护

由于电容器所在的母线电压升高，使电容器承受过电压，易造成电容器的击穿损坏，所以装设有过电压保护。

过电压保护逻辑框图如图 1-25 所示。

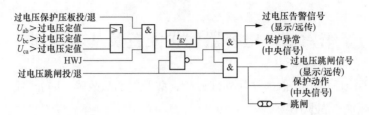

图 1-25　过电压保护逻辑框图

t_{gy}—过电压保护延时

过电压保护可选择动作于跳闸或告警。为防止电容器未投时误发信号，过电压保护中加有断路器合位判据。过电压保护取母线电压。当电容器过电压保护投入（过电压保护压板投入、过电压保护跳闸投入）且断路器在合闸位置时，装置测得连接电容器母线的任一线电压大于过电压定值，经整定时限 t_{gy} 后发出跳闸命令，同时发出"过电压保护动作"信号；若过电压保护跳闸退出，则发"过电压告警"信号。

四、不平衡保护

当一组电容器中个别电容器故障被切除或击穿短路，其他正常电容器的电压分配比例会发生变化，引起部分电容器端电压升高，可能会造成更多电容器击穿或损坏，因此装设不平衡保护。

1. 保护原理

不平衡保护的原理是检测一组电容器中，健全部分与故障部分（电流或电压）之间的差异，将这种差异作为保护的动作量，其数值大于整定值时，保护动作切除故障电容器组。其中单星形接线电容器组一般采用不平衡电压保护，接线图如图 1-26（a）所示；双星形接线电容器组一般采用不平衡电流保护，接线图如图 1-26（b）所示。

2. 逻辑框图

不平衡电压保护逻辑框图如图 1-27 所示。

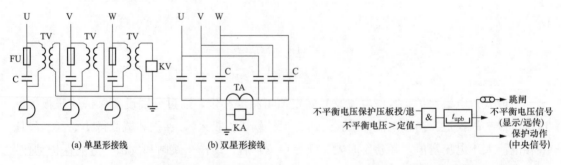

(a) 单星形接线　　(b) 双星形接线

图 1-26　电容器不平衡保护接线图

图 1-27　不平衡电压保护逻辑框图

t_{upb}—不平衡电压保护时限定值

当电容器不平衡电压保护压板投入，保护测得电容器组放电线圈开口三角电压大于整定值时，保护动作，经整定时限 t_{upb} 后发出跳闸命令，同时发出"不平衡电压保护动作"信号。

五、低电压保护

1. 保护原理

母线失压后，电容器未经放电而电源恢复（或备用电源自投）再次投入运行，将造成带剩余电荷合闸，可能引起电容器过电压、过电流，甚至损坏电容器。为此，当电容器失去电源时，由低电压保护将电容器切除，并闭锁自投装置。低电压保护定值应能在电容器所接母线电压消失后可靠动作，而在母线电压恢复正常后可靠返回，一般整定为30％～60％额定电压。保护的动作时间应与本侧出线的后备保护时间配合。

2. 逻辑框图

低电压保护逻辑框图如图1-28所示。

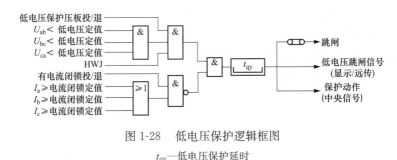

图 1-28　低电压保护逻辑框图

t_{qy}—低电压保护延时

为避免TV三相断线引起低电压保护误动，增加了有流闭锁条件，并且可以投退。

当电容器组有电流闭锁和低电压保护压板投入，低电压保护判断电容器组电流任一相不小于电流闭锁定值，闭锁低电压保护；三相电流均小于电流闭锁定值，开放低电压保护，此时三相线电压均小于低电压定值则保护动作，经整定时限 t_{qy} 后发出跳闸命令，同时发出"低电压保护动作"信号。

第七节　站用变压器保护配置

站用变压器主要向主变压器的冷却器、蓄电池的充电设备、采暖通风、断路器加热设备、断路器及隔离开关的操动机构、照明及检修等用电提供电源。站用变压器一次电压一般为10kV或35kV。为防止因站用变压器故障影响变电站的安全运行，变电站一般装设两台站用变压器，两台站用变压器的电源应从不同的母线引下且站用变压器应装设保护及自动装置。站用变压器高压侧一般装设二段或三段定时限过电流保护；站用变压器低压侧为中性点接地系统，可装设接入中性线上电流互感器二次电流的零序过电流保护，作为低压侧接地时的保护。

第八节　高压并联电抗器保护配置

500kV输电线路由于距离长，对地等效电容较大，为限制工频电压升高，根据实际情况部分线路装有高压并联电抗器及中性点小电抗。高压电抗器一般配置双重化主、后备一体的电气量保护和一套非电量保护。

一、主保护

高压并联电抗器主保护包括主电抗器差动保护、主电抗器零序差动保护、主电抗器匝间短路保护。

二、主电抗器后备保护

主电抗器后备保护包括过电流保护、零序过电流保护、过负荷保护。

三、中性点电抗器后备保护

中性点电抗器后备保护包括过电流保护、过负荷保护。

四、非电量保护

高压并联电抗器非电量保护包括重瓦斯、轻瓦斯、压力突发、压力释放、油温高、绕组温度高、油位异常等。

五、高压并联电抗器保护典型配置

高压并联电抗器保护典型配置如图 1-29 所示。

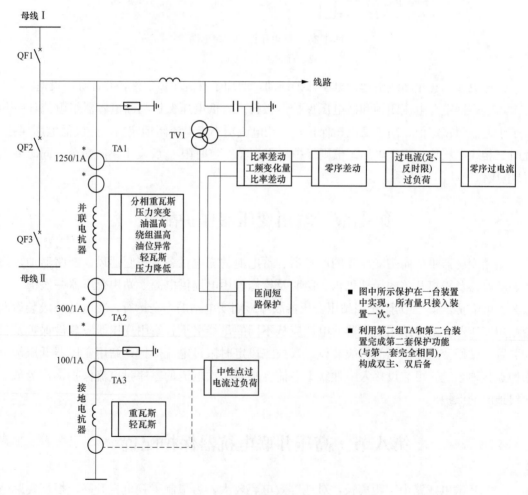

图 1-29　高压并联电抗器保护典型配置图

1. 差动保护

包括比率差动和差动速断保护。差动保护电流取自并联电抗器绕组两侧套管电流互感器，按相配置，当差流达到定值时，保护动作跳线路本侧断路器并发远跳信号，令线路对侧跳闸。

2. 零序差动保护

零序差动保护取电抗器首端零序电流与尾端零序电流做差，可以灵敏的反应电抗器内部接地故障。

3. 匝间保护

电抗器的匝间短路是一种比较多见的内部故障形式，当短路匝数很少时，一相匝间短路引起的三相电流不平衡，有可能很小，很难被继电保护装置检出；且不管短路匝数多少，纵差保护总是不反应匝间短路故障。为此对于高压并联电抗器必须考虑其他高灵敏度且可靠安全的匝间短路保护。

当电抗器内部匝间短路故障时，零序电流的相位超前零序电压接近 90°；当电抗器内部单相接地短路故障时，零序电流的相位超前零序电压；当电抗器外部单相接地短路故障时，零序电流的相位落后零序电压。因此可以利用电抗器内部匝间短路故障、内部单相接地故障和外部单相接地故障时，电抗器线路侧零序电流与零序电压的相位关系来区分电抗器的匝间短路、内部接地短路和电抗器外部接地短路。由于电抗器的一次零序阻抗一般为几千欧姆，而系统的一次零序阻抗一般为几十欧姆，保护装置可以利用测量电抗器端口零序阻抗，判断是否发生匝间故障。在电抗器发生匝间短路和内部单相接地故障时，电抗器端口测量到的零序阻抗是系统的零序阻抗，在电抗器发生外部单相接地故障时，电抗器端口测量到的零序阻抗是电抗器的零序阻抗，利用两者测量数值上的较大差异可以区分电抗器的匝间短路、内部接地短路和外部接地短路。

4. 零序过电流保护

零序过电流保护作为电抗器内部接地短路故障和匝间短路故障的后备保护。

5. 过电流保护

电抗器过电流保护主要作为电抗器内部相间短路故障的后备保护。

6. 过负荷保护

当电抗器线路侧运行电压升高时可能引起电抗器过负荷，过负荷保护发信号。

7. 中性点电抗器过电流保护

高压并联电抗器的中性点一般都接有一台小电抗器，作为限制线路单相重合闸时潜供电流之用。当系统发生单相接地或在单相断开线路期间，小电抗器会流过较大电流。为了保证小电抗器的热稳定要求，装设电抗器中性点过电流保护。中性点过电流保护也可作为电抗器内部接地短路故障和匝间短路故障的后备保护。

第二章

断路器及线路停送电操作

以后章节所有的实训项目均以 500kV 石北仿真变电站为例进行。石北仿真变电站的一次系统接线图见附录 A。

第一节　高压断路器及线路操作原则及注意事项

一、倒闸操作的技术原则

（1）拉、合隔离开关前，应检查断路器位置正确。

（2）遥控操作断路器后，应检查监控机内断路器状态指示及遥测、遥信信号，当所有指示均已同时发生对应变化，才能确认该断路器操作到位。以上检查项目应填写在操作票中作为检查项。

（3）对无法进行直接验电的设备操作，如未合上接地刀闸就无法打开开关柜柜门验电以及雨雪天气时的户外设备操作，应进行间接验电。即通过设备的机械指示位置、电气指示、带电显示装置、仪表及各种遥测、遥信等信号的变化来判断。判断时，应有两个及以上的指示，且所有指示均已同时发生对应变化，才能确认该设备已无电。500kV 及以上的电气设备，可采用间接验电方法进行验电。

（4）倒闸操作中不得随意解除防误闭锁装置。

（5）停电操作应按断路器、负荷侧隔离开关、电源侧隔离开关的顺序进行，送电时，顺序与此相反。

（6）热倒母线时，应检查母联断路器在合闸位置，断开母联断路器控制电源，然后按"先合、后拉"的原则进行操作；冷倒母线时，应检查相应断路器在分闸位置，再按"先拉、后合"原则进行操作。

（7）旁路母线运行前，应在旁路保护健全的情况下，用旁路（母联兼旁路）断路器对旁路母线充电一次。

（8）用母联（分段）断路器给母线充电时，应在合两侧隔离开关前投入充电保护，充电后立即退出该保护。

（9）装有自投装置的母联（分段）断路器在合闸前，应将该自投装置退出运行（自适应自投装置可不退出）。

（10）用断口带并联电容的断路器拉、合装有电磁型电压互感器的空载母线时，应先将该电压互感器停用，再进行母线停电操作。送电时，顺序与此相反。

（11）倒换站用变压器时，低压侧不得并列运行，转移低压侧负荷时，应采取"先拉、后合"的原则。

（12）隔离开关机构故障时，不得强行拉、合。

（13）误合或误拉隔离开关后，严禁将其再次拉开或合上。

（14）电动机构隔离开关（非 GIS 设备的隔离开关）操作完毕后，应断开隔离开关的电机电源。

（15）若隔离开关有检修工作，为了不影响隔离开关的传动、试验，做安全措施时应装设接地线而不合其自身的接地刀闸。

（16）下列操作可在调控中心遥控操作，其他操作应到现场操作：

1）拉合断路器的操作。

2）调节变压器分接头位置。

3）拉合 GIS 设备的隔离开关。

4）具备远方操作技术条件的某些保护及安全自动装置的软压板投退、保护信号复归、保护通道测试。

5）紧急故障处理，在技术条件具备情况下，调控中心运行人员可按调度指令遥控操作（包括隔离开关）隔离故障点，但事后必须立即通知操作班人员到现场进行检查。

（17）下列情况不得进行遥控操作：

1）控制回路故障。

2）断路器或操动机构压力闭锁时。

3）操动机构电源异常或故障。

4）操作断路器的监控信息与实际不符。

5）有操作人员巡视或有人工作。

（18）系统一次设备倒闸操作时，应特别注意以下事项：

1）高压电气设备充电时，必须有可靠的速动保护。

2）倒母线拉合母线隔离开关时，检查对应电压切换继电器的切换状态是否正确。微机型母差保护检查相应隔离开关位置切换是否正确，同时应检查操作过程中出现的保护告警信号已复归。

3）变压器操作完毕后，应按要求确定变压器中性点接地方式。倒换中性点接地方式时采用"先合、后拉"的原则，同时注意间隙保护的变更操作。

4）3/2 断路器接线方式，线路保护交流电压正常应取自该线路电压互感器。当交流电压回路在线路与母线电压互感器间做切换操作时，对瞬时失压可能误动的保护及自动装置应采取必要的防误动的措施。

5）3/2 断路器接线的断路器停运时，应注意纵联保护回路和重合闸方式的相应操作。

6）倒闸操作时应防止电压互感器二次向一次设备反充电。

7）转代、并解列变压器和倒换电源的操作前，应检查负荷分配情况。

8）二次设备运行方式应随一次设备运行方式改变及时改变。

9）一次设备送电前，必须检查相关的所有接地刀闸在拉开位置、所有接地线已拆除。

二、高压断路器操作原则及注意事项

（1）断路器操作前应检查继电保护已按规定投入。

（2）运维人员禁止在就地用按钮进行合、跳闸操作。严禁用手按动跳、合闸电磁铁铁芯杆进行断路器的跳、合闸操作。

（3）断路器检修后应经验收合格、传动无误后，方可进行送电操作。断路器检修涉及继电保护、控制回路等二次回路时，还应由继电保护人员进行传动试验、确认合格后方可送电。

（4）断路器投运前，应检查接地线（接地刀闸）已全部拆除（拉开），防误闭锁装置正常。

（5）长期停运超过 6 个月的断路器，应经常规试验合格方可投运。在正式执行操作前应通过远方控制方式进行试操作 2～3 次，无异常后方能按操作票拟定的方式操作。

（6）操作前应检查控制回路和辅助回路的电源正常，检查机构已储能，机构内交直流电源开关已合上且电压正常，检查真空断路器外观无异常，检查 SF_6 断路器气体压力在规定的范围内，分合闸指示器的指示位置以及 SF_6 和空气的阀门位置正确，各种信号正确、表计指示正常。

（7）SF_6 断路器气体压力、液压（气动）操动机构压力异常导致断路器分、合闸闭锁时，不准擅自解除闭锁，进行操作。

（8）断路器合闸后，必须检查确认三相均已接通。

（9）断路器操作后的位置检查应以机械位置指示、电气指示、仪表及各种遥测、遥信等信号的变化来判断。具备条件时应到现场确认本体和机构（分）合闸指示器以及拐臂、传动杆位置，保证断路器确已正确（分）合闸，同时检查断路器本体有无异常。

（10）使用电磁操动机构的断路器进行合闸操作时，应注意观察合闸电源回路所接直流电流表的变化情况，合闸操作后直流电流表应返回。连续操作电磁操动机构的断路器后，应注意直流母线电压变化，发现异常及时进行调整。

（11）旁路断路器代路操作前，旁路断路器保护按所代断路器保护定值整定投入，且和被代断路器运行于同一条母线，确认旁路断路器三相均已合上后，方可拉开被代断路器，最后拉开被代断路器两侧隔离开关。

（12）液压操动机构的断路器，在分闸、合闸就地传动操作时，现场人员应尽量避开高压管道接口。

（13）分相操作的断路器发生非全相合闸时，应立即拉开断路器，查明原因。

（14）分相操作的断路器发生非全相分闸时，立即汇报值班调控人员，断开断路器操作电源，按照值班调控人员指令隔离该断路器。

（15）3/2 断路器接线方式线路停电、断路器成串操作注意事项：

1) 有线路 TV 与母线 TV 二次切换功能时，合首台断路器前，将线路保护所用电压切换至母线 TV 并可靠投入运行。同时，应退出线路保护启动两台断路器的重合闸压板、远跳压板以及断路器失灵启动线路保护远跳压板，投入线路保护沟通两台断路器三跳的压板；切换电压后，应检查线路保护运行正常。

2) 无线路 TV 与母线 TV 二次切换功能的情况，应注意断路器成串前将线路保护退出（包括跳闸出口压板、线路保护启动两台断路器的重合闸压板、启动失灵、远跳压板、沟通两台断路器三跳压板以及断路器失灵启动线路保护远跳压板）。

3) 如果正常方式下母线断路器重合闸置三重方式，则此时应退出重合闸。

4) 线路停电、合首台断路器前，应可靠投入短引线保护。

(16) 3/2 接线断路器操作，应先拉开中间断路器再拉母线侧断路器，送电时先合母线侧断路器再合中间断路器。

三、隔离开关的操作原则及注意事项

1. 隔离开关操作范围

(1) 电网无故障时，拉合电压互感器、避雷器、变压器中性点的隔离开关。

(2) 拉合 220kV 及以下电压等级空母线，但在用隔离开关给母线充电时，应先用断路器给母线充电无问题后进行。

(3) 拉合 220kV 及以下断路器可靠闭合情况下的旁路电流。

(4) 拉合 110kV 及以下且电流不超过 2A 的空载变压器和充电电流不超过 5A 的空载线路，但当电压在 20kV 以上时，应使用户外垂直分合式三联隔离开关。

(5) 拉开经试验许可的 500kV 3/2 断路器接线方式中的转移电流。

2. 严禁用隔离开关进行的操作

(1) 带负荷拉、合操作。

(2) 配电线路的停送电操作。

(3) 雷电时，拉合避雷器。

(4) 系统有接地（中性点不接地系统）或电压互感器内部故障时，拉合电压互感器。

(5) 系统有接地时，拉合消弧线圈。

四、线路操作原则及注意事项

(1) 电缆线路停电检修和挂接地线前，必须经过多次放电，才能接地。

(2) 新线路投运时用额定电压对线路冲击合闸三次，冲击时重合闸停用。

(3) 多分路停送电操作应就近从该电压等级母线一端到另一端按照间隔排列顺序依次操作。

(4) 多分路停电操作，可依次拉开各断路器，检查断路器遥测及遥信指示正常，在拉开隔离开关前检查本回路断路器机械位置；多分路送电操作，可依次合上各断路器，检查断路器遥测及遥信指示正常，再检查各断路器机械位置。

(5) 同一电压等级的多分路停（送）电操作，应作为一个操作任务进行操作票的填写。

第二节　高压断路器及线路操作

一、实训项目

220kV 及以上电压等级线路，因两侧均有电源，所以断路器或线路停送电操作时，调度采用逐项令的形式下达操作命令，因此操作票分为几张，前一张执行完毕回令后，待下一项操作命令下达后，再执行下一张操作票。

1. 操作任务：石北站 220kV 北大线的 230 断路器由运行转检修

本项操作任务可分为三张操作票执行。

（1）将 220kV 北大线 230 断路器由运行转热备用，操作票及分析见表 2-1。

表 2-1　　　　将 220kV 北大线 230 断路器由运行转热备用操作票及分析

操作任务：将 220kV 北大线的 230 断路器由运行转热备用		
顺序	操作项目	操作目的及分析
1	核对调度令，确认与操作任务相符	正式模拟操作前，必须核对操作任务与调度下达的指令相符
2	拉开 230 断路器	先拉断路器，再拉隔离开关
3	检查 230 断路器三相电流指示为零	拉合设备后要检查设备的位置，220kV 断路器为分相操动机构，应分相检查机械指示
4	现场检查 230 断路器三相机械指示在分位	
5	检查监控机中 230 断路器指示在分位	

（2）将 220kV 北大线的 230 断路器由热备用转冷备用，操作票及分析见表 2-2。

表 2-2　　　　将 220kV 北大线的 230 断路器由热备用转冷备用操作票及分析

操作任务：将 220kV 北大线的 230 断路器由热备用转冷备用		
顺序	操作项目	操作目的及分析
1	核对调度令，确认与操作任务相符	核对调度令
2	将 220kV 北兆线、北大线、西北线测控单元屏 230 断路器"远方/就地"切换把手由"远方"改投"就地"位置	（1）为防止调控人员误将拉开的断路器再合上造成带负荷拉合隔离开关，操作隔离开关前，应将断路器远方/就地切换把手切至就地位置； （2）操作项目中写明需要操作设备的位置（保护屏名称、箱体名称等），避免走错间隔
3	现场检查 230 断路器三相机械指示在分位	拉合隔离开关前，检查断路器机械指示在分位，防止带负荷拉合隔离开关
4	合上 220kV 北大线断路器端子箱 230 隔离开关操作电源	（1）断路器转冷备用，先拉线路侧隔离开关再拉母线侧隔离开关； （2）电动操动机构隔离开关正常时操作电源在断开位置，防止运行中发生误分误合故障，操作前将电源合上，操作后将电源拉开； （3）拉开母线侧隔离开关操作后需要检查二次切换是否正常； （4）操作项目中写明需要操作设备的位置（保护屏名称、箱体名称等），避免走错间隔
5	拉开 230-5 隔离开关	
6	现场检查 230-5 隔离开关三相触头已拉开	
7	检查监控机中 230-5 隔离开关指示在分位	
8	拉开 230-2 隔离开关	
9	现场检查 230-2 隔离开关三相触头已拉开	
10	检查监控机中 230-2 隔离开关指示在分位	
11	检查 230-2 隔离开关二次切换已返回	
12	拉开 220kV 北大线断路器端子箱 230 隔离开关操作电源	

（3）将 220kV 北大线的 230 断路器由冷备用转检修，操作票及分析见表 2-3。

表 2-3　　　将 220kV 北大线的 230 断路器由冷备用转检修操作票及分析

顺序	操作项目	操作目的及分析
	操作任务：将 220kV 北大线的 230 断路器由冷备用转检修	
1	核对调度令，确认与操作任务相符	核对调度令
2	在 230-2 隔离开关断路器侧验明三相确无电压	断路器两侧接地，合接地刀闸前应三相验电，验电时，要选择相应电压等级且合格的验电器，验电前应在带电设备上试验验电器良好
3	合上 230-1KD 接地刀闸	
4	现场检查 230-1KD 接地刀闸三相触头已合好	
5	检查监控机中 230-1KD 接地刀闸指示在合位	
6	在 230-5 隔离开关断路器侧验明三相确无电压	
7	合上 230-5KD 接地刀闸	
8	现场检查 230-5KD 接地刀闸三相触头已合好	
9	检查监控机中 230-5KD 接地刀闸指示在合位	
10	拉开 220kV 北大线断路器端子箱 230 断路器机构电源	（1）为保证检修人员安全，断路器转检修应断开断路器机构电源和控制电源； （2）线路保护有工作时，退出线路保护启动失灵保护压板，防止线路保护试验时误启动失灵保护； （3）线路保护有工作时，退出线路保护纵联功能，防止保护传动时对对侧造成影响； （4）线路保护有工作时，退出远跳保护功能压板，防止保护传动时误跳线路对侧断路器； （5）220kV 断路器两组跳闸线圈，对应断开两组控制电源
11	退出 220kV 230 北大线 PSL 纵联电流差动保护屏 603 跳 A 相启动失灵 1LP7	
12	退出 220kV 230 北大线 PSL 纵联电流差动保护屏 603 跳 B 相启动失灵 1LP8	
13	退出 220kV 230 北大线 PSL 纵联电流差动保护屏 603 跳 C 相启动失灵 1LP9	
14	退出 220kV 230 北大线 PSL 纵联电流差动保护屏差动总保护投入 1LP15	
15	退出 220kV 230 北大线 RCS 纵联电流差动保护屏 931 跳 A 相启动失灵 2LP9	
16	退出 220kV 230 北大线 RCS 纵联电流差动保护屏 931 跳 B 相启动失灵 2LP10	
17	退出 220kV 230 北大线 RCS 纵联电流差动保护屏 931 跳 C 相启动失灵 2LP11	
18	退出 220kV 230 北大线 RCS 纵联电流差动保护屏远跳投入 2LP22	
19	退出 220kV 230 北大线 RCS 纵联电流差动保护屏主保护投入 2LP18	
20	拉开 220kV 230 北大线 RCS 纵联电流差动保护屏 230 控制电源Ⅰ4K1	
21	拉开 220kV 230 北大线 RCS 纵联电流差动保护屏 230 控制电源Ⅱ4K2	

2. 操作任务：石北站 220kV 北大线的 230 断路器由检修转运行

本项操作任务可分为三张操作票执行。

（1）将 220kV 北大线的 230 断路器由检修转冷备用，操作票及分析见表 2-4。

（2）将 220kV 北大线的 230 断路器由冷备用转热备用，操作票及分析见表 2-5。

表 2-4　　　　　**将 220kV 北大线的 230 断路器由检修转冷备用操作票及分析**

操作任务：将 220kV 北大线的 230 断路器由检修转冷备用

顺序	操作项目	操作目的及分析
1	核对调度令，确认与操作任务相符	核对调度令
2	合上 220kV 230 北大线 RCS 纵联电流差动保护屏 230 控制电源 I 4K1	恢复断路器控制电源
3	合上 220kV 230 北大线 RCS 纵联电流差动保护屏 230 控制电源 II 4K2	
4	检查 220kV 北大线 RCS-931 保护装置正常	投入压板前，检查保护装置正常，无异常信号
5	投入 220kV 230 北大线 RCS 纵联电流差动保护屏主保护投入 2LP18	
6	投入 220kV 230 北大线 RCS 纵联电流差动保护屏远跳投入 2LP22	
7	投入 220kV 230 北大线 RCS 纵联电流差动保护屏 931 跳 A 相启动失灵 2LP9	恢复退出的保护压板
8	投入 220kV 230 北大线 RCS 纵联电流差动保护屏 931 跳 B 相启动失灵 2LP10	
9	投入 220kV 230 北大线 RCS 纵联电流差动保护屏 931 跳 C 相启动失灵 2LP11	
10	检查 220kV 北大线 RCS-931 保护压板状态与运规相符	保护装置工作完毕，投入保护压板后应核对压板状态与运规相符，避免漏投、误投压板
11	检查 220kV 北大线 PSL-603 保护装置正常	同操作步骤 4
12	投入 220kV 230 北大线 PSL 纵联电流差动保护屏差动总保护投入 1LP15	
13	投入 220kV 230 北大线 PSL 纵联电流差动保护屏 603 跳 A 相启动失灵 1LP7	
14	投入 220kV 230 北大线 PSL 纵联电流差动保护屏 603 跳 B 相启动失灵 1LP8	恢复退出的保护压板
15	投入 220kV 230 北大线 PSL 纵联电流差动保护屏 603 跳 C 相启动失灵 1LP9	
16	检查 220kV 北大线 PSL-6031 保护压板状态与运规相符	同操作步骤 10
17	合上 220kV 北大线断路器端子箱 230 断路器机构电源	恢复断路器机构电源
18	检查 220kV 北大线 230 断路器汇控柜非全相压板状态与运规相符	断路器本体工作完毕，送电前应检查非全相压板状态正确，避免检修人员在工作过程中退出压板
19	拉开 230-1KD 接地刀闸	
20	现场检查 230-1KD 接地刀闸三相触头已拉开	
21	检查监控机中 230-1KD 接地刀闸指示在分位	
22	拉开 230-5KD 接地刀闸	拉开接地刀闸后，设备转热备用前检查送电范围内接地刀闸已拉开，接地线已全部拆除
23	现场检查 230-5KD 接地刀闸三相触头已拉开	
24	检查监控机中 230-5KD 接地刀闸指示在分位	
25	检查 230 断路器回路 230-1KD、230-5KD 共两组接地刀闸已拉开，其他接地刀闸在分位	

表 2-5   将 220kV 北大线的 230 断路器由冷备用转热备用操作票及分析

顺序	操作项目	操作目的及分析
	操作任务：将 220kV 北大线的 230 断路器由冷备用转热备用	
1	核对调度令，确认与操作任务相符	核对调度令
2	现场检查 230 断路器三相机械指示在分位	拉合隔离开关前，检查断路器机械指示在分位，防止带负荷拉合隔离开关
3	合上 220kV 北大线断路器端子箱 230 隔离开关操作电源	(1) 先合母线侧隔离开关，再合线路侧隔离开关； (2) 电动操动机构隔离开关正常时操作电源在断开位置，防止运行中发生误分误合故障，操作前将电源合上，操作后将电源拉开； (3) 合上母线侧隔离开关操作后需要检查二次切换是否正常
4	合上 230-2 隔离开关	
5	现场检查 230-2 隔离开关三相触头已合好	
6	检查监控机中 230-2 隔离开关指示在合位	
7	检查 230-2 隔离开关二次切换已启动	
8	合上 230-5 隔离开关	
9	现场检查 230-5 隔离开关三相触头已合好	
10	检查监控机中 230-5 隔离开关指示在合位	
11	拉开 220kV 北大线断路器端子箱 230 隔离开关操作电源	
12	将 220kV 北兆线、北大线、西北线测控单元屏 230 断路器"远方/就地"切换把手由"就地"改投"远方"位置	恢复操作

（3）将 220kV 北大线的 230 断路器由热备用转运行，操作票及分析见表 2-6。

表 2-6   将 220kV 北大线的 230 断路器由热备用转运行操作票及分析

顺序	操作项目	操作目的及分析
	操作任务：将 220kV 北大线的 230 断路器由热备用转运行	
1	核对调度令，确认与操作任务相符	核对调度令
2	合上 230 断路器	拉合设备后要检查设备的位置
3	检查 230 断路器三相电流指示正常（A 相：A；B 相：A；C 相：A）	
4	现场检查 230 断路器三相机械指示在合位	
5	检查监控机中 230 断路器指示在合位	

3. 操作任务：石北站 220kV 北大线 230 断路器及线路由运行转检修

本项操作任务可分为四张操作票执行，与断路器由运行转检修操作相同的部分不再赘述。

（1）将 220kV 北大线的 230 断路器由运行转热备用。

（2）将 220kV 北大线的 230 断路器由热备用转冷备用。

（3）将 220kV 北大线 230 的线路由冷备用转检修，操作票及分析见表 2-7。

（4）将 220kV 北大线的 230 断路器由冷备用转检修。

4. 操作任务：石北站 220kV 北大线 230 断路器及线路由检修转运行

本项操作任务可分为四张操作票执行，与断路器由检修转运行操作相同的部分不再赘述。

（1）将 220kV 北大线的 230 断路器由检修转冷备用。

表 2-7　　　　　　　将 220kV 北大线 230 的线路由冷备用转检修操作票及分析

操作任务：将 220kV 北大线 230 的线路由冷备用转检修

顺序	操作项目	操作目的及分析
1	核对调度令，确认与操作任务相符	核对调度令
2	合上 230 断路器端子箱 230 隔离开关操作电源	合上线路接地刀闸前进行 TV 二次验电
3	在北大线 TV 二次侧验明确无电压	
4	取下北大线 TV 二次验电熔断器	
5	取下北大线 TV 二次同期熔断器	
6	取下北大线 TV 二次五防熔断器	
7	拉开 230 断路器端子箱 230 隔离开关操作电源	
8	在 230-5 隔离开关线路侧验明三相确无电压	合接地刀闸前应三相验电，验电时，要选择相应电压等级且合格的验电器，验电前应在带电设备上试验验电器良好
9	合上 230-5XD 接地刀闸	
10	现场检查 230-5XD 接地刀闸三相触头已合好	
11	检查监控机中 230-5XD 接地刀闸指示在合位	
12	在 230-5 隔离开关机构箱门把手上挂"禁止合闸，线路有人工作"标示牌	线路转检修要在线路侧隔离开关操动机构门把手、合闸按钮、监控机操作处上悬挂"禁止合闸，线路有人工作"标示牌
13	在 230-5 隔离开关合闸按钮上挂"禁止合闸，线路有人工作"标示牌	
14	在监控机中 230-5 隔离开关操作处挂"禁止合闸，线路有人工作"标示牌	

（2）将 220kV 北大线 230 的线路由检修转冷备用，操作票及分析见表 2-8。

表 2-8　　　　　　　将 220kV 北大线 230 的线路由检修转冷备用操作票及分析

操作任务：将 220kV 北大线 230 的线路由检修转冷备用

顺序	操作项目	操作目的及分析
1	核对调度令，确认与操作任务相符	核对调度令
2	拆除监控机中 230-5 隔离开关操作处"禁止合闸，线路有人工作"标示牌	恢复操作
3	拆除 230-5 隔离开关机构箱门把手上"禁止合闸，线路有人工作"标示牌	
4	拆除 230-5 隔离开关合闸按钮上"禁止合闸，线路有人工作"标示牌	
5	拉开 230-5XD 接地刀闸	恢复操作
6	现场检查 230-5XD 接地刀闸三相触头已拉开	
7	检查监控机中 230-5XD 接地刀闸指示在分位	
8	检查北大线线路回路 230-5XD 共一组接地刀闸已拉开，其他接地刀闸在分位	设备检修后，转热备用前检查送电范围内接地刀闸已拉开，接地线已全部拆除
9	给上北大线 TV 二次验电熔断器	恢复操作
10	给上北大线 TV 二次同期熔断器	
11	给上北大线 TV 二次五防熔断器	

（3）将 220kV 北大线的 230 断路器由冷备用转热备用。

（4）将 220kV 北大线的 230 断路器由热备用转运行。

5. 操作任务：将忻石Ⅲ线的 5063/5062 断路器及线路、高压电抗器由运行转检修

本项操作任务可分为六张操作票执行，分别为断路器由运行转热备用、断路器由热备用转冷备用、高压电抗器由运行转冷备用、线路由冷备用转检修、高压电抗器由冷备用转检修、断路器由冷备用转检修。

（1）将忻石Ⅲ线的 5063/5062 断路器由运行转热备用，操作票及分析见表 2-9。

表 2-9　　　　　将忻石Ⅲ线的 5063/5062 断路器由运行转热备用操作票及分析

操作任务：将忻石Ⅲ线的 5063/5062 断路器由运行转热备用		
顺序	操作项目	操作目的及分析
1	核对调度令，确认与操作任务相符	核对调度令
2	拉开 5062 断路器	3/2 接线方式下，断路器停电顺序一般是先停中断路器，后停边断路器。因为先拉开的开关只是断开环流，后拉开的断路器断开的是负荷电流或者空载线路，更容易发生故障，而边断路器发生故障比中断路器发生故障对系统的影响更小，只会跳开一条母线，不会造成线路或主变压器停电
3	检查 5062 断路器三相电流指示为零	
4	现场检查 5062 断路器三相机械指示在分位	
5	检查监控机中 5062 断路器指示在分位	
6	拉开 5063 断路器	
7	检查 5063 断路器三相电流指示为零	
8	现场检查 5063 断路器三相机械指示在分位	
9	检查监控机中 5063 断路器指示在分位	

（2）将忻石Ⅲ线的 5063/5062 断路器由热备用转冷备用，操作票及分析见表 2-10。

表 2-10　　　　将忻石Ⅲ线的 5063/5062 断路器由热备用转冷备用操作票及分析

操作任务：将忻石Ⅲ线的 5063/5062 断路器由热备用转冷备用		
顺序	操作项目	操作目的及分析
1	核对调度令，确认与操作任务相符	核对调度令
2	将忻石Ⅲ线 5063/5062 断路器测控屏 5063 远方/就地切换把手由"远方"切至"就地"位置	防止远方合上断路器造成带负荷拉、合隔离开关
3	将忻石Ⅲ线 5063/5062 断路器测控屏 5062 远方/就地切换把手由"远方"切至"就地"位置	
4	现场检查 5063 断路器三相机械指示在分位	分项操作任务，拉隔离开关前应检查断路器在分位，防止断路器未拉开造成带负荷拉隔离开关
5	合上 5063 隔离开关机构电源	（1）拉开断路器两侧隔离开关时，应按负荷侧—电源侧的顺序进行，对于 500kV 断路器两侧，负荷侧和电源侧是相对概念，停电设备侧视为负荷侧，另一侧作为电源侧； （2）拉开隔离开关后，应检查三相触头位置、监控机中隔离开关位置
6	拉开 5063-1 隔离开关	
7	现场检查 5063-1 隔离开关三相触头已拉开	
8	检查监控机中 5063-1 隔离开关指示在分位	
9	拉开 5063-2 隔离开关	
10	现场检查 5063-2 隔离开关三相触头已拉开	
11	检查监控机中 5063-2 隔离开关指示在分位	
12	拉开 5063 隔离开关机构电源	
13	现场检查 5062 断路器三相机械指示在分位	分项操作任务，拉隔离开关前应检查断路器在分位，防止断路器未拉开拉隔离开关造成带负荷拉隔离开关

续表

顺序	操作项目	操作目的及分析
	操作任务：将忻石Ⅲ线的 5063/5062 断路器由热备用转冷备用	
14	合上 5062 隔离开关机构电源	（1）拉开断路器两侧隔离开关时，应按负荷侧—电源侧的顺序进行，对于 500kV 断路器两侧，负荷侧和电源侧是相对概念，停电设备侧视为负荷侧，另一侧作为电源侧；（2）拉开隔离开关后，应检查三相触头位置、监控机中隔离开关位置
15	拉开 5062-2 隔离开关	
16	现场检查 5062-2 隔离开关三相触头已拉开	
17	检查监控机中 5062-2 隔离开关指示在分位	
18	拉开 5062-1 隔离开关	
19	现场检查 5062-1 隔离开关三相触头已拉开	
20	检查监控机中 5062-1 隔离开关指示在分位	
21	拉开 5062 隔离开关机构电源	

（3）将忻石Ⅲ线 5063/5062 的高压电抗器由运行转冷备用，操作票及分析见表 2-11。

表 2-11 **将忻石Ⅲ线 5063/5062 的高压电抗器由运行转冷备用操作票及分析**

顺序	操作项目	操作目的及分析
	操作任务：将忻石Ⅲ线 5063/5062 的高压电抗器由运行转冷备用	
1	核对调度令，确认与操作任务相符	核对调度令
2	检查监控机中忻石Ⅲ线高压电抗器三相电流指示为零	（1）因高压电抗器接在线路侧，拉开电抗器隔离开关前应验明无电，防止带负荷拉隔离开关；（2）500kV 设备可以采用间接验电，验电时应有两个及以上条件同时发生对应变化
3	检查忻石Ⅲ线线路避雷器三相泄漏电流指示为零	
4	合上忻石Ⅲ线高压电抗器隔离开关机构电源	拉开高压电抗器隔离开关
5	拉开 5063DK1 隔离开关	
6	现场检查 5063DK1 隔离开关三相触头已拉开	
7	检查监控机中 5063DK1 隔离开关指示在分位	
8	拉开忻石Ⅲ线高压电抗器隔离开关机构电源	

（4）将忻石Ⅲ线 5063/5062 的线路由冷备用转检修，操作票及分析见表 2-12。

表 2-12 **将忻石Ⅲ线 5063/5062 的线路由冷备用转检修操作票及分析**

顺序	操作项目	操作目的及分析
	操作任务：将忻石Ⅲ线 5063/5062 的线路由冷备用转检修	
1	核对调度令，确认与操作任务相符	核对调度令
2	在忻石Ⅲ线 TV 二次侧验明确无电压	（1）电压互感器停电时，需要将一、二次侧设备都停电，二次侧就是拉开 TV 二次小开关、小刀闸，主要是为了防止 TV 二次侧向一次侧反充电；（2）TV 二次小开关具备切断电流能力，二次小刀闸不具备切断电流能力，因此操作 TV 二次小开关、小刀闸时，停电应按小开关—小刀闸的顺序，送电时顺序相反
3	拉开忻石Ⅲ线 TV 计量电压小开关 1XDL	
4	拉开忻石Ⅲ线 TV 保护电压Ⅰ小开关 2XDL	
5	拉开忻石Ⅲ线 TV 保护电压Ⅱ小开关 3XDL	
6	拉开忻石Ⅲ线 TV 测量电压小开关 4XDL	
7	拉开忻石Ⅲ线 TV B 相抽取电压小开关 XDL	
8	拉开忻石Ⅲ线 TV 计量测量电压小刀闸 1K	
9	拉开忻石Ⅲ线 TV 保护电压Ⅰ小刀闸 2K	
10	拉开忻石Ⅲ线 TV 保护电压Ⅱ小刀闸 3K	
11	拉开忻石Ⅲ线 TV 开口三角电压小刀闸 4K	

操作任务：将忻石Ⅲ线 5063/5062 的线路由冷备用转检修

顺序	操作项目	操作目的及分析
12	在 5063-67 接地刀闸线路侧验明三相确无电压	（1）验电时，应使用相应电压等级且合格的接触式验电器，在装设接地线或合接地刀闸处各相分别验电； （2）当验明设备确无电压后，应立即将检修设备接地并三相短路
13	合上 5063 隔离开关机构电源	
14	合上 5063-67 接地刀闸	
15	现场检查 5063-67 接地刀闸三相触头已合好	
16	检查监控机中 5063-67 接地刀闸指示在合位	
17	拉开 5063 隔离开关机构电源	
18	在 5063-1 隔离开关机构箱门把手上挂"禁止合闸，线路有人工作"标示牌	线路停电时，在线路隔离开关操作把手上或机构箱门锁把手上悬挂"禁止合闸，线路有人工作"的标示牌
19	在 5063-1 隔离开关合闸按钮上挂"禁止合闸，线路有人工作"标示牌	
20	在 5062-2 隔离开关机构箱门把手上挂"禁止合闸，线路有人工作"标示牌	
21	在 5062-2 隔离开关合闸按钮上挂"禁止合闸，线路有人工作"标示牌	
22	退出忻石Ⅲ线 931 Ⅰ跳 A 启动 5063 失灵 1LP9	（1）线路保护、过电压保护有工作时，退出启动失灵保护压板，防止保护试验时误启动失灵保护； （2）线路保护有工作时，退出线路保护纵联功能，防止保护传动时对对侧造成影响； （3）线路保护、过电压保护有工作时，退出远跳压板，防止保护传动时误跳线路对侧断路器
23	退出忻石Ⅲ线 931 Ⅰ跳 B 启动 5063 失灵 1LP10	
24	退出忻石Ⅲ线 931 Ⅰ跳 C 启动 5063 失灵 1LP11	
25	退出忻石Ⅲ线 931 Ⅰ跳 A 启动 5062 失灵 1LP12	
26	退出忻石Ⅲ线 931 Ⅰ跳 B 启动 5062 失灵 1LP13	
27	退出忻石Ⅲ线 931 Ⅰ跳 C 启动 5062 失灵 1LP14	
28	退出忻石Ⅲ线 931 Ⅰ主保护投入 1LP18	
29	退出忻石Ⅲ线 925 Ⅰ启动 5063 失灵 9LP5	
30	退出忻石Ⅲ线 925 Ⅰ启动 5062 失灵 9LP6	
31	退出忻石Ⅲ线 925 Ⅰ过电压启动光纤 Ⅰ远跳 9LP7	
32	退出忻石Ⅲ线 925 Ⅰ过电压启动光纤 Ⅱ远跳 9LP8	
33	退出忻石Ⅲ线 931 Ⅱ跳 A 启动 5063 失灵 2LP9	
34	退出忻石Ⅲ线 931 Ⅱ跳 B 启动 5063 失灵 2LP10	
35	退出忻石Ⅲ线 931 Ⅱ跳 C 启动 5063 失灵 2LP11	
36	退出忻石Ⅲ线 931 Ⅱ跳 A 启动 5062 失灵 2LP12	
37	退出忻石Ⅲ线 931 Ⅱ跳 B 启动 5062 失灵 2LP13	
38	退出忻石Ⅲ线 931 Ⅱ跳 C 启动 5062 失灵 2LP14	
39	退出忻石Ⅲ线 931 Ⅱ主保护投入 2LP18	
40	退出忻石Ⅲ线 925 Ⅱ启动 5063 失灵 9LP5	
41	退出忻石Ⅲ线 925 Ⅱ启动 5062 失灵 9LP6	
42	退出忻石Ⅲ线 925 Ⅱ过电压启动光纤 Ⅱ远跳 9LP7	
43	退出忻石Ⅲ线 925 Ⅱ过电压启动光纤 Ⅰ远跳 9LP8	

（5）将忻石Ⅲ线 5063/5062 的高压电抗器由冷备用转检修，操作票及分析见表 2-13。

（6）将忻石Ⅲ线的 5063/5062 断路器由冷备用转检修，操作票及分析见表 2-14。

表 2-13   将忻石Ⅲ线 5063/5062 的高压电抗器由冷备用转检修操作票及分析

操作任务：将忻石Ⅲ线 5063/5062 的高压电抗器由冷备用转检修

顺序	操作项目	操作目的及分析
1	核对调度令，确认与操作任务相符	核对调度令
2	检查监控机中忻石Ⅲ线高压电抗器三相电流指示为零	
3	现场检查 5063DK1 隔离开关三相触头在分位	
4	合上忻石Ⅲ线高压电抗器隔离开关机构电源	500kV 设备可以采用间接验电，验电时应有两个及以上条件同时发生对应变化
5	合上 5063DK17 接地刀闸	
6	现场检查 5063DK17 接地刀闸三相触头已合好	
7	检查监控机中 5063DK17 接地刀闸指示在合位	
8	拉开忻石Ⅲ线高压电抗器隔离开关机构电源	
9	退出 600 保护Ⅰ启动 5063 失灵 1LP12	
10	退出 600 保护Ⅰ启动 5062 失灵 1LP13	
11	退出 600 保护Ⅰ启动光纤Ⅰ远跳 1LP16	（1）高压电抗器电量保护有工作时，退出启动断路器失灵保护压板，防止保护试验时误启动失灵保护；
12	退出 600 保护Ⅰ启动光纤Ⅱ远跳 1LP17	
13	退出 600 保护Ⅱ启动 5063 失灵 2LP12	
14	退出 600 保护Ⅱ启动 5062 失灵 2LP13	（2）高压电抗器电量保护、非电量保护有工作时，退出远跳压板，防止保护传动时误跳线路对侧断路器
15	退出 600 保护Ⅱ启动光纤Ⅰ远跳 2LP16	
16	退出 600 保护Ⅱ启动光纤Ⅱ远跳 2LP17	
17	退出非电量启动光纤Ⅰ远跳 12LP12	
18	退出非电量启动光纤Ⅱ远跳 12LP13	

表 2-14   将忻石Ⅲ线的 5063/5062 断路器由冷备用转检修操作票及分析

操作任务：将忻石Ⅲ线的 5063/5062 断路器由冷备用转检修

顺序	操作项目	操作目的及分析
1	核对调度令，确认与操作任务相符	核对调度令
2	检查监控机中 5062-1 隔离开关指示在分位	
3	检查监控机中 5062-2 隔离开关指示在分位	500kV 设备可以采用间接验电，验电时应有两个及以上条件同时发生对应变化
4	现场检查 5062-1 隔离开关三相触头在分位	
5	现场检查 5062-2 隔离开关三相触头在分位	
6	合上 5062 隔离开关机构电源	
7	合上 5062-27 接地刀闸	
8	现场检查 5062-27 接地刀闸三相触头已合好	
9	检查监控机中 5062-27 接地刀闸指示在合位	断路器两侧接地
10	合上 5062-17 接地刀闸	
11	现场检查 5062-17 接地刀闸三相触头已合好	
12	检查监控机中 5062-17 接地刀闸指示在合位	
13	拉开 5062 隔离开关机构电源	
14	拉开 5062 断路器机构电源	为保证检修人员安全，断路器有工作时应断开断路器机构电源
15	检查监控机中 5063-1 隔离开关指示在分位	
16	检查监控机中 5063-2 隔离开关指示在分位	500kV 设备可以采用间接验电，验电时应有两个及以上条件同时发生对应变化
17	现场检查 5063-1 隔离开关三相触头在分位	
18	现场检查 5063-2 隔离开关三相触头在分位	

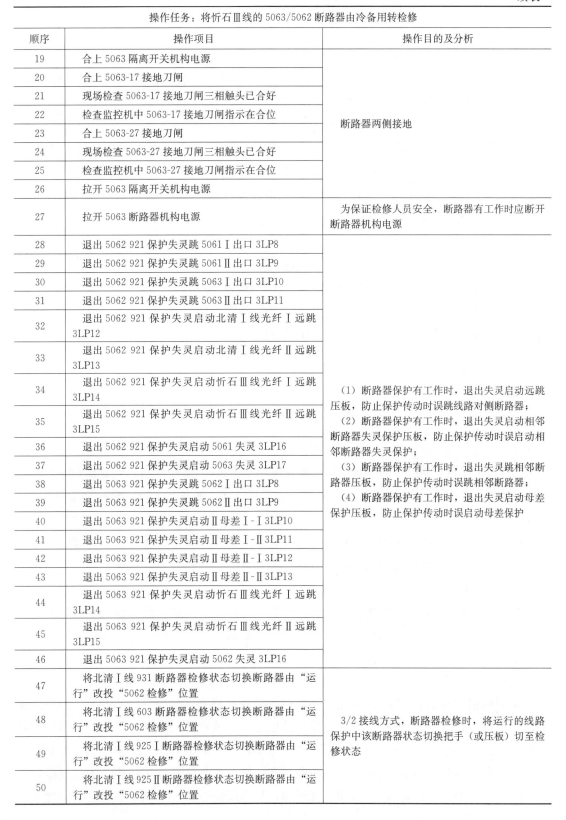

操作任务：将忻石Ⅲ线的5063/5062断路器由冷备用转检修		
顺序	操作项目	操作目的及分析
19	合上5063隔离开关机构电源	断路器两侧接地
20	合上5063-17接地刀闸	
21	现场检查5063-17接地刀闸三相触头已合好	
22	检查监控机中5063-17接地刀闸指示在合位	
23	合上5063-27接地刀闸	
24	现场检查5063-27接地刀闸三相触头已合好	
25	检查监控机中5063-27接地刀闸指示在合位	
26	拉开5063隔离开关机构电源	
27	拉开5063断路器机构电源	为保证检修人员安全，断路器有工作时应断开断路器机构电源
28	退出5062 921保护失灵跳5061Ⅰ出口3LP8	（1）断路器保护有工作时，退出失灵启动远跳压板，防止保护传动时误跳线路对侧断路器； （2）断路器保护有工作时，退出失灵启动相邻断路器失灵保护压板，防止保护传动时误启动相邻断路器失灵保护； （3）断路器保护有工作时，退出失灵跳相邻断路器压板，防止保护传动时误跳相邻断路器； （4）断路器保护有工作时，退出失灵启动母差保护压板，防止保护传动时误启动母差保护
29	退出5062 921保护失灵跳5061Ⅱ出口3LP9	
30	退出5062 921保护失灵跳5063Ⅰ出口3LP10	
31	退出5062 921保护失灵跳5063Ⅱ出口3LP11	
32	退出5062 921保护失灵启动北清Ⅰ线光纤Ⅰ远跳3LP12	
33	退出5062 921保护失灵启动北清Ⅰ线光纤Ⅱ远跳3LP13	
34	退出5062 921保护失灵启动忻石Ⅲ线光纤Ⅰ远跳3LP14	
35	退出5062 921保护失灵启动忻石Ⅲ线光纤Ⅱ远跳3LP15	
36	退出5062 921保护失灵启动5061失灵3LP16	
37	退出5062 921保护失灵启动5063失灵3LP17	
38	退出5063 921保护失灵跳5062Ⅰ出口3LP8	
39	退出5063 921保护失灵跳5062Ⅱ出口3LP9	
40	退出5063 921保护失灵启动Ⅱ母差Ⅰ-Ⅰ3LP10	
41	退出5063 921保护失灵启动Ⅱ母差Ⅰ-Ⅱ3LP11	
42	退出5063 921保护失灵启动Ⅱ母差Ⅱ-Ⅰ3LP12	
43	退出5063 921保护失灵启动Ⅱ母差Ⅱ-Ⅱ3LP13	
44	退出5063 921保护失灵启动忻石Ⅲ线光纤Ⅰ远跳3LP14	
45	退出5063 921保护失灵启动忻石Ⅲ线光纤Ⅱ远跳3LP15	
46	退出5063 921保护失灵启动5062失灵3LP16	
47	将北清Ⅰ线931断路器检修状态切换断路器由"运行"改投"5062检修"位置	3/2接线方式，断路器检修时，将运行的线路保护中该断路器状态切换把手（或压板）切至检修状态
48	将北清Ⅰ线603断路器检修状态切换断路器由"运行"改投"5062检修"位置	
49	将北清Ⅰ线925Ⅰ断路器检修状态切换断路器由"运行"改投"5062检修"位置	
50	将北清Ⅰ线925Ⅱ断路器检修状态切换断路器由"运行"改投"5062检修"位置	

操作任务：将忻石Ⅲ线的 5063/5062 断路器由冷备用转检修		
顺序	操作项目	操作目的及分析
51	拉开 5062 断路器控制电源Ⅰ 4K1	为保证检修人员安全，断路器检修应断开两组控制电源
52	拉开 5062 断路器控制电源Ⅱ 4K2	
53	拉开 5063 断路器控制电源Ⅰ 4K1	
54	拉开 5063 断路器控制电源Ⅱ 4K2	

6. 操作任务：将忻石Ⅲ线的 5063/5062 断路器及线路、高压电抗器由检修转运行

本项操作任务可分为六张操作票执行，为上一个操作任务"将忻石Ⅲ线的 5063/5062 断路器及线路、高压电抗器由运行转检修"的恢复操作，下面只将各张操作票题目列出，具体的操作票内容不再赘述。

（1）将忻石Ⅲ线 5063/5062 的线路由检修转冷备用。

（2）将忻石Ⅲ线的 5063/5062 断路器由检修转冷备用。

（3）将忻石Ⅲ线 5063/5062 的高压电抗器由检修转冷备用。

（4）将忻石Ⅲ线 5063/5062 的高压电抗器由冷备用转运行。

（5）将忻石Ⅲ线的 5063/5062 断路器由冷备用转热备用。

（6）将忻石Ⅲ线的 5063/5062 断路器由热备用转运行。

二、知识点解析

1. 核对调度令，确认与操作任务相符

（1）倒闸操作前应认真核对操作票任务与调度令是否一致，从而确认操作目的、意图、项目与调度的要求一致，防止发生误操作。

（2）关于未核对调度令的事故案例。某供电公司 220kV 某变电站接到省调命令，拆除某条线路 273-5 隔离开关操作把手上的工作牌，拆除 273-5 隔离开关线路侧的地线一组。值班负责人接令后，告诉监护人"下令了，可以操作了"，监护人没有认真核对调度命令，把只拆除工作牌和地线的命令误认为是送电命令，拿着事先填好了的送电操作票带着操作人就去操作。由于线路对端的地线还没有拆除，当合上 273 断路器时，造成带地线合断路器的恶性误操作事故。

此次事故纯属操作人员麻痹大意，凭"想当然"办事，对调度命令没有认真理解，没有与操作任务进行核对。因此在操作票开始加了"核对调度令，确认与操作任务相符"这一项内容。

2. 断路器、线路停送电操作顺序

（1）断路器与隔离开关操作顺序。停电时先拉开断路器，再拉开隔离开关。因为断路器具有灭弧能力，能可靠断开负荷电流及短路电流，而隔离开关没有灭弧能力，不能切断负荷电流及故障电流，所以停电时要先拉开断路器再拉开隔离开关。但是隔离开关具有明显断开点可以更好地起到隔离作用，而断路器实际触头位置隐藏在本体中，无法直接判断其实际位置，同时断路器还具有自动分合回路，只靠断路器断开电源不够可靠，因此在拉

开断路器之后需要再拉开两侧隔离开关，形成明显断开点，保证工作人员安全。

送电时应先合隔离开关，再合断路器。

（2）断路器两侧隔离开关操作顺序。线路停电时，应先拉开线路侧隔离开关再拉开母线侧隔离开关。其他断路器停电时，隔离开关操作应按先拉负荷侧后拉电源侧的顺序进行。

在正常情况下，断路器在断开位置时，先拉哪侧隔离开关都可以。之所以要求遵循一定操作顺序，是考虑若断路器未拉开而发生带负荷拉合隔离开关，可把事故缩小在最小范围内。例如线路断路器未断开，若先拉线路侧隔离开关，发生带负荷拉隔离开关造成弧光短路，线路保护动作，使断路器分闸，仅造成本条线路停电；若先拉母线侧隔离开关造成弧光短路，母线保护动作，将造成整条母线上所有连接元件停电，扩大事故范围。

送电时，操作顺序与停电时相反。

3. 设备操作后位置检查

拉合设备（断路器、隔离开关、接地刀闸等）后需检查设备的位置。电气设备操作后的位置检查应以设备实际位置为准，无法看到实际位置时，可通过设备机械位置指示、电气指示、带电显示装置、仪表及各种遥测、遥信等信号的变化来判断。判断时，至少应有两个不同原理或非同源的指示发生对应变化，且所有这些确定的指示均已同时发生对应变化，才能确认该设备已操作到位。以上检查项目应填写在操作票中作为检查项。若进行遥控操作，可采用上述的间接方法或其他可靠的方法判断设备位置。

（1）断路器位置检查。

1）断路器分合闸后检查监控机显示的电流值、功率值、分合指示正确，合闸后检查三相电流基本平衡，线路送电后，对端尚未带上负荷时，电流检查不明显，此时应待对端带负荷后，再次检查三相电流正常。

2）测控装置断路器指示灯正确。

3）液压、气动操动机构，检查压力正常，电动机启停正常；弹簧操动机构，检查弹簧储能正常。

4）现场检查三相机械指示正确。

5）线路断路器合闸后，检查重合闸"充电"指示灯点亮。

（2）隔离开关位置检查。

1）合闸操作后应检查三相触头合闸到位，接触良好；水平旋转式隔离开关应检查两个触头在同一轴线上；单臂垂直伸缩式和垂直开启剪刀式隔离开关应检查上、下拐臂均已经越过"死点"位置。

2）电动操作隔离开关后，应检查隔离开关现场实际位置与监控机显示位置一致。如果触头已变位，但监控机中显示"无位置"，最有可能的原因是隔离开关机构操作到位，造成辅助触点没有转换到位，尤其是合隔离开关时，特别要注意监控机中隔离开关的位置，防止触头类似"到位"，实际未到位或接触不良。

3）双母线接线母线侧隔离开关操作后，检查母线保护模拟图及各间隔保护电压切换箱、计量切换继电器等正确变位，并进行隔离开关位置确认。

（3）双母线接线方式隔离开关二次切换检查。双母线接线方式，两条母线上各有一组TV，正常情况下交流电压应取自该元件所在母线的TV，提供给保护、测量、计量等装置使用，母线电压利用隔离开关辅助触点进行切换。另外微机母线保护也是通过各间隔隔离开关辅助触点的位置来判断运行方式，所以在拉合母线侧隔离开关后要检查辅助触点的位置是否相应变化，也就是检查二次切换是否正常。

220kV线路、主进间隔-1、-2隔离开关二次切换检查要求：检查监控机、保护屏、电能表屏、母线保护屏隔离开关切换指示均已变位。详细检查内容见表2-15。

表 2-15　　　　　　　　　　母线侧隔离开关操作后二次切换检查内容

检查设备	检查内容	备注
监控机	（1）检查主接线图、细节图中对应隔离开关位置变位正确； （2）检查该间隔"切换继电器同时动作"光字牌，在-1、-2隔离开关同时合位时对应点亮，其他时间应熄灭；同时伴有该光字的动作、复归报文信息； （3）检查对应的发出隔离开关分闸或合闸变位信息	监控机中的隔离开关位置应是正确的分、合状态，不应是灰色的不定态
线路、主变压器保护屏	（1）检查电压切换箱指示灯与母线隔离开关位置一致，即母线隔离开关在合位时对应的电压切换指示灯点亮，在分位时熄灭； （2）检查保护装置无"TV断线"类告警信息	
电能表屏	（1）检查对应的电压切换继电器已动作或返回； （2）检查电能表无失压告警	
母线保护屏	（1）检查表示隔离开关位置的指示灯与母线隔离开关实际位置一致，即母线隔离开关在合位时对应的指示灯点亮，在分位时熄灭； （2）在该间隔母线隔离开关倒换完成后，应按"隔离开关位置确认"或"复归"按钮对隔离开关变位进行确认，两组隔离开关均在合位时，确认无效	
五防模拟屏（或五防机）	检查隔离开关位置变位正确	五防机中的位置是由监控位置进行对位的，是监控位置的辅助检查

4. 二次操作

（1）断路器检修应断开控制电源，一方面防止二次回路带电造成人身触电、回路接地等故障，另一方面防止保护人员进行保护传动时，断路器分合操作造成检修人员受伤；当操动机构有工作时，需要断开机构电源，防止误伤检修人员。

（2）断路器停电时，其控制电源应在转冷备用之后才能断开。其目的是为了断路器未断开发生带负荷拉隔离开关时，线路保护可动作跳开本断路器，防止事故扩大。

（3）断路器送电时，其控制电源应在转热备用之前合上。其目的：①可以检查控制回路是否完好；②操作中若断路器在合位发生带负荷合隔离开关时，线路保护可动作跳开本断路器，防止事故扩大。

（4）保护压板投退原则。

1）断路器及保护装置同时停运检修时，应退出保护装置的启动失灵压板、启动其他保护的压板、远跳压板、线路纵联保护压板，并断开控制电源，可不退出检修断路器的跳合闸出口压板及其他保护跳检修断路器的压板（详见各部分压板投退规定）。工作中如需要投入断路器控制电源，应由运维人员在得到在该断路器上工作的所有工作负责人的同意后操作，申请合控制电源的工作负责人应做好防止断路器分、合闸伤人的措施。

2）断路器及保护装置同时停运，如果仅一次设备有工作，可以只断开停运断路器的控制电源，将 500kV 运行线路保护中的断路器状态切换把手（或压板）切至对应位置；如果仅二次设备有工作，保护投退原则按一、二次均有工作操作。

3）若进行一、二次设备大修、更换、技改或设备接引工作时，不仅要断开停运二次设备的出口压板（包括各断路器的跳闸压板、合闸压板及启动重合闸、启动失灵保护、启动远跳的压板，线路纵联保护还要退出对侧纵联功能），还要断开运行保护作用于停运断路器的所有压板，并断开停运断路器的控制电源。

5. TV 二次验电

TV 二次验电用于合线路接地刀闸前，检测线路 TV 是否有压，通过线路 TV 二次抽取电压来实现闭锁，目前大多数变电站 TV 二次验电采用有源负验电方式，即"有电即无电"，有源负验电需提供外部电源，如图 2-1 所示。当线路 TV 有电压时，电压继电器线圈动作，继电器动断触点打开，当使用电脑钥匙进行二次验电时，回路无法导通，电脑钥匙检测无电，则证明线路 TV 有电，此时闭锁线路接地刀闸合闸操作，当线路 TV 无电压时，电压继电器返回，继电器动断触点闭合，回路导通，电脑钥匙检测有电，则证明线路 TV 无电，此时可以进行线路接地刀闸合闸操作，即所谓的"有电即无电"。

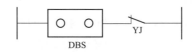

图 2-1　有源负验电示意图

第三章

变压器停送电

第一节 站用变压器停送电操作

站用电系统是保证变电站安全可靠运行的重要环节，主要负荷有主变压器风冷系统、断路器机构储能及隔离开关操作电源、充电机、逆变器、通信及自动化设备、消防、空调、照明、检修电源、排污泵等。如果站用电失去，将严重影响变电站设备的正常运行，甚至引起系统停电和设备损坏事故。站用变压器是站用电系统的主要设备，因此运行人员必须十分熟悉站用变压器的运行操作。

一、站用变压器操作原则及操作注意事项

1. 操作原则

（1）站用变压器送电时，应先送电源侧（高压侧），后送负荷侧（低压侧）；站用变压器停电时，应先停负荷侧，后停电源侧。

（2）对于外来电源的站用变压器，由于和站内电源的站用变压器相位不一定相同，因此严禁并列运行，手动倒换站用电源时，应先停后送，防止 380V 交流负荷在切换两段电源过程中误合环。

2. 操作注意事项

（1）若站内全部站用变压器检修，应在停电前申请发电车作为备用，并报告调控中心加强监视。

（2）站用变压器备用电源自动投入装置动作后，应检查站用电的切换情况是否正常，详细检查直流系统、UPS 系统、主变压器冷却系统运行正常。站用电正常工作电源恢复后，备用电源自动投入装置不能自动恢复原方式的，须人工进行恢复。

（3）新投运站用变压器或低压回路进行拆动接线工作后恢复时，必须进行核相。

（4）当出现 1 号站用变压器（或 2 号站用变压器）和 0 号站用变压器同时运行的方式时，严防人为误合 401（402）断路器，造成低压系统误并列。石北仿真变电站站用变压器系统接线图如图 3-1 所示。

二、站用变压器操作实训项目

石北站站用变压器系统接线如图 3-1 所示，1 号站用变压器接 35kV 2 号母线运行，低压侧母线为 380V Ⅰ 母线，2 号站用变压器接 35kV 3 号母线运行，低压侧母线为 380V Ⅱ 母

线，正常运行时 380V 交流 I 母线进线断路器 421、380V 交流 II 母线进线断路器 422 在合闸位置，380V 交流母线分段断路器 401、402 在分闸位置，备用电源自动投入装置投入运行，0 号站用变压器热备用于 1 号站用变压器和 2 号站用变压器。即 1 号站用变压器高低压侧断路器跳闸后自投 0 号站用变压器的 3200 断路器和 401 断路器，2 号站用变压器高低压侧断路器跳闸后自投 0 号站用变压器的 3200 断路器和 402 断路器。

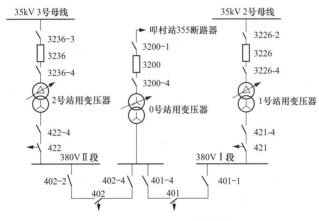

图 3-1　站用变压器系统接线图

1. 操作任务：石北站 2 号站用变压器及 3236 断路器由运行转检修

本项操作任务可分为两张操作票执行。

（1）将 2 号站用变压器由运行转热备用后，0 号站用变压器由热备用转运行，操作票及分析见表 3-1。

表 3-1　将 2 号站用变压器由运行转热备用后，0 号站用变压器由热备用转运行操作票及分析

操作任务：将 2 号站用变压器由运行转热备用后，0 号站用变压器由热备用转运行		
顺序	操作项目	操作目的及分析
1	核对操作令，确认与操作任务相符	站用变压器为调度许可、运维班调度设备，经调度许可后由运维负责人下达操作指令
2	检查叩北线电压正常	检查站外电源正常，防止自投于无电线路
3	检查 9652 保护 380V 备用电源自动投入跳 3236 出口 52LP5 在投入位置	检查备用电源自动投入装置出口在投入位置，防止自投失败
4	检查 9652 保护 380V 备用电源自动投入跳 422 出口 52LP6 在投入位置	
5	检查 9652 保护 380V 备用电源自动投入合 3200 出口 52LP9 在投入位置	
6	检查 9652 保护 380V 备用电源自动投入合 402 出口 52LP11 在投入位置	
7	将 3 号主变压器 A 相第二组冷却器由"辅助"改投"停止"位置	倒换站用变压器会导致主变压器风冷交流电源瞬时失电，将辅助冷却器切至停止，防止强油循环变压器同时启动或退出两组及以上冷却器
8	将 3 号主变压器 B 相第二组冷却器由"辅助"改投"停止"位置	
9	将 3 号主变压器 C 相第二组冷却器由"辅助"改投"停止"位置	

操作任务：将2号站用变压器由运行转热备用后，0号站用变压器由热备用转运行		
顺序	操作项目	操作目的及分析
10	拉开3236断路器	拉开运行站用变压器高压侧断路器，备用电源自动投入装置检测低压母线无压后动作，自投备用电源，自投后检查各断路器自投正确，电流正常，备用站用变压器及低压母线充电良好
11	检查3236断路器两相电流指示为零	
12	现场检查3236断路器机械指示在分位	
13	检查监控机中3236断路器指示在分位	
14	检查422断路器三相电流指示为零	
15	现场检查422断路器机械指示在分位	
16	检查监控机中422断路器指示在分位	
17	检查3200断路器两相电流指示正常（A相：　A；C相：　A）	
18	现场检查3200断路器机械指示在合位	
19	检查监控机中3200断路器指示在合位	
20	检查402断路器三相电流指示正常（A相：　A；B相：　A；C相：　A）	
21	现场检查402断路器机械指示在合位	
22	检查监控机中402断路器指示在合位	
23	现场检查0号站用变压器自投良好	
24	检查380VⅡ段母线充电良好，电压正常	
25	检查直流装置运行正常	检查低压交流供电系统运行正常
26	检查通信电源运行正常	
27	将3号主变压器A相第二组冷却器由"停止"改投"辅助"位置	切换站用变压器后将变压器风冷系统切至正常位置
28	将3号主变压器B相第二组冷却器由"停止"改投"辅助"位置	
29	将3号主变压器C相第二组冷却器由"停止"改投"辅助"位置	
30	检查主变压器风冷系统运行正常	检查低压交流供电系统运行正常

（2）2号站用变压器及3236断路器由热备用转检修，操作票及分析见表3-2。

表3-2　　　　　2号站用变压器及3236断路器由热备用转检修操作票及分析

操作任务：2号站用变压器及3236断路器由热备用转检修		
顺序	操作项目	操作目的及分析
1	核对操作令，确认与操作任务相符	核对操作令
2	将2号站用变压器3236保护屏3236远方/就地切换把手由"远方"改投"就地"位置	拉开站用变压器低压侧隔离开关
3	现场检查422断路器机械指示在分位	
4	拉开422-4隔离开关	
5	现场检查422-4隔离开关三相触头已拉开	

续表

操作任务：2 号站用变压器及 3236 断路器由热备用转检修

顺序	操作项目	操作目的及分析
6	现场检查 3236 断路器机械指示在分位	站用变压器高压侧断路器由热备用转冷备用
7	拉开 3236-4 隔离开关	
8	现场检查 3236-4 隔离联开关三相触头已拉开	
9	检查监控机中 3236-4 隔离开关指示在分位	
10	拉开 3236-3 隔离开关	
11	现场检查 3236-3 隔离开关三相触头已拉开	
12	检查监控机中 3236-3 隔离开关指示在分位	
13	在 3236-3 隔离开关断路器侧验明三相确无电压	站用变压器高压侧断路器由冷备用转检修
14	合上 3236-3KD 接地刀闸	
15	现场检查 3236-3KD 接地刀闸三相触头已合好	
16	检查监控机中 3236-3KD 接地刀闸指示在合位	
17	在 3236-4 隔离开关断路器侧验明三相确无电压	
18	合上 3236-4KD 接地刀闸	
19	现场检查 3236-4KD 接地刀闸三相触头已合好	
20	检查监控机中 3236-4KD 接地刀闸指示在合位	
21	在 2 号站用变压器高压套管处验明三相确无电压	站用变压器由冷备用转检修，注意根据工作位置及现场布置选择接地线位置
22	在 2 号站用变压器高压套管处挂 8 号接地线一组	
23	现场检查 8 号接地线已挂好	
24	在 2 号站用变压器低压套管处验明三相确无电压	
25	在 2 号站用变压器低压套管处挂 12 号接地线一组	
26	现场检查 12 号接地线已挂好	
27	拉开 3236 断路器端子箱 3236 断路器机构电源	断路器检修需断开断路器的机构电源及控制电源，防止工作时伤害到检修人员
28	拉开 2 号站用变压器 3236 保护屏 3236 断路器控制电源 21K2	

2. 操作任务：石北站 2 号站用变压器及 3236 断路器由检修转运行

本项操作任务可分为两张操作票执行。

（1）2 号站用变压器及 3236 断路器由检修转热备用，操作票及分析见表 3-3。

表 3-3　　　　　2 号站用变压器及 3236 断路器由检修转热备用操作票及分析

操作任务：2 号站用变压器及 3236 断路器由检修转热备用

顺序	操作项目	操作目的及分析
1	核对操作令，确认与操作任务相符	核对操作令
2	合上 2 号站用变压器 3236 保护屏 3236 断路器控制电源 21K2	站用变压器高压侧断路器由检修转冷备用，注意检查断路器回路接地刀闸已全部拉开，接地线已全部拆除
3	合上 3236 断路器端子箱 3236 断路器机构电源	
4	拉开 3236-4KD 接地刀闸	
5	现场检查 3236-4KD 接地刀闸三相触头已拉开	
6	检查监控机中 3236-4KD 接地刀闸指示在分位	
7	拉开 3236-3KD 接地刀闸	
8	现场检查 3236-3KD 接地刀闸三相触头已拉开	
9	检查监控机中 3236-3KD 接地刀闸指示在分位	
10	检查 3236 断路器回路 3236-3KD、3236-4KD 共二组接地刀闸已拉开，其他接地刀闸在分位	

500kV变电运维操作技能

续表

操作任务：2 号站用变压器及 3236 断路器由检修转热备用		
顺序	操作项目	操作目的及分析
11	拆除 2 号站用变压器高压套管处 8 号接地线一组	站用变压器由检修转冷备用，注意检查站用变压器回路接地线已全部拆除
12	现场检查 8 号接地线已拆除，核对编号为 8 号	
13	拆除 2 号站用变压器低压套管处 12 号接地线一组	
14	现场检查 12 号接地线已拆除，核对编号为 12 号	
15	检查 2 号站用变压器回路 8 号、12 号共二组接地线已拆除，且无其他检修试验用短接线	
16	现场检查 3236 断路器机械指示在分位	站用变压器高压侧断路器由冷备用转热备用
17	合上 3236-3 隔离开关	
18	现场检查 3236-3 隔离开关三相触头已合好	
19	检查监控机中 3236-3 隔离开关指示在合位	
20	合上 3236-4 隔离开关	
21	现场检查 3236-4 隔离开关三相触头已合好	
22	检查监控机中 3236-4 隔离开关指示在合位	
23	现场检查 422 断路器机械指示在分位	合上站用变压器低压侧隔离开关
24	合上 422-4 隔离开关	
25	现场检查 422-4 隔离开关三相触头已合好	

（2）将 0 号站用变压器由运行转热备用后，2 号站用变压器由热备用转运行，操作票及分析见表 3-4。

表 3-4　将 0 号站用变压器由运行转热备用后，2 号站用变压器由热备用转运行操作票及分析

操作任务：将 0 号站用变压器由运行转热备用后，2 号站用变压器由热备用转运行		
顺序	操作项目	操作目的及分析
1	核对操作令，确认与操作任务相符	核对操作令
2	将 3 号主变压器 A 相第三组冷却器由"辅助"改投"停用"位置	倒换站用变压器会导致主变压器风冷交流电源瞬时失电，将辅助冷却器切至停止，防止强油循环变压器同时启动或退出两组及以上冷却器
3	将 3 号主变压器 B 相第三组冷却器由"辅助"改投"停用"位置	
4	将 3 号主变压器 C 相第三组冷却器由"辅助"改投"停用"位置	
5	拉开 402 断路器	倒换站用变压器，采用先拉后合的方式
6	检查 402 断路器三相电流指示为零	
7	现场检查 402 断路器机械指示在分位	
8	检查监控机中 402 断路器指示在分位	
9	拉开 3200 断路器	
10	检查 3200 断路器两相电流指示为零	
11	现场检查 3200 断路器机械指示在分位	
12	检查监控机中 3200 断路器指示在分位	
13	合上 3236 断路器	
14	检查 3236 断路器两相电流指示正常（A 相：　　A；C 相：　　A）	

54

续表

操作任务：将 2 号站用变压器由运行转热备用后，0 号站用变压器由热备用转运行

顺序	操作项目	操作目的及分析
15	现场检查 3236 断路器机械指示在合位	倒换站用变压器，采用先拉后合的方式
16	检查监控机中 3236 断路器指示在合位	
17	检查 2 号站用变压器充电良好	
18	合上 422 断路器	
19	检查 422 断路器三相电流指示正常（A 相：　A；B相：　A；C相：　A）	
20	现场检查 422 断路器机械指示在合位	
21	检查监控机中 422 断路器指示在合位	
22	检查 380V Ⅱ段母线充电良好，电压正常	
23	检查直流装置运行正常	检查低压交流供电系统运行正常
24	检查通信电源运行正常	
25	检查主变压器风冷系统运行正常	
26	将 3 号主变压器 A 相第三组冷却器由"停用"改投"辅助"位置	切换站用变压器后将变压器风冷系统切至正常位置
27	将 3 号主变压器 B 相第三组冷却器由"停用"改投"辅助"位置	
28	将 3 号主变压器 C 相第三组冷却器由"停用"改投"辅助"位置	

三、知识点解析

1. 备用电源自动投入装置的操作分析

（1）备用电源自动投入装置投退顺序。

1）装置投运时，先投入交流电源，后投入直流电源。因为备用电源自动投入动作的一个重要判据就是工作电压消失，所以装置投运时先将系统的交流电压接入，再投入装置的直流电源，防止装置因交流电压未接入而误动作。

2）投入出口压板时，先投合闸断路器的合闸压板，后投跳闸压板，退出时顺序相反。如果先投入跳闸压板，此时装置动作，会把工作电源断路器跳开，但合闸压板未投，备用电源断路器不能合上，造成备用电源自动投入的不正确动作。

3）若备用电源自动投入功能压板与出口压板同时投退，一般应先投功能压板，检查装置无异常信号后，再投出口压板，退出时顺序相反；若备用电源自动投入功能投入采用远方操作，则仅操作功能压板。

（2）倒换站用变压器有两种操作方式，一种是手动倒换，另一种是通过备用电源自动投入装置自动倒换。

1）手动倒换时，先停用备用电源自动投入装置，然后按照先拉后合的顺序进行手动操作。

2）自动倒换时，先检查备用电源自动投入装置及压板正常，然后拉开工作站用变压器高压侧断路器，备用电源自动投入装置动作，跳开工作站用变压器低压侧断路器，合上备

用站用变压器高低压侧断路器。用此种方式操作时须注意，如果备用电源自动投入装置拒动，应尽快手动将备用站用变压器投入。

2. 站用变压器倒换过程中主变压器冷却器运行方式的切换

500kV 主变压器常用冷却方式包括强油风冷，这种冷却方式的变压器共有三组冷却器，正常运行时一组工作，一组辅助，一组备用。运行规定不允许两组冷却器同时启动，防止油流波动冲击造成重瓦斯保护误动。

倒换站用变压器过程中交流电源会瞬时失电，考虑到主变压器运行中可能由于负荷或温度升高将辅助冷却器自动投入，若风冷电源失电再恢复时，工作和辅助两组冷却器会同时启动，可能造成重瓦斯保护误动，因此要求倒换站用变压器前，将相关辅助冷却器切至停止位置，站用变压器倒换完毕后，再恢复正常方式。

第二节　主变压器停送电操作

主变压器的操作，一般根据检修工作内容分为主变压器本身停送电、主变压器及某侧断路器停送电，二次操作项目也是根据具体的工作内容确定。下面的实训项目是按照检修预试时一、二次设备均有工作来考虑。

一、实训项目

1. 操作任务：石北站 3 号主变压器及三侧断路器由运行转检修

本项操作任务可分为六张操作票执行。主变压器低压侧断路器由于只有单侧隔离开关，断路器转检修包括了将低压侧母线转检修，因此操作票分别执行。

（1）将 2 号站用变压器由运行转热备用后，0 号站用变压器由热备用转运行。此项操作第一节中已涉及，这里不再赘述。

（2）将 35kV 3 号母线无功设备电压调控系统 AVC 退出运行，操作票及分析见表 3-5。

表 3-5　　将 35kV 3 号母线无功设备电压调控系统 AVC 退出运行操作票及分析

顺序	操作项目	操作目的及分析
	操作任务：将 35kV 3 号母线无功设备电压调控系统 AVC 退出运行	
1	核对调度令，确认与操作任务相符	核对调度令
2	退出主控综合小室监控公用屏 1 号电容 AVC 压板	500kV 主变压器低压侧所带并联电容、电抗器等无功设备，由无功电压自动调控系统（AVC）自动投切，为防止操作过程中 AVC 系统自动投切无功设备，将 AVC 系统出口压板退出
3	退出主控综合小室监控公用屏 2 号电容 AVC 压板	
4	退出主控综合小室监控公用屏 3 号电容 AVC 压板	
5	退出主控综合小室监控公用屏 1 号电抗 AVC 压板	
6	退出主控综合小室监控公用屏 2 号电抗 AVC 压板	
7	检查 35kV 3 号母线上所有分路断路器均在分位	主变压器停电会造成 35kV 3 号母线停电，所以母线上分路断路器应均在分位

（3）将 3 号主变压器及其 5012、5013、213、313 断路器由运行转热备用，操作票及分析见表 3-6。

表 3-6　将 3 号主变压器及其 5012、5013、213、313 断路器由运行转热备用操作票及分析

顺序	操作项目	操作目的及分析
	操作任务：将 3 号主变压器及其 5012、5013、213、313 断路器由运行转热备用	
1	核对调度令，确认与操作任务相符	核对调度令
2	拉开 313 断路器	
3	检查 313 断路器三相电流指示为零	
4	现场检查 313 断路器机械指示在分位	
5	检查监控机中 313 断路器指示在分位	
6	拉开 213 断路器	
7	检查 213 断路器三相电流指示为零	
8	现场检查 213 断路器三相机械指示在分位	（1）主变压器停电，断路器操作按照低—中—高顺序，送电时相反；
9	检查监控机中 213 断路器指示在分位	（2）3/2 接线方式停电，先拉开中断路器，再拉开边断路器
10	拉开 5012 断路器	
11	检查 5012 断路器三相电流指示为零	
12	现场检查 5012 断路器三相机械指示在分位	
13	检查监控机中 5012 断路器指示在分位	
14	拉开 5013 断路器	
15	检查 5013 断路器三相电流指示为零	
16	现场检查 5013 断路器三相机械指示在分位	
17	检查监控机中 5013 断路器指示在分位	

（4）拉开 3 号主变压器的 313-4 隔离开关，操作票及分析见表 3-7。

表 3-7　拉开 3 号主变压器的 313-4 隔离开关操作票及分析

顺序	操作项目	操作目的及分析
	操作任务：拉开 3 号主变压器的 313-4 隔离开关	
1	核对调度令，确认与操作任务相符	核对调度令
2	现场检查 313 断路器机械指示在分位	拉合隔离开关前，检查断路器机械指示在分位，防止带负荷拉合隔离开关
3	将 500kV 3 号主变压器测控屏 313 远方/就地切换把手由"远方"改投"就地"位置	（1）为防止调控人员误将拉开的断路器再合上造成带负荷拉隔离开关，操作隔离开关前，应将断路器远方/就地切换把手切至就地位置；（2）操作项目中写明需要操作设备的位置（保护屏名称、箱体名称等），避免走错间隔
4	合上 35kV 3 号主进 313 断路器端子箱 313 隔离开关操作电源 1XDL	
5	拉开 313-4 隔离开关	（1）电动操动机构隔离开关正常时操作电源在断开位置，防止运行中发生误分误合故障，操作前将电源合上，操作后将电源拉开；（2）操作项目中写明需要操作设备的位置（保护屏名称、箱体名称等），避免走错间隔
6	现场检查 313-4 隔离开关三相触头已拉开	
7	检查监控机中 313-4 隔离开关指示在分位	
8	拉开 35kV 3 号主进 313 断路器端子箱 313 隔离开关操作电源 1XDL	

（5）将 3 号主变压器及其 5013、5012、213 断路器由热备用转检修，操作票及分析见表 3-8。

表 3-8　将 3 号主变压器及其 5013、5012、213 断路器由热备用转检修操作票及分析

操作任务：将 3 号主变压器及其 5013、5012、213 断路器由热备用转检修

顺序	操作项目	操作目的及分析
1	核对调度令，确认与操作任务相符	核对调度令
2	将 500kV 3 号主变压器测控屏 213 远方/就地切换把手由"远方"改投"就地"位置	操作隔离开关时防止远方操作合上断路器
3	现场检查 213 断路器三相机械指示在分位	拉合隔离开关前，检查断路器机械指示在分位，防止带负荷拉合隔离开关
4	合上 220kV 3 号主进 213 断路器端子箱 213 隔离开关操作电源	（1）先拉负荷侧隔离开关再拉电源侧隔离开关 （2）电动操动机构隔离开关正常时操作电源在断开位置，防止运行中发生误分误合故障，操作前将电源合上，操作后将电源拉开； （3）双母线接线拉开母线侧隔离开关操作后需要检查二次切换是否正常； （4）操作项目中写明需要操作设备的位置（保护屏名称、箱体名称等），避免走错间隔
5	拉开 213-4 隔离开关	
6	现场检查 213-4 隔离开关三相触头已拉开	
7	检查监控机中 213-4 隔离开关指示在分位	
8	拉开 213-1 隔离开关	
9	现场检查 213-1 隔离开关三相触头已拉开	
10	检查监控机中 213-1 隔离开关指示在分位	
11	现场检查 213-1 隔离开关二次切换已返回	
12	拉开 220kV 3 号主进 213 断路器端子箱 213 隔离开关操作电源	
13	将 500kV 廉北Ⅰ线 5011/5012 测控单元屏 5012 远方/就地切换把手由"远方"改投"就地"位置	操作隔离开关时防止远方操作合上断路器
14	将 500kV 3 号主变压器 5013 测控单元屏 5013 远方/就地切换把手由"远方"改投"就地"位置	
15	现场检查 5012 断路器三相机械指示在分位	5012、5013 断路器转冷备用
16	合上 500kV 廉北Ⅰ线/3 号主变压器 5012 断路器端子箱 5012 隔离开关操作电源	
17	拉开 5012-2 隔离开关	
18	现场检查 5012-2 隔离开关三相触头已拉开	
19	检查监控机中 5012-2 隔离开关指示在分位	
20	拉开 5012-1 隔离开关	
21	现场检查 5012-1 隔离开关三相触头已拉开	
22	检查监控机中 5012-1 隔离开关指示在分位	
23	拉开 500kV 廉北Ⅰ线/3 号主变压器 5012 断路器端子箱 5012 隔离开关操作电源	
24	现场检查 5013 断路器三相机械指示在分位	
25	合上 500kV 3 号主变压器 5013 断路器端子箱 5013 隔离开关操作电源	
26	拉开 5013-1 隔离开关	
27	现场检查 5013-1 隔离开关三相触头已拉开	
28	检查监控机中 5013-1 隔离开关指示在分位	
29	拉开 5013-2 隔离开关	
30	现场检查 5013-2 隔离开关三相触头已拉开	
31	检查监控机中 5013-2 隔离开关指示在分位	
32	拉开 500kV 3 号主变压器 5013 断路器端子箱 5013 隔离开关操作电源	

操作任务：将 3 号主变压器及其 5013、5012、213 断路器由热备用转检修

顺序	操作项目	操作目的及分析
33	在 3 号主变压器 TV 端子箱 TV 二次侧验明确无电压	
34	拉开 3 号主变压器 TV 端子箱 TV 计量电压小开关 1XDL	
35	拉开 3 号主变压器 TV 端子箱 TV 保护电压Ⅰ小开关 2XDL	
36	拉开 3 号主变压器 TV 端子箱 TV 保护电压Ⅱ小开关 3XDL	
37	拉开 3 号主变压器 TV 端子箱 TV 测量电压小开关 4XDL	
38	拉开 3 号主变压器 TV 端子箱 TV B 相抽取电压小开关 XDL	合上接地刀闸前进行 TV 二次验电
39	拉开 3 号主变压器 TV 端子箱 TV 计量测量电压小刀闸 1K	
40	拉开 3 号主变压器 TV 端子箱 TV 保护电压Ⅰ小刀闸 2K	
41	拉开 3 号主变压器 TV 端子箱 TV 保护电压Ⅱ小刀闸 3K	
42	拉开 3 号主变压器 TV 端子箱 TV 开口三角电压小刀闸 4K	
43	现场检查 3 号主变压器 313-4 隔离开关三相触头在分位	
44	现场检查 3 号主变压器 213-4 隔离开关三相触头在分位	
45	现场检查 3 号主变压器 5012-2 隔离开关三相触头在分位	500kV 设备可采用间接验电，合主变压器高压侧接地刀闸前检查主变压器三侧隔离开关在分位，检查高压侧避雷器三相泄漏电流指示为零，防止带电合接地刀闸
46	现场检查 3 号主变压器 5013-1 隔离开关三相触头在分位	
47	现场检查 3 号主变压器 500kV 侧避雷器三相泄漏电流指示为零	
48	合上 500kV 3 号主变压器 5013 断路器端子箱 5013 隔离开关操作电源	
49	合上 5013-67 接地刀闸	
50	现场检查 5013-67 接地刀闸三相触头已合好	
51	检查监控机中 5013-67 接地刀闸指示在合位	
52	检查监控机中 5013-1 隔离开关指示在分位	
53	检查监控机中 5013-2 隔离开关指示在分位	
54	现场检查 5013-1 隔离开关三相触头在分位	500kV 设备可采用间接验电，合断路器两侧接地刀闸前检查相关隔离开关在分位，防止带电合接地刀闸
55	现场检查 5013-2 隔离开关三相触头在分位	
56	合上 5013-27 接地刀闸	
57	现场检查 5013-27 接地刀闸三相触头已合好	
58	检查监控机中 5013-27 接地刀闸指示在合位	

操作任务：将 3 号主变压器及其 5013、5012、213 断路器由热备用转检修

顺序	操作项目	操作目的及分析
59	合上 5013-17 接地刀闸	500kV 设备可采用间接验电，合断路器两侧接地刀闸前检查相关隔离开关在分位，防止带电合接地刀闸
60	现场检查 5013-17 接地刀闸三相触头已合好	
61	检查监控机中 5013-17 接地刀闸指示在合位	
62	拉开 500kV 3 号主变压器 5013 断路器端子箱 5013 隔离开关操作电源	
63	拉开 500kV 3 号主变压器 5013 断路器端子箱 5013 断路器机构电源	为保证检修人员安全，断路器有工作时应断开机构电源
64	检查监控机中 5012-1 隔离开关指示在分位	500kV 设备可采用间接验电，合断路器两侧接地刀闸前检查相关隔离开关在分位，防止带电合接地刀闸
65	检查监控机中 5012-2 隔离开关指示在分位	
66	现场检查 5012-1 隔离开关三相触头在分位	
67	现场检查 5012-2 隔离开关三相触头在分位	
68	合上 500kV 廉北Ⅰ线/3 号主变压器 5012 断路器端子箱 5012 隔离开关操作电源	
69	合上 5012-17 接地刀闸	
70	现场检查 5012-17 接地刀闸三相触头已合好	
71	检查监控机中 5012-17 接地刀闸指示在合位	
72	合上 5012-27 接地刀闸	
73	现场检查 5012-27 接地刀闸三相触头已合好	
74	检查监控机中 5012-27 接地刀闸指示在合位	
75	拉开 500kV 廉北Ⅰ线/3 号主变压器 5012 断路器端子箱 5012 隔离开关操作电源	
76	拉开 500kV 廉北Ⅰ线/3 号主变压器 5012 断路器端子箱 5012 断路器机构电源	为保证检修人员安全，断路器有工作时应断开机构电源
77	在 313-4 隔离开关主变压器侧验明三相确无电压	合接地刀闸前应三相验电，验电时，要选择相应电压等级且合格的验电器，验电前应在带电设备上试验验电器是否良好
78	合上 313-4BD 接地刀闸	
79	现场检查 313-4BD 接地刀闸三相触头已合好	
80	检查监控机中 313-4BD 接地刀闸指示在合位	
81	在 213-4 隔离开关主变压器侧验明三相确无电压	
82	合上 213-4BD 接地刀闸	
83	现场检查 213-4BD 接地刀闸三相触头已合好	
84	检查监控机中 213-4BD 接地刀闸指示在合位	
85	在 213-4 隔离开关断路器侧验明三相确无电压	
86	合上 213-4KD 接地刀闸	
87	现场检查 213-4KD 接地刀闸三相触头已合好	
88	检查监控机中 213-4KD 接地刀闸指示在合位	
89	在 213-1 隔离开关断路器侧验明三相确无电压	
90	合上 213-1KD 接地刀闸	
91	现场检查 213-1KD 接地刀闸三相触头已合好	
92	检查监控机中 213-1KD 接地刀闸指示在合位	
93	拉开 213 端子箱 213 断路器机构电源	为保证检修人员安全，断路器有工作时应断开机构电源

续表

操作任务：将 3 号主变压器及其 5013、5012、213 断路器由热备用转检修		
顺序	操作项目	操作目的及分析
94	拉开 3 号主变压器 1 号动力电源箱 3 号主变压器 A 相风冷交流电源Ⅰ	为保证检修人员安全，主变压器本体有工作时应断开风冷交流电源
95	拉开 3 号主变压器 1 号动力电源箱 3 号主变压器 B 相风冷交流电源Ⅰ	
96	拉开 3 号主变压器 1 号动力电源箱 3 号主变压器 C 相风冷交流电源Ⅰ	
97	拉开 3 号主变压器 2 号动力电源箱 3 号主变压器 A 相风冷交流电源Ⅱ	
98	拉开 3 号主变压器 2 号动力电源箱 3 号主变压器 B 相风冷交流电源Ⅱ	
99	拉开 3 号主变压器 2 号动力电源箱 3 号主变压器 C 相风冷交流电源Ⅱ	
100	退出 3 号主变压器 326 保护屏 326 启动 5013 失灵 1CLP5	（1）主变压器保护有工作时，退出启动断路器失灵保护压板，防止保护试验时误启动失灵保护； （2）主变压器保护有工作时，退出跳运行断路器出口压板，防止保护传动时误跳运行断路器
101	退出 3 号主变压器 326 保护屏 326 启动 5012 失灵 1CLP6	
102	退出 3 号主变压器 326 保护屏 326 启动 220kV 失灵 1CLP21	
103	退出 3 号主变压器 326 保护屏 326 跳 202Ⅰ出口 1CLP13	
104	退出 3 号主变压器 1201 保护屏 1201 跳 202Ⅱ出口 2LP38	
105	退出 3 号主变压器 1201 保护屏 1201 启动 5013 失灵 2LP44	
106	退出 3 号主变压器 1201 保护屏 1201 启动 5012 失灵 2LP45	
107	退出 3 号主变压器 1201 保护屏 1201 启动 220kV 失灵 2LP46	
108	退出 3 号主变压器 326 保护屏 326 启动 5013 失灵 3CLP5	
109	退出 3 号主变压器 326 保护屏 326 启动 5012 失灵 3CLP6	
110	退出 3 号主变压器 326 保护屏 326 启动 220kV 失灵 3CLP13	
111	退出 3 号主变压器 336 保护屏高压侧断路器失灵跳主变压器三侧 35KLP5	
112	退出 3 号主变压器 336 保护屏 220kV 母差跳 213 失灵跳主变压器三侧 35KLP6	
113	拉开 3 号主变压器 336 保护屏 213 控制电源Ⅰ小开关 4DK1	为保证检修人员安全，断路器有工作应断开断路器控制电源
114	拉开 3 号主变压器 336 保护屏 213 控制电源Ⅱ小开关 4DK2	

操作任务：将3号主变压器及其5013、5012、213断路器由热备用转检修		
顺序	操作项目	操作目的及分析
115	退出5012断路器921保护屏失灵跳5011Ⅰ出口3LP8	
116	退出5012断路器921保护屏失灵跳5011Ⅱ出口3LP9	
117	退出5012断路器921保护屏失灵跳5013Ⅰ出口3LP10	
118	退出5012断路器921保护屏失灵跳5013Ⅱ出口3LP11	
119	退出5012断路器921保护屏失灵启动廉北Ⅰ线光纤Ⅰ远跳3LP12	
120	退出5012断路器921保护屏失灵启动廉北Ⅰ线光纤Ⅱ远跳3LP13	
121	退出5012断路器921保护屏失灵跳3号主变压器三侧3LP14	
122	退出5012断路器921保护屏失灵启动5011失灵3LP16	（1）断路器保护有工作时，退出失灵跳相邻断路器压板，防止保护传动时误跳相邻断路器；
123	退出5012断路器921保护屏失灵启动5013失灵3LP17	（2）断路器保护有工作时，退出失灵启动远跳压板，防止保护传动时误跳线路对侧断路器；
124	退出5013断路器921保护屏失灵跳5012出口Ⅰ3LP8	（3）断路器保护有工作时，退出失灵启动相邻断路器失灵保护压板，防止保护传动时误启动相邻断路器失灵保护；
125	退出5013断路器921保护屏失灵跳5012出口Ⅱ3LP9	
126	退出5013断路器921保护屏失灵启动Ⅱ母差Ⅰ-Ⅰ3LP10	（4）断路器保护有工作时，退出失灵启动母差保护压板，防止保护传动时误启动母差保护
127	退出5013断路器921保护屏失灵启动Ⅱ母差Ⅰ-Ⅱ3LP11	
128	退出5013断路器921保护屏失灵启动Ⅱ母差Ⅱ-Ⅰ3LP12	
129	退出5013断路器921保护屏失灵启动Ⅱ母差Ⅱ-Ⅱ3LP13	
130	退出5013断路器921保护屏失灵跳3号主变压器三侧3LP14	
131	退出5013断路器921保护屏失灵启动5012失灵3LP16	
132	将廉北Ⅰ线L90保护屏断路器检修状态切换断路器由"正常"改投"5012检修"位置	
133	将廉北Ⅰ线603保护屏断路器检修状态切换断路器由"运行"改投"5012检修"位置	3/2接线方式，断路器检修时，将运行的线路保护中该断路器状态切换把手（或压板）切至检修状态
134	将廉北Ⅰ线902保护屏断路器检修状态切换断路器由"正常"改投"5012检修"位置	
135	拉开5012断路器保护屏5012控制电源Ⅰ小开关4K1	
136	拉开5012断路器保护屏5012控制电源Ⅱ小开关4K2	为保证检修人员安全，断路器有工作时应断开断路器控制电源
137	拉开5013断路器保护屏5013控制电源Ⅰ小开关4K1	
138	拉开5013断路器保护屏5013控制电源Ⅱ小开关4K2	

（6）将3号主变压器的313断路器及35kV 3号母线由热备用转检修，操作票及分析见表3-9。

表3-9　将3号主变压器的313断路器及35kV 3号母线由热备用转检修操作票及分析

操作任务：将3号主变压器的313断路器及35kV 3号母线由热备用转检修

顺序	操作项目	操作目的及分析
1	核对调度令，确认与操作任务相符	核对调度令
2	将35kV 3号母线电抗器保护屏2号电抗器控制断路器由"远控"改投"就地"位置	
3	将35kV 3号母线电抗器保护屏1号电抗器控制断路器由"远控"改投"就地"位置	
4	将35kV 3号母线电容器保护屏3号电容器控制断路器由"远控"改投"就地"位置	（1）为防止调控人员误将拉开的断路器再合上造成带负荷合上隔离开关，操作隔离开关前，应将断路器远方/就地切换把手切至就地位置；
5	将35kV 3号母线电容器保护屏2号电容器控制断路器由"远控"改投"就地"位置	（2）操作项目中写明需要操作设备的位置（保护屏名称、箱体名称等），避免走错间隔
6	将35kV 3号母线电容器保护屏1号电容器控制断路器由"远控"改投"就地"位置	
7	将35kV 站用变压器保护屏3236控制断路器由"远控"改投"就地"位置	
8	现场检查3235断路器机械指示在分位	
9	拉开3235-3隔离开关	
10	现场检查3235-3隔离开关三相触头已拉开	
11	检查监控机中3235-3隔离开关指示在分位	
12	现场检查3234开关机械指示在分位	
13	拉开3234-3隔离开关	
14	现场检查3234-3隔离开关三相触头已拉开	
15	检查监控机中3234-3隔离开关指示在分位	
16	现场检查3233断路器机械指示在分位	
17	拉开3233-3隔离开关	
18	现场检查3233-3隔离开关三相触头已拉开	
19	检查监控机中3233-3隔离开关指示在分位	
20	现场检查3232断路器机械指示在分位	
21	拉开3232-3隔离开关	拉合隔离开关前，检查断路器机械指示在分位，防止带负荷拉合隔离开关
22	现场检查3232-3隔离开关三相触头已拉开	
23	检查监控机中3232-3隔离开关指示在分位	
24	现场检查3231断路器机械指示在分位	
25	拉开3231-3隔离开关	
26	现场检查3231-3隔离开关三相触头已拉开	
27	检查监控机中3231-3隔离开关指示在分位	
28	现场检查3236断路器机械指示在分位	
29	拉开3236-4隔离开关	
30	现场检查3236-4隔离开关三相触头已拉开	
31	检查监控机中3236-4隔离开关指示在分位	
32	拉开3236-3隔离开关	
33	现场检查3236-3隔离开关三相触头已拉开	
34	检查监控机中3236-3隔离开关指示在分位	

顺序	操作项目	操作目的及分析
	操作任务：将3号主变压器的313断路器及35kV 3号母线由热备用转检修	
35	拉开35kV 3号母线TV端子箱35kV TV计量电压小开关1ZKK	停电时，TV应先停低压侧，再停高压侧，送电时相反
36	拉开35kV 3号母线TV端子箱35kV TV保护电压小开关2ZKK	
37	拉开33-7隔离开关	
38	现场检查33-7隔离开关三相触头已拉开	
39	检查监控机中33-7隔离开关指示在分位	
40	现场检查35kV 3号母线上所有隔离开关均在断位	合母线接地刀闸前，检查母线上所有隔离开关在断位
41	在313-4隔离开关断路器侧验明三相确无电压	合接地刀闸前应三相验电
42	合上313-4KD接地刀闸	
43	现场检查313-4KD接地刀闸三相触头已合好	
44	检查监控机中313-4KD接地刀闸指示在合位	
45	拉开313断路器端子箱313断路器机构电源	为保证检修人员安全，断路器有工作时应断开机构电源
46	在33-7隔离开关母线侧验明三相确无电压	合接地刀闸前应三相验电
47	合上33-7MD接地刀闸	
48	现场检查33-7MD接地刀闸三相触头已合好	
49	检查监控机中33-7MD接地刀闸指示在合位	
50	拉开3号主变压器336保护屏313控制电源Ⅰ小开关1-4DK1	为保证检修人员安全，断路器有工作时应断开断路器控制电源
51	拉开3号主变压器336保护屏313控制电源Ⅱ小开关1-4DK2	

2. 操作任务：石北站3号主变压器及三侧断路器由检修转运行

本项操作任务可分为六张操作票执行，为上一个操作任务"3号变压器及三侧断路器由运行转检修"的恢复操作，下面只将各张操作票题目列出，具体的操作票内容不再赘述。

（1）将3号主变压器的313断路器及35kV 3号母线由检修转热备用。

（2）将3号主变压器及其5013、5012、213断路器由检修转热备用。

本项操作中的注意事项：

1）投入压板前，应检查保护装置正常，无异常信号再进行操作；

2）每套保护装置投入保护压板后，应核对压板状态与运规相符，避免漏投、误投；

3）断路器本体工作完毕，送电前应检查非全相压板状态正确，避免检修人员在工作过程中退出压板。

（3）合上3号主变压器的313-4隔离开关。

（4）将3号主变压器及其5012、5013、213、313断路器由热备用转运行。

（5）将35kV 3号母线无功设备电压调控系统AVC投入运行。

（6）将0号站用变压器由运行转热备用后，2号站用变压器由热备用转运行。

二、知识点解析

1. 停送电操作顺序

(1) 主变压器停电操作时，断路器按照先停负荷侧、后停电源侧的操作顺序进行，送电时操作顺序相反。变压器由电源侧向负荷侧送电，如有故障，便于确定故障范围。对于三绕组降压变压器停电操作时，按照低压侧、中压侧、高压侧的操作顺序进行，送电时操作顺序相反。

为了优化操作步骤，可以在断路器拉开后只检查遥测及遥信指示正常，拉开隔离开关前再检查相应断路器机械位置指示在分位。

(2) 3/2 接线方式下，停电顺序一般是先停中断路器，后停边断路器。因为先拉开的断路器只是断开环流，后拉开的断路器断开的是负荷电流或者空载线路，更容易发生故障，而边断路器发生故障比中断路器发生故障对系统的影响更小，只会跳开一条母线，不会造成线路或主变压器停电。

(3) 拉开三侧隔离开关应按就近原则操作，不需按照低—中—高顺序操作。每侧的两组隔离开关按照先拉主变压器侧后拉母线侧的顺序操作，这是考虑若断路器未拉开而发生带负荷拉隔离开关，可把事故范围缩小。

2. 二次设备操作

主变压器二次操作项目应根据具体的工作内容确定。

(1) 主变压器停电前，应将对应的无功自动投切装置退出；主变压器送电后，再将无功自动投切装置投入。

(2) 主变压器本体检修时，应断开风冷及有载调压电源。

(3) 变压器一次和保护同时有工作，还应退出跳母联及分段断路器、启动失灵保护以及解除失灵保护电压闭锁压板，装有过负荷联切装置的还应退出过负荷联切压板。

(4) 主变压器各侧断路器有检修工作时，应断开断路器的控制和机构电源；断路器保护有工作时，应退出与运行设备有关的压板。

(5) 主变压器送电前应检查保护状态正常，包括装置信号正常，压板状态正常。

三、主变压器操作原则及注意事项

(1) 运行中的变压器不允许失去差动保护；500kV 变压器不允许失去过励磁保护及低压后备保护；重瓦斯保护退出时，仅允许变压器短时运行。充电和充电试运行的变压器全部保护（按定值单要求）均应投跳闸位置。

(2) 新安装或更换线圈的变压器投入运行时，应以额定电压进行合闸冲击加压试验。新装的变压器冲击五次，大修（含更换线圈）的变压器冲击三次，第一次充电后持续运行时间不少于 10min，停电 10min 后再继续第二次冲击合闸。

(3) 两台变压器并列倒负荷时，高压侧必须并列。

(4) 并列运行的变压器操作前应检查负荷情况。

(5) 倒换变压器时，应先投入备用变压器，检查该变压器确已带上负荷，并且分段（或母联）断路器确在合闸位置，方可停下原运行的变压器。

（6）主变压器并、解列操作严禁使用隔离开关进行。

（7）变压器送电前，应检查与并列运行的变压器分接头位置一致或符合要求。

（8）对三绕组变压器复合电压闭锁过电流保护，如果采用三侧复合电压回路并联闭锁变压器某一侧或各侧过电流，那么变压器任一侧断路器单独停电时，该侧的复合电压将误开放其他两侧过电流。因此，对于上述原理接线的三绕组变压器复合电压闭锁过电流保护，当变压器仅一侧断路器改为冷备用或检修状态时，拉开断路器后应退出该侧复合电压闭锁功能。

第四章

母线停送电操作

本章将对 3/2 接线和双母线接线方式的母线停送电操作进行分析。

第一节　220kV 母线及电压互感器停送电操作

一、实训项目

1. 操作任务：石北站 220kV 1 号 B 母线及 TV 由运行转检修

操作票及分析见表 4-1。

表 4-1　　　　　将 220kV 1 号 B 母线及 TV 由运行转检修操作票及分析

顺序	操作项目	操作目的及分析
操作任务：将 220kV 1 号 B 母线及 TV 由运行转检修		
1	核对调度令，确认与操作任务相符	核对调度令
2	现场检查 202 断路器三相机械指示在合位	倒母线前确认母联断路器在合位
3	投入 220kV B 段母线 915 保护屏 1LP2 单母运行压板	母线保护改为非选择方式
4	投入 220kV B 段母线 150 保护屏 1LP45 母联互联投入压板	
5	拉开 220kV B 母联 202 母联保护屏 202 控制电源 Ⅰ 4K1	断开母联控制电源
6	拉开 220kV B 母联 202 母联保护屏 202 控制电源 Ⅱ 4K2	
7	合上 213 断路器端子箱 213 隔离开关操作电源	
8	合上 213-2 隔离开关	
9	现场检查 213-2 隔离开关三相触头已合好	
10	检查监控机中 213-2 隔离开关指示在合位	
11	检查 213-2 隔离开关二次切换已启动	（1）倒母线时按先合后拉的原则进行操作；
12	拉开 213-1 隔离开关	（2）分合隔离开关后，应检查三相触头位置、
13	现场检查 213-1 隔离开关三相触头已拉开	监控机中隔离开关位置及二次回路切换
14	检查监控机中 213-1 隔离开关指示在分位	
15	检查 213-1 隔离开关二次切换已返回	
16	拉开 213 断路器端子箱 213 隔离开关操作电源	
17	合上 229 断路器端子箱 229 隔离开关操作电源	
18	合上 229-2 隔离开关	229 间隔倒母线
19	现场检查 229-2 隔离开关三相触头已合好	

续表

操作任务：将 220kV 1 号 B 母线及 TV 由运行转检修

顺序	操作项目	操作目的及分析
20	检查监控机中 229-2 隔离开关指示在合位	229 间隔倒母线
21	检查 229-2 隔离开关二次切换已启动	
22	拉开 229-1 隔离开关	
23	现场检查 229-1 隔离开关三相触头已拉开	
24	检查监控机中 229-1 隔离开关指示在分位	
25	检查 229-1 隔离开关二次切换已返回	
26	拉开 229 断路器端子箱 229 隔离开关操作电源	
27	合上 233 断路器端子箱 233 隔离开关操作电源	233 间隔倒母线
28	合上 233-2 隔离开关	
29	现场检查 233-2 隔离开关三相触头已合好	
30	检查监控机中 233-2 隔离开关指示在合位	
31	检查 233-2 隔离开关二次切换已启动	
32	拉开 233-1 隔离开关	
33	现场检查 233-1 隔离开关三相触头已拉开	
34	检查监控机中 233-1 隔离开关指示在分位	
35	检查 233-1 隔离开关二次切换已返回	
36	拉开 233 断路器端子箱 233 隔离开关操作电源	
37	合上 235 断路器端子箱 235 隔离开关操作电源	235 间隔倒母线
38	合上 235-2 隔离开关	
39	现场检查 235-2 隔离开关三相触头已合好	
40	检查监控机中 235-2 隔离开关指示在合位	
41	检查 235-2 隔离开关二次切换已启动	
42	拉开 235-1 隔离开关	
43	现场检查 235-1 隔离开关三相触头已拉开	
44	检查监控机中 235-1 隔离开关指示在分位	
45	检查 235-1 隔离开关二次切换已返回	
46	拉开 235 断路器端子箱 235 隔离开关操作电源	
47	合上 220kV B 母联 202 母联保护屏 202 控制电源Ⅰ 4K1	合上母联控制电源
48	合上 220kV B 母联 202 母联保护屏 202 控制电源Ⅱ 4K2	
49	退出 220kV B 段母线 915 保护屏 1LP2 单母运行压板	母线保护改为有选择方式
50	退出 220kV B 段母线 150 保护屏 1LP45 母差互联投入压板	
51	检查母联 202 断路器三相电流指示为零	拉开母联断路器前，检查电流为零，防止漏倒支路，拉开后检查母线电压为零
52	拉开 202 断路器	
53	现场检查 202 断路器三相机械指示在分位	
54	检查监控机中 202 断路器指示在分位	
55	检查 220kV 1 号 B 母线三相电压指示为零	
56	将 220kV B 母联分段测控屏 202 断路器远方就地切换把手由"远方"改投"就地"位置	为防止调控人员误将断路器合上造成带负荷拉合隔离开关，操作隔离开关前，应将断路器远方/就地切换把手切至就地位置
57	将 220kV B 母联分段测控屏 203 断路器远方就地切换把手由"远方"改投"就地"位置	

续表

操作任务：将 220kV 1 号 B 母线及 TV 由运行转检修

顺序	操作项目	操作目的及分析
58	合上 202 断路器端子箱 202 隔离开关操作电源	拉开母联断路器两侧隔离开关时，按照负荷侧—电源侧的顺序，停电母线侧视为负荷侧，另一侧作为电源侧
59	拉开 202-1 隔离开关	
60	现场检查 202-1 隔离开关三相触头已拉开	
61	检查监控机中 202-1 隔离开关指示在分位	
62	拉开 202-2 隔离开关	
63	现场检查 202-2 隔离开关三相触头已拉开	
64	检查监控机中 202-2 隔离开关指示在分位	
65	拉开 202 断路器端子箱 202 隔离开关操作电源	
66	现场检查 203 断路器三相机械指示在分位	分段断路器转冷备用
67	合上 203 断路器端子箱 203 隔离开关操作电源	
68	拉开 203-1B 隔离开关	
69	现场检查 203-1B 隔离开关三相触头已拉开	
70	检查监控机中 203-1B 隔离开关指示在分位	
71	拉开 203-1A 隔离开关	
72	现场检查 203-1A 隔离开关三相触头已拉开	
73	检查监控机中 203-1A 隔离开关指示在分位	
74	拉开 203 断路器端子箱 203 隔离开关操作电源	
75	拉开 220kV 1 号 B 母线 TV 端子箱 220kV 1B 母线 TV 计量测量电压小开关 1ZKK	（1）断开 TV 二次，防止反充电；（2）TV 停电的操作顺序为先停二次再停一次送电顺序相反
76	拉开 220kV 1 号 B 母线 TV 端子箱 220kV 1B 母线 TV 保护 I 电压小开关 2ZKK	
77	拉开 220kV 1 号 B 母线 TV 端子箱 220kV 1B 母线 TV 保护 II 电压小开关 3ZKK	
78	合上 21B-7 隔离开关机构箱 21B-7 隔离开关操作电源	
79	拉开 21B-7 隔离开关	
80	现场检查 21B-7 隔离开关三相触头已拉开	
81	检查监控机中 21B-7 隔离开关指示在分位	
82	拉开 21B-7 隔离开关机构箱 21B-7 隔离开关操作电源	
83	现场检查 220kV 1B 母线上所有隔离开关均在断位	合接地刀闸前检查母线所有隔离开关均在分位
84	检查监控机中 220kV 1B 母线上所有隔离开关指示在分位	
85	在 202-1 隔离开关母线侧验明三相确无电压	（1）合接地刀闸前应验明三相确无电压，验电完毕后立即合上接地刀闸；（2）母线转检修时根据实际工作需要确定接地数量
86	合上 202-1MD 接地刀闸	
87	现场检查 202-1MD 接地刀闸三相触头已合好	
88	检查监控机中 202-1MD 接地刀闸指示在合位	
89	在 203-1B 隔离开关母线侧验明三相确无电压	
90	合上 203-1BMD 接地刀闸	
91	现场检查 203-1BMD 接地刀闸三相触头已合好	
92	检查监控机中 203-1BMD 接地刀闸指示在合位	

顺序	操作项目	操作目的及分析
	操作任务：将220kV 1号B母线及TV由运行转检修	
93	21B-7隔离开关TV侧验明三相确无电压	（1）合接地刀闸前应验明三相确无电压，验电完毕后立即合上接地刀闸；
94	合上21B-7PD接地刀闸	
95	现场检查21B-7PD接地刀闸三相触头已合好	（2）母线转检修时根据实际工作需要确定接地数量
96	检查监控机中21B-7PD接地刀闸指示在合位	
97	投入220kV B段母线915保护屏1LP14 202检修状态投入	投入202检修状态投入压板
98	拉开220kV B母差915保护屏Ⅰ母电压小开关1ZKK1	拉开母线保护屏内对应检修母线的二次电压小开关
99	拉开220kV B母差150保护屏Ⅰ母电压小开关1ZKK1	

2. 操作任务：石北站220kV 1号B母线及TV由检修转运行

操作票及分析见表4-2。

表4-2　　　　将220kV 1号B母线及TV由检修转运行操作票及分析

顺序	操作项目	操作目的及分析
	操作任务：将220kV 1号B母线及TV由检修转运行	
1	核对调度令，确认与操作任务相符	核对调度令
2	合上220kV B母差915保护屏Ⅰ母电压小开关1Zkk1	二次恢复操作
3	合上220kV B母差150保护屏Ⅰ母电压小开关1Zkk1	
4	退出220kV B段母线915保护屏1LP14 202检修状态投入	
5	拉开21B-7PD接地刀闸	
6	现场检查21B-7PD接地刀闸三相触头已拉开	
7	检查监控机中21B-7PD接地刀闸指示在分位	
8	检查220kV 1B母TV回路21B-7PD共一组接地刀闸已拉开，其他接地刀闸在分位	
9	拉开203-1BMD接地刀闸	接地刀闸拉开后，应详细检查相关回路无其他接地刀闸及短接线，防止带地线合闸
10	现场检查203-1BMD接地刀闸三相触头已拉开	
11	检查监控机中203-1BMD接地刀闸指示在分位	
12	拉开202-1MD接地刀闸	
13	现场检查202-1MD接地刀闸三相触头已拉开	
14	检查监控机中202-1MD接地刀闸指示在分位	
15	检查220kV 1B母线回路203-1BMD、202-1MD共两组接地刀闸已拉开，其他接地刀闸在分位	
16	合上21B-7隔离开关机构箱21B-7隔离开关操作电源	TV送电时按照先一次，后二次的顺序

顺序	操作项目	操作目的及分析
	操作任务：将 220kV 1 号 B 母线及 TV 由检修转运行	
17	合上 21B-7 隔离开关	TV 送电时按照先一次，后二次的顺序
18	现场检查 21B-7 隔离开关三相触头已合好	
19	检查监控机中 21B-7 隔离开关指示在合位	
20	拉开 21B-7 隔离开关机构箱 21B-7 隔离开关操作电源	
21	合上 220kV 1B 母线 TV 端子箱计量测量电压小开关 1ZKK	
22	合上 220kV 1B 母线 TV 端子箱保护Ⅰ电压小开关 2ZKK	
23	合上 220kV 1B 母线 TV 端子箱保护Ⅱ电压小开关 3ZKK	
24	投入 220kV B 母联 923 保护屏 8LP2 202 充电保护投入	投入母联充电保护
25	投入 220kV B 母联 923 保护屏 8LP10 202 充电启动失灵	
26	投入 220kV B 母联 923 保护屏 8LP16 202 辅助保护跳闸出口Ⅰ	
27	投入 220kV B 母联 923 保护屏 8LP17 202 辅助保护跳闸出口Ⅱ	
28	现场检查 203 断路器三相机械指示在分位	分段断路器转热备用
29	合上 203 断路器端子箱 203 隔离开关操作电源	
30	合上 203-1A 隔离开关	
31	现场检查 203-1A 隔离开关三相触头已合好	
32	检查监控机中 203-1A 隔离开关指示在合位	
33	合上 203-1B 隔离开关	
34	现场检查 203-1B 隔离开关三相触头已合好	
35	检查监控机中 203-1B 1 隔离开关指示在合位	
36	拉开 203 断路器端子箱 203 隔离开关操作电源	
37	现场检查 202 断路器三相机械指示在分位	母联断路器转热备用
38	合上 202 断路器端子箱 202 隔离开关操作电源	
39	合上 202-2 隔离开关	
40	现场检查 202-2 隔离开关三相触头已合好	
41	检查监控机中 202-2 隔离开关指示在合位	
42	合上 202-1 隔离开关	
43	现场检查 202-1 隔离开关三相触头已合好	
44	检查监控机中 202-1 隔离开关指示在合位	
45	拉开 202 断路器端子箱 202 隔离开关操作电源	
46	将 220kV B 母联分段测控屏 202 断路器远方就地切换把手由"就地"改投"远方"位置	用母联断路器向母线充电
47	将 220kV B 母联分段测控屏 203 断路器远方就地切换把手由"就地"改投"远方"位置	

操作任务：将220kV 1号B母线及TV由检修转运行

顺序	操作项目	操作目的及分析
48	合上202断路器	用母联断路器向母线充电
49	检查202断路器三相电流指示正常（A相：A，B相：A，C相：A）	
50	现场检查202断路器三相机械指示在合位	
51	检查监控机中202断路器指示在合位	
52	现场检查220kV 1B母线充电良好，电压正常	
53	退出220kV B母联923保护屏8LP10 202充电启动失灵	退出母联充电保护
54	退出220kV B母联923保护屏8LP16 202辅助保护跳闸出口Ⅰ	
55	退出220kV B母联923保护屏8LP17 202辅助保护跳闸出口Ⅱ	
56	退出220kV B母联923保护屏8LP2 202充电保护投入	
57	投入220kV B母差915保护屏1LP2 单母运行	母线保护改为非选择方式
58	投入220kV B母差150保护屏1LP45 互联保护投入	
59	拉开220kV B母联202母联保护屏202控制电源Ⅰ 4K1	断开母联控制电源
60	拉开220kV B母联202母联保护屏202控制电源Ⅱ 4K2	
61	合上213断路器端子箱213隔离开关操作电源	213间隔倒母线
62	合上213-1隔离开关	
63	现场检查213-1隔离开关三相触头已合好	
64	检查监控机中213-1隔离开关指示在合位	
65	检查213-1隔离开关二次切换已启动	
66	拉开213-2隔离开关	
67	现场检查213-2隔离开关三相触头已拉开	
68	检查监控机中213-2隔离开关指示在分位	
69	检查213-2隔离开关二次切换已返回	
70	拉开213断路器端子箱213隔离开关操作电源	
71	合上229断路器端子箱229隔离开关操作电源	229间隔倒母线
72	合上229-1隔离开关	
73	现场检查229-1隔离开关三相触头已合好	
74	检查监控机中229-1隔离开关指示在合位	
75	检查229-1隔离开关二次切换已启动	
76	拉开229-2隔离开关	
77	现场检查229-2隔离开关三相触头已拉开	
78	检查监控机中229-2隔离开关指示在分位	
79	检查229-2隔离开关二次切换已返回	
80	拉开229断路器端子箱229隔离开关操作电源	

续表

操作任务：将 220kV 1 号 B 母线及 TV 由检修转运行

顺序	操作项目	操作目的及分析
81	合上 233 断路器端子箱 233 隔离开关操作电源	233 间隔倒母线
82	合上 233-1 隔离开关	
83	现场检查 233-1 隔离开关三相触点已合好	
84	检查监控机中 233-1 隔离开关指示在合位	
85	检查 233-1 隔离开关二次切换已启动	
86	拉开 233-2 隔离开关	
87	现场检查 233-2 隔离开关三相触头已拉开	
88	检查监控机中 233-2 隔离开关指示在分位	
89	检查 233-2 隔离开关二次切换已返回	
90	拉开 233 断路器端子箱 233 隔离开关操作电源	
91	合上 235 断路器端子箱 235 隔离开关操作电源	235 间隔倒母线
92	合上 235-1 隔离开关	
93	现场检查 235-1 隔离开关三相触头已合好	
94	检查监控机中 235-1 隔离开关指示在合位	
95	检查 235-1 隔离开关二次切换已启动	
96	拉开 235-2 隔离开关	
97	现场检查 235-2 隔离开关三相触头已拉开	
98	检查监控机中 235-2 隔离开关指示在分位	
99	检查 235-2 隔离开关二次切换已返回	
100	拉开 235 断路器端子箱 235 隔离开关操作电源	
101	合上 220kV B 母联 202 母联保护屏 202 控制电源 I 4K1	投入母联控制电源
102	合上 220kV B 母联 202 母联保护屏 202 控制电源 II 4K2	
103	退出 220kV B 母差 915 保护屏 1LP2 单母运行	母线保护恢复有选择方式
104	退出 220kV B 母差 150 保护屏 1LP45 互联保护投入	

二、知识点解析

1. 热倒母线的操作分析

（1）热倒母线前检查母联断路器在合位，保证两条母线处于并列状态，在操作中用隔离开关解合环时两条母线始终等电位。断开母联断路器控制电源，防止热倒母线过程中母联断路器偷跳，造成带负荷拉合隔离开关。

（2）投入互联压板，作用是将母线保护转为非选择方式，保证在热倒母线的过程中若发生母线故障可瞬时跳开两条母线。因为倒母线前需要断开母联断路器控制电源，操作中隔离开关会双跨母线，这两种情况都会使两条母线成为死连接，任一母线故障都应该将两条母线全部切除，因此要将母线保护改为非选择方式，以便快速切除故障。

（3）倒母线前，应先将母差保护投非选择方式，再断开母联断路器的控制电源；当倒换完成后，先投入母联断路器的控制电源，最后将母差保护投有选择方式。改变选择方式和拉合母联控制电源的顺序要求，主要是考虑这两项操作中间一旦发生故障，保护动作结果对系统影响更小。

1）先投互联压板，后断母联控制电源，两项操作中间发生母线故障，母差保护动作，瞬时跳开两条母线所有断路器切除故障。

2）先断母联控制电源，后投互联压板，两项操作中间发生母线故障，母差保护与母联失灵保护先后动作，经延时跳开两条母线所有开关切除故障。

2.母线侧隔离开关二次切换回路的检查

倒母线操作中，须认真检查母线保护屏、线路保护屏、主变压器保护屏各间隔母线隔离开关的位置指示灯应与所运行母线的实际位置相对应，检查电能表屏电压切换应正常。

（1）母线保护需要获取各个间隔的运行方式，用于保护运算。保护装置通过各间隔母线侧隔离开关的辅助触点位置来识别运行方式，接线如图4-1所示。某隔离开关在合位时，其动合辅助触点闭合，LED灯点亮，同时保护装置的此项开入为1；隔离开关在分位时，动合辅助触点打开，LED灯熄灭，同时保护装置的此项开入为0。

图中S1、S2为强制开关的辅助触点，自动位置时S1打开、S2闭合，强制接通时S1闭合，强制断开时S1、S2均打开，LED灯指示相应的隔离开关位置状态。

（2）线路或主变压器保护需要获取母线电压进行保护运算，而电压取自哪条母线，则由该间隔的一次运行方式来确定。间隔保护二次电压切换回路示意图如图4-2所示，母线侧隔离开关合位时，其动合辅助触点闭合，将相应母线电压接入保护装置，同时点亮对应的指示灯。

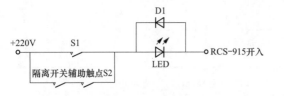

图4-1 母线保护运行方式识别接线图

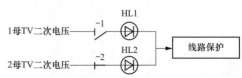

图4-2 间隔保护二次电压切换回路示意图

3.电压互感器的操作分析

（1）电压互感器投停操作的一般要求。

1）母线和电压互感器同时停电，一般应在母线停电后将电压互感器停用，母线充电前将电压互感器投入，以便于监视母线电压情况。

2）若母线的投停有发生谐振过电压的可能，母线停电时，先停电压互感器后停母线，送电时先送母线后送电压互感器。谐振一般发生在母线装有电磁型电压互感器的情况下，母联或主变压器断路器的断口电容和电磁型电压互感器的电感参数匹配，易发生串联谐振。

3）停用电压互感器时为防止二次向一次反充电，应先停二次，后停一次，送电时顺序相反。反充电一般只会发生在电压互感器二次有并列回路的情况下，如图4-3所示，双母线接线方式，两条母线的电压互感器二次可通过TV二次并列把手实现手动并列，也可通过某支路两组母线侧隔离开关辅助触点实现自动并列。若电压互感器二次处于并列状态，先停一次，可能造成运行 TV 通过二次并列回路向停电 TV 高压侧反充电，引起运行 TV 二次空气开关跳闸，从而使得两条母线二次全部失压。

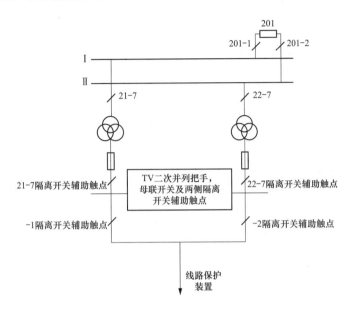

图 4-3　电压互感器二次并列回路示意图

（2）双母线接线方式，母线电压互感器单独检修时，停电方式有 3 种选择：①采用电压互感器二次并列；②电压互感器二次并列同时某间隔隔离开关跨接，即选取某一间隔合上其两组母线侧隔离开关实现两条母线的死连接，确保二次并列回路的可靠；③将对应的母线停电进行电压互感器检修。

（3）电压互感器二次并列操作注意事项：

1）并列操作前检查母联断路器在运行状态，确保电压互感器一次并列；

2）合上二次并列开关后，再拉开待停用电压互感器的二次空气开关，防止失压；

3）电压互感器及其二次回路异常或故障未隔离时，禁止进行二次并列。

4. 母联检修（分列运行）压板的操作

母联检修压板在回路中是和母联 TWJ 触点并在一起的，其实就是手动 TWJ 触点。主要是为了在母联检修时防止母联断路器频繁变位对母差保护识别母联位置造成影响，特别是当母联单独检修，两条母线都有电压的情况下。母联断路器转冷备用后投入该压板，转热备用前退出。

5. 母联断路器充电的操作

（1）母联断路器充电保护正常定值为充空母线用，不允许带负荷运行。给母线充电时，一般应在合母联两侧隔离开关前投入，充电完毕后立即退出。

（2）充电保护投入顺序为先投功能压板，后投出口压板；退出顺序相反。

（3）充电启动失灵压板是母线保护的母联失灵外部开入接点，充电保护动作母联断路器未跳开时启动母联失灵保护，跳开两条母线上所有开关，所以投入充电时应同时投入该压板。

第二节　500kV 母线停送电操作

一、实训项目

1. 操作任务：石北站将 500kV 1 号母线由运行转检修

操作票及分析见表 4-3。

表 4-3　将 500kV 1 号母线由运行转检修操作票及分析

操作任务：将 500kV 1 号母线由运行转检修		
顺序	操作项目	操作目的及分析
1	核对调度令，确认与操作任务相符	核对调度令
2	拉开 5011 断路器	（1）3/2 接线方式母线停电，断路器操作无固定的先后顺序，一般依次拉开母线所连接的所有断路器即可； （2）操作断路器完毕后，检查三相电流指示为零、现场三相机械指示、监控机断路器变位情况，最终确认三相均已断开； （3）所有断路器操作完毕后，检查 500kV 1 号母线为零，即可检查有无漏拉断路器
3	检查 5011 断路器三相电流指示为零	
4	现场检查 5011 断路器三相机械指示在分位	
5	检查监控机中 5011 断路器指示在分位	
6	拉开 5021 断路器	
7	检查 5021 断路器三相电流指示为零	
8	现场检查 5021 断路器三相机械指示在分位	
9	检查监控机中 5021 断路器指示在分位	
10	拉开 5031 断路器	
11	检查 5031 断路器三相电流指示为零	
12	现场检查 5031 断路器三相机械指示在分位	
13	检查监控机中 5031 开关指示在分位	
14	拉开 5042 断路器	
15	检查 5042 断路器三相电流指示为零	
16	现场检查 5042 断路器三相机械指示在分位	
17	检查监控机中 5042 断路器指示在分位	
18	拉开 5052 断路器	
19	检查 5052 断路器三相电流指示为零	
20	现场检查 5052 断路器三相机械指示在分位	
21	检查监控机中 5052 断路器指示在分位	
22	拉开 5061 断路器	
23	检查 5061 断路器三相电流指示为零	
24	现场检查 5061 断路器三相机械指示在分位	
25	检查监控机中 5061 断路器指示在分位	
26	拉开 5071 断路器	
27	检查 5071 断路器三相电流指示为零	
28	现场检查 5071 断路器三相机械指示在分位	
29	检查监控机中 5071 断路器指示在分位	
30	拉开 5082 断路器	
31	检查 5082 断路器三相电流指示为零	
32	现场检查 5082 断路器三相机械指示在分位	
33	检查监控机中 5082 断路器指示在分位	
34	检查 500kV 1 号母线电压为零	

<table>
<tr><th colspan="3">操作任务：将 500kV 1 号母线由运行转检修</th></tr>
<tr><th>顺序</th><th>操作项目</th><th>操作目的及分析</th></tr>
<tr><td>35</td><td>将 500kV 廉北Ⅰ线 5011/5012 测控单元屏 5011 远方/就地切换把手由"远方"改投"就地"位置</td><td rowspan="8">为防止调控人员误将拉开的断路器再合上造成带负荷拉合隔离开关，操作隔离开关前，应将断路器远方/就地切换把手切至就地位置</td></tr>
<tr><td>36</td><td>将 500kV 2 号主变压器 5021 测控单元屏 5021 远方/就地切换把手由"远方"改投"就地"位置</td></tr>
<tr><td>37</td><td>将 500kV 廉北Ⅱ线 5031/5032 测控单元屏 5031 远方/就地切换把手由"远方"改投"就地"位置</td></tr>
<tr><td>38</td><td>将 500kV 阳北Ⅰ线 5043/5042 测控单元屏 5042 远方/就地切换把手由"远方"改投"就地"位置</td></tr>
<tr><td>39</td><td>将 500kV 阳北Ⅱ线 5052 测控单元屏 5052 远方/就地切换把手由"远方"改投"就地"位置</td></tr>
<tr><td>40</td><td>将 500kV 北清Ⅰ线 5061/5062 测控单元屏 5061 远方/就地切换把手由"远方"改投"就地"位置</td></tr>
<tr><td>41</td><td>将 500kV 北清Ⅱ线 5071/5072 测控单元屏 5071 远方/就地切换把手由"远方"改投"就地"位置</td></tr>
<tr><td>42</td><td>将 500kV 忻石Ⅰ线 5082 测控单元屏 5082 远方/就地切换把手由"远方"改投"就地"位置</td></tr>
<tr><td>43</td><td>合上 5011 断路器端子箱 5011 隔离开关操作电源</td><td rowspan="8">（1）同一张操作票里已经检查了断路器机械指示，所以拉隔离开关前不用再检查；
（2）断路器两侧隔离开关操作顺序为先拉母线侧隔离开关，再拉另一侧隔离开关</td></tr>
<tr><td>44</td><td>拉开 5011-1 隔离开关</td></tr>
<tr><td>45</td><td>现场检查 5011-1 隔离开关三相触头已拉开</td></tr>
<tr><td>46</td><td>检查监控机中 5011-1 隔离开关指示在分位</td></tr>
<tr><td>47</td><td>拉开 5011-2 隔离开关</td></tr>
<tr><td>48</td><td>现场检查 5011-2 隔离开关三相触头已拉开</td></tr>
<tr><td>49</td><td>检查监控机中 5011-2 隔离开关指示在分位</td></tr>
<tr><td>50</td><td>拉开 5011 断路器端子箱 5011 隔离开关操作电源</td></tr>
<tr><td>51</td><td>合上 5021 断路器端子箱 5021 隔离开关操作电源</td><td rowspan="8">5021 断路器转冷备用</td></tr>
<tr><td>52</td><td>拉开 5021-1 隔离开关</td></tr>
<tr><td>53</td><td>现场检查 5021-1 隔离开关三相触头已拉开</td></tr>
<tr><td>54</td><td>检查监控机中 5021-1 隔离开关指示在分位</td></tr>
<tr><td>55</td><td>拉开 5021-2 隔离开关</td></tr>
<tr><td>56</td><td>现场检查 5021-2 隔离开关三相触头已拉开</td></tr>
<tr><td>57</td><td>检查监控机中 5021-2 隔离开关指示在分位</td></tr>
<tr><td>58</td><td>拉开 5021 断路器端子箱 5021 隔离开关操作电源</td></tr>
<tr><td>59</td><td>合上 5031 断路器端子箱 5031 隔离开关操作电源</td><td rowspan="8">5031 断路器转冷备用</td></tr>
<tr><td>60</td><td>拉开 5031-1 隔离开关</td></tr>
<tr><td>61</td><td>现场检查 5031-1 隔离开关三相触头已拉开</td></tr>
<tr><td>62</td><td>检查监控机中 5031-1 隔离开关指示在分位</td></tr>
<tr><td>63</td><td>拉开 5031-2 隔离开关</td></tr>
<tr><td>64</td><td>现场检查 5031-2 隔离开关三相触头已拉开</td></tr>
<tr><td>65</td><td>检查监控机中 5031-2 隔离开关指示在分位</td></tr>
<tr><td>66</td><td>拉开 5031 断路器端子箱 5031 隔离开关操作电源</td></tr>
</table>

续表

操作任务：将 500kV 1 号母线由运行转检修

顺序	操作项目	操作目的及分析
67	合上 5041 断路器端子箱 5041 隔离开关操作电源	5042 断路器转冷备用
68	拉开 5041-1 隔离开关	
69	现场检查 5041-1 隔离开关三相触头已拉开	
70	检查监控机中 5041-1 隔离开关指示在分位	
71	拉开 5041 断路器端子箱 5041 隔离开关操作电源	
72	合上 5042 断路器端子箱 5042 隔离开关操作电源	
73	拉开 5042-2 隔离开关	
74	现场检查 5042-2 隔离开关三相触头已拉开	
75	检查监控机中 5042-2 隔离开关指示在分位	
76	拉开 5042 断路器端子箱 5042 隔离开关操作电源	
77	合上 5051 断路器端子箱 5051 隔离开关操作电源	5052 断路器转冷备用
78	拉开 5051-1 隔离开关	
79	现场检查 5051-1 隔离开关三相触头已拉开	
80	检查监控机中 5051-1 隔离开关指示在分位	
81	拉开 5051 断路器端子箱 5051 隔离开关操作电源	
82	合上 5052 断路器端子箱 5052 隔离开关操作电源	
83	拉开 5052-2 隔离开关	
84	现场检查 5052-2 隔离开关三相触头已拉开	
85	检查监控机中 5052-2 隔离开关指示在分位	
86	拉开 5052 断路器端子箱 5052 隔离开关操作电源	
87	合上 5061 断路器端子箱 5061 隔离开关操作电源	5061 断路器转冷备用
88	拉开 5061-1 隔离开关	
89	现场检查 5061-1 隔离开关三相触头已拉开	
90	检查监控机中 5061-1 隔离开关指示在分位	
91	拉开 5061-2 隔离开关	
92	现场检查 5061-2 隔离开关三相触头已拉开	
93	检查监控机中 5061-2 隔离开关指示在分位	
94	拉开 5061 断路器端子箱 5061 隔离开关操作电源	
95	合上 5071 断路器端子箱 5071 隔离开关操作电源	5071 断路器转冷备用
96	拉开 5071-1 隔离开关	
97	现场检查 5071-1 隔离开关三相触头已拉开	
98	检查监控机中 5071-1 隔离开关指示在分位	
99	拉开 5071-2 隔离开关	
100	现场检查 5071-2 隔离开关三相触头已拉开	
101	检查监控机中 5071-2 隔离开关指示在分位	
102	拉开 5071 断路器端子箱 5071 隔离开关操作电源	
103	合上 5081 断路器端子箱 5081 隔离开关操作电源	5082 断路器转冷备用
104	拉开 5081-1 隔离开关	
105	现场检查 5081-1 隔离开关三相触头已拉开	
106	检查监控机中 5081-1 隔离开关指示在分位	

顺序	操作项目	操作目的及分析
	操作任务：将500kV 1号母线由运行转检修	
107	拉开5081断路器端子箱5081隔离开关操作电源	5082断路器转冷备用
108	合上5082断路器端子箱5082隔离开关操作电源	
109	拉开5082-2隔离开关	
110	现场检查5082-2隔离开关三相触头已拉开	
111	检查监控机中5082-2隔离开关指示在分位	
112	拉开5082断路器端子箱5082隔离开关操作电源	
113	拉开500kV 1号母线TV端子箱500kV 1号母线TV计量电压小开关1XDL	(1) 拉开母线TV二次； (2) 停电时，先拉开小开关，后拉开小刀闸
114	拉开500kV 1号母线TV端子箱500kV 1号母线TV保护电压Ⅰ小开关2XDL	
115	拉开500kV 1号母线TV端子箱500kV 1号母线TV保护电压Ⅱ小开关3XDL	
116	拉开500kV 1号母线TV端子箱500kV 1号母线TV测量电压小开关4XDL	
117	拉开500kV 1号母线TV端子箱500kV 1号母线TV B相抽取电压小开关XDL	
118	拉开500kV 1号母线TV端子箱500kV 1号母线TV计量测量电压小刀闸1K	
119	拉开500kV 1号母线TV端子箱500kV 1号母线TV保护电压Ⅰ小刀闸2K	
120	拉开500kV 1号母线TV端子箱500kV 1号母线TV保护电压Ⅱ小刀闸3K	
121	拉开500kV 1号母线TV端子箱500kV 1号母线TV开口三角电压小刀闸4K	
122	检查监控机中5011-1隔离开关指示在分位	500kV母线接地采取间接验电，检查母线所有隔离开关监控机位置和现场实际位置
123	检查监控机中5021-1隔离开关指示在分位	
124	检查监控机中5031-1隔离开关指示在分位	
125	检查监控机中5041-1隔离开关指示在分位	
126	检查监控机中5051-1隔离开关指示在分位	
127	检查监控机中5061-1隔离开关指示在分位	
128	检查监控机中5071-1隔离开关指示在分位	
129	检查监控机中5081-1隔离开关指示在分位	
130	现场检查5011-1隔离开关三相触头在分位	
131	现场检查5021-1隔离开关三相触头在分位	
132	现场检查5031-1隔离开关三相触头在分位	
133	现场检查5041-1隔离开关三相触头在分位	
134	现场检查5051-1隔离开关三相触头在分位	
135	现场检查5061-1隔离开关三相触头在分在	
136	现场检查5071-1隔离开关三相触头在分位	
137	现场检查5081-1隔离开关三相触头在分在	

续表

顺序	操作项目	操作目的及分析
	操作任务：将500kV 1号母线由运行转检修	
138	合上51-17端子箱51-17接地刀闸操作电源	
139	合上51-17接地刀闸	
140	现场检查51-17接地刀闸三相触头已合好	
141	检查监控机中51-17接地刀闸指示在合位	
142	拉开51-17端子箱51-17接地刀闸操作电源	合第二组母线接地刀闸51-27时不用再验电
143	合上51-27端子箱51-27接地刀闸操作电源	
144	合上51-27接地刀闸	
145	现场检查51-27接地刀闸三相触头已合好	
146	检查监控机中51-27接地刀闸指示在合位	
147	拉开51-27端子箱51-27接地刀闸操作电源	
148	退出500kV 1号母线RCS-915E保护屏Ⅰ母差Ⅰ启动5011失灵1SLP2	
149	退出500kV 1号母线RCS-915E保护屏Ⅰ母差Ⅰ启动5021失灵1SLP3	
150	退出500kV 1号母线RCS-915E保护屏Ⅰ母差Ⅰ启动5031失灵1SLP4	
151	退出500kV 1号母线RCS-915E保护屏Ⅰ母差Ⅰ启动5042失灵1SLP5	
152	退出500kV 1号母线RCS-915E保护屏Ⅰ母差Ⅰ启动5061失灵1SLP7	
153	退出500kV 1号母线RCS-915E保护屏Ⅰ母差Ⅰ启动5071失灵1SLP8	母线保护有工作时，退出母线保护启动失灵保护压板，防止保护试验时误启动失灵保护，5052、5082断路器保护型号不同，未设置此压板
154	退出500kV 1号母线CSC-150保护屏Ⅰ母差Ⅱ启动5011失灵2LP7	
155	退出500kV 1号母线CSC-150保护屏Ⅰ母差Ⅱ启动5021失灵2LP11	
156	退出500kV 1号母线CSC-150保护屏Ⅰ母差Ⅱ启动5031失灵2LP15	
157	退出500kV 1号母线CSC-150保护屏Ⅰ母差Ⅱ启动5042失灵2LP19	
158	退出500kV 1号母线CSC-150保护屏Ⅰ母差Ⅱ启动5061失灵2LP27	
159	退出500kV 1号母线CSC-150保护屏Ⅰ母差Ⅱ启动5071失灵2LP31	
160	将廉北Ⅰ线L90保护屏断路器检修状态切换把手FA由"正常"改投"5011断路器检修"位置	3/2接线方式，断路器检修时，将运行的线路保护中该断路器状态切换把手（或压板）切至检修状态
161	将廉北Ⅰ线PSL-603保护屏断路器检修状态切换把手1QK由"正常"改投"5011检修"位置	
162	将廉北Ⅰ线RCS-902保护屏断路器状态切换把手3QK由"正常"改投"5011检修"位置	

操作任务：将 500kV 1 号母线由运行转检修		
顺序	操作项目	操作目的及分析
163	拉开 5011 断路器 921 保护屏 5011 控制电源 I 4K1	断开控制电源
164	拉开 5011 断路器 921 保护屏 5011 控制电源 II 4K2	
165	拉开 5021 断路器 921 保护屏 5021 控制电源 I 4K1	断开控制电源
166	拉开 5021 断路器 921 保护屏 5021 控制电源 II 4K2	
167	将廉北 II 线 P544 保护屏 5031 断路器检修状态切换把手 SW2 由"运行"改投"检修"位置	3/2 接线方式，断路器检修时，将运行的线路保护中该断路器状态切换把手（或压板）切至检修状态
168	将廉北 II 线 RCS-931 保护屏断路器检修状态切换把手 1QK 由"正常"改投"5031 检修"位置	
169	将廉北 II 线 RCS-902 保护屏断路器状态切换把手 3QK 由"正常"改投"5031 检修"位置	
170	拉开 5031 断路器 921 保护屏 5031 控制电源 I 4K1	断开控制电源
171	拉开 5031 断路器 921 保护屏 5031 控制电源 II 4K2	
172	将阳北 I 线 L90 保护屏断路器检修状态切换把手 FA 由"正常"改投"5042 断路器检修"位置	3/2 接线方式，断路器检修时，将运行的线路保护中该断路器状态切换把手（或压板）切至检修状态
173	将阳北 I 线 PSL-603 保护屏断路器检修状态切换把手 1QK 由"正常"改投"5042 检修"位置	
174	将阳北 I 线 RCS-902 保护屏断路器状态切换把手 3QK 由"正常"改投"5042 检修"位置	
175	拉开 5042 断路器 921 保护屏 5042 控制电源 I 4K1	断开控制电源
176	拉开 5042 断路器 921 保护屏 5042 控制电源 II 4K2	
177	将阳北 II 线 RCS-931 保护屏断路器检修状态切换把手 1QK 由"正常"改投"5052 检修"位置	3/2 接线方式，断路器检修时，将运行的线路保护中该断路器状态切换把手（或压板）切至检修状态
178	将阳北 II 线 P546 保护屏 5052 断路器检修状态切换把手 SW2 由"运行"改投"检修"位置	
179	拉开 5052 断路器 921 保护屏 5052 控制电源 I 4K1	断开控制电源
180	拉开 5052 断路器 921 保护屏 5052 控制电源 II 4K2	
181	将北清 I 线 RCS-931 保护屏断路器检修状态切换把手 1QK 由"正常"改投"5061 检修"位置	3/2 接线方式，断路器检修时，将运行的线路保护中该断路器状态切换把手（或压板）切至检修状态
182	将北清 I 线 PSL-603 保护断路器检修状态切换把手 QK 由"正常"改投"5061 检修"位置	
183	将北清 I 线 RCS-925 保护 I 断路器检修状态切换把手 1QK 由"正常"改投"5061 断路器检修"位置	
184	将北清 I 线 RCS-925 保护 II 断路器检修状态切换把手 2QK 由"正常"改投"5061 断路器检修"位置	
185	拉开 5061 断路器 921 保护屏 5061 控制电源 I 4K1	断开控制电源
186	拉开 5061 断路器 921 保护屏 5061 控制电源 II 4K2	
187	将北清 II 线 P544 保护屏 5071 断路器检修状态切换把手 SW2 由"运行"改投"检修"位置	3/2 接线方式，断路器检修时，将运行的线路保护中该断路器状态切换把手（或压板）切至检修状态
188	将北清 II 线 RCS-931 保护屏断路器检修状态切换把手 1QK 由"正常"改投"5071 检修"位置	
189	将北清 II 线 RCS-902 保护屏断路器状态切换把手 3QK 由"正常"改投"5071 检修"位置	

操作任务：将 500kV 1 号母线由运行转检修		
顺序	操作项目	操作目的及分析
190	拉开 5071 断路器 921 保护屏 5071 控制电源 I 4K1	断开控制电源
191	拉开 5071 断路器 921 保护屏 5071 控制电源 II 4K2	
192	将忻石 I 线 RCS-931 保护 I 屏断路器检修状态切换把手 1QK 由"正常"改投"5082 检修"位置	3/2 接线方式，断路器检修时，将运行的线路保护中该断路器状态切换把手（或压板）切至检修状态
193	将忻石 I 线 RCS-931 保护 II 屏断路器检修状态切换把手 1QK 由"正常"改投"5082 检修"位置	
194	拉开 5082 断路器 121 保护屏 5082 断路器控制电源 I 4K1	断开控制电源
195	拉开 5082 断路器 121 保护屏 5082 断路器控制电源 II 4K2	

断路器及保护没有工作时操作票到 147 项即可。

2. 操作任务：石北站 500kV 1 号母线由检修转运行

本项操作任务为上一个操作任务"将 500kV 1 号母线由运行转检修"的恢复操作，具体的操作票内容不再赘述。

本项操作中的注意事项：

（1）投入母线保护压板前，应检查保护装置正常，无异常信号再进行操作。

（2）投入保护压板后，应核对所有压板状态与运规相符，避免漏投、误投。

（3）向母线充电时，不需投入充电保护，充电时尽量避免使用主变断路器。

二、知识点解析

1. 断路器两侧隔离开关的操作顺序

同一间隔内，停电时应先拉负荷侧隔离开关，后拉电源侧隔离开关，送电操作时相反。负荷侧和电源侧的定义是相对的，母线停电，母线侧隔离开关即为负荷侧；线路停电，则线路侧隔离开关为负荷侧。

2. 间接验电要求

《电力安全工作规程变电部分》规定，间接验电，即通过设备的机械指示位置、电气指示、带电显示装置、仪表及各种遥测、遥信等信号的变化来判断。判断时，至少应有两个非同样原理或非同源的指示发生对应变化，且所有这些确定的指示均已同时发生对应变化，才能确认该设备已无电。以上检查项目应填写在操作票中作为检查项。检查中若发现其他任何信号有异常，均应停止操作，查明原因。330kV 及以上的电气设备，可采用间接验电方法进行验电。

500kV 母线可采用间接验电，检查母线上所有隔离开关的实际位置在分位，检查监控机中的遥信信号在分位，为两个非同样原理的指示，满足安规间接验电要求。

3. 断路器检修切换把手（压板）的操作

3/2 接线方式，每条线路由两个断路器供电，所以其中一个断路器检修时，线路可以继续运行，但要求断路器停电时，将线路保护屏上断路器检修切换把手切至该断路器检修位置。

此把手的触点与断路器的 TWJ 触点并联，以保证断路器检修传动时，也能向保护装置提供正确的位置信息，确保保护装置开入量采集、逻辑判断功能正确执行。

第五章

电容器停送电操作

一、实训项目

1. 操作任务：石北站1号电容器组由运行转检修

1号电容器组由运行转检修操作票及分析见表5-1。

表 5-1   1号电容器组由运行转检修操作票及分析

顺序	操作项目	操作目的及分析
	操作任务：1号电容器组由运行转检修	
1	核对操作令，确认与操作任务相符	核对操作令
2	退出监控公用屏1号电容AVC压板	为防止操作过程中AVC系统自动投切无功设备，将AVC系统出口压板退出
3	拉开3231断路器	将电容器组由运行转热备用
4	检查3231断路器两相电流指示为零	
5	现场检查3231断路器机械指示在分位	
6	检查监控机中3231断路器指示在分位	
7	将3231断路器"远方/就地"切换把手由"远方"切至"就地"位置	将电容器组由热备用转冷备用
8	现场检查3231断路器机械指示在分位	
9	拉开3231-3隔离开关	
10	现场检查3231-3隔离开关三相触头已拉开	
11	检查监控机中3231-3隔离开关指示在分位	
12	在3231-XD接地刀闸静触头处验明三相确无电压	将电容器组由冷备用转检修
13	合上3231-XD接地刀闸	
14	现场检查3231-XD接地刀闸三相触头已合好	
15	检查监控机中3231-XD接地刀闸指示在合位	
16	在3231-19接地刀闸静触头处验明确无电压	
17	合上3231-19接地刀闸	
18	现场检查3231-19接地刀闸触头已合好	
19	检查监控机中3231-19接地刀闸指示在合位	
20	在3231-29接地刀闸静触头处验明确无电压	
21	合上3231-29接地刀闸	
22	现场检查3231-29接地刀闸触头已合好	
23	检查监控机中3231-29接地刀闸指示在合位	
24	在3231-39接地刀闸静触头处验明确无电压	
25	合上3231-39接地刀闸	
26	现场检查3231-39接地刀闸触头已合好	

续表

操作任务：1号电容器组由运行转检修		
顺序	操作项目	操作目的及分析
27	检查监控机中 3231-39 接地刀闸指示在合位	将电容器组由冷备用转检修
28	打开1号电容器组网门	
29	拉开1号电容器 3231 保护屏 3231 断路器控制电源 31K2	

2. 操作任务：石北站1号电容器组由检修转运行

1号电容器组由检修转运行，操作票及分析见表 5-2。

表 5-2　　　　　　　　1 号电容器组由检修转运行操作票及分析

操作任务：1号电容器组由检修转运行		
顺序	操作项目	操作目的及分析
1	核对操作令，确认与操作任务相符	核对操作令
2	合上1号电容器 3231 保护屏 3231 断路器控制电源 31K2	将电容器组由检修转冷备用
3	关闭1号电容器组网门	
4	拉开 3231-39 接地刀闸	
5	现场检查 3231-39 接地刀闸触头已拉开	
6	检查监控机中 3231-39 接地刀闸指示在分位	
7	拉开 3231-29 接地刀闸	
8	现场检查 3231-29 接地刀闸触头已拉开	
9	检查监控机中 3231-29 接地刀闸指示在分位	
10	将拉开 3231-19 接地刀闸	
11	现场检查 3231-19 接地刀闸触头已拉开	
12	检查监控机中 3231-19 接地刀闸指示在分位	
13	拉开 3231-XD 接地刀闸	
14	现场检查 3231-XD 接地刀闸三相触头已拉开	
15	检查监控机中 3231-XD 接地刀闸指示在分位	
16	检查1号电容器回路 3231-39、3231-29、3231-19、3231-XD 共4组接地刀闸已拉开，其他接地刀闸在分位	
17	现场检查 3231 断路器机械指示在分位	将电容器组由冷备用转热备用
18	合上 3231-3 隔离开关	
19	现场检查 3231-3 隔离开关三相触头已合好	
20	检查监控机中 3231-3 隔离开关指示在合位	
21	合上 3231 断路器	将电容器组由热备用转运行
22	检查 3231 断路器两相电流指示正常	
23	现场检查 3231 断路器机械指示在合位	
24	检查监控机中 3231 断路器指示在合位	
25	投入监控公用屏1号电容 AVC 压板	恢复退出的保护压板

二、知识点解析

1. 电容器断路器拉合后的检查

（1）电容器正常投退操作一般不检查断路器机械位置，但应检查监控位置、电流及无功功率，确认断路器三相均操作到位，防止发生由于机械传动部分有故障造成三相位置不一致。

（2）电容器断路器三相位置不一致的现象和分析。

1）电容器组断路器拉合后一相在合位。

a. 现象：在操作电容器开关后，电流指示为零，该电容器组所接主变压器有可能发"主变压器低压侧零序电压报警"信号，现场电容器三相验电有电。

b. 故障分析：因电容器组为星形接线，中性点不接地，断路器一相在合位时，形不成闭合回路，所以三相电流均指示为零。各相电容器只是与闭合相母线悬空连接，改变了该相母线的对地电容，使 A、B、C 三相母线对地参数的对称性被打破，从而出现了电压中性点位移，TV 二次开口三角处产生零序电压，主变压器保护可能发"主变压器低压侧零序电压报警"信号。

c. 故障处理：拉开主变压器低压侧断路器后，再拉开该电容器隔离开关，最后恢复主变压器低压侧断路器运行。

2）电容器组断路器拉合后两相在合位。

a. 现象：一相电流为零，其他两相电流为正常电流的 $\sqrt{3}/2$，三相无功功率为正常无功功率的 $1/2$。

b. 故障分析：因电容器组为星形接线，中性点不接地，断路器两相在合位时，断开相没有回路，所以电流为零，接通相线电压加在两相电容器上，所以电流为正常值的 $\sqrt{3}/2$，三相无功功率为正常无功功率的 $1/2$。又因此时没有故障量，所以电容器保护不会动作。

c. 故障处理：拉开电容器断路器，再拉开隔离开关进行处理，若断路器无法拉开，则通过拉开主变压器低压侧断路器的方式停电。

2. 电容器组检修时的安全措施

（1）若只是电容器本身检修，则合上就地的接地刀闸即可。另外由于电容器组属于中性点不接地方式，要求检修时将其中性点接地。

（2）电容器检修，为了防止剩余电荷伤人，还需将电容器逐只放电。

三、电容器其他操作要求及注意事项

（1）正常情况下电容器的投入、切除由调控中心 AVC 系统自动控制。

（2）对于装设有自动投切装置的电容器，在停电操作前，应将自动投切装置退出，送电操作完后，再按要求进行投入。

（3）电容器跳闸后不得连续合闸，须经充分放电（不少于 5min）后再进行合闸，事故处理也不得例外。

（4）电容器的投入与退出必须用断路器操作，不允许使用隔离开关操作。

（5）在只需投入一组无功补偿装置即可满足电压要求时，原则上尽量使各组无功补偿装置轮换运行。

（6）分组电容器投切时，不得发生谐振（尽量在轻载荷时切出）。

第六章

直流系统停送电

变电站内的直流系统是独立的操作电源，为变电站内的控制信号系统、继电保护和自动装置提供电源；同时能提供给事故照明用电。直流系统一般由蓄电池、充电设备、直流负荷等部分组成。

一、直流系统配置及运行注意事项

1. 直流系统配置

（1）500kV变电站直流系统一般配置三台充电装置和两组蓄电池，采用单母线分段接线方式。正常情况下，直流Ⅰ、Ⅱ段母线分别接有一组充电装置和蓄电池组，并装有自动调压、绝缘在线监测以及报警装置等。500kV变电站直流系统接线如图6-1所示。

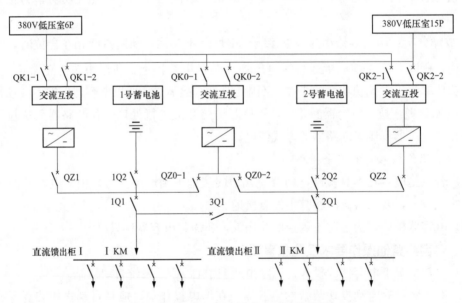

图6-1 500kV变电站直流系统接线图

（2）第三台充电装置可在两段母线之间切换，任一工作充电装置退出运行时，手动投入第三台充电装置。

（3）每台充电装置有两路交流输入（分别来自站用系统不同母线上的出线）互为备用，当运行的交流输入失去时能自动切换到备用交流输入供电。

2. 直流系统运行注意事项

（1）直流充电装置、直流馈电主屏以及蓄电池组位于综合保护小室，直流负荷馈电分

86

屏分布于各保护小室并分别接于直流 220V Ⅰ、Ⅱ 段母线上，用于断路器操作、继电保护、信号、事故照明等回路。

（2）双重化的两套保护及其相关设备的直流电源应一一对应。

（3）正常运行方式下不允许两段直流母线并列运行，两段直流母线之间的联络开关或隔离开关应处于断开位置。只有在切换直流电源过程中，才允许两段直流母线短时并列，且应首先检查电压极性一致，并列时电压差不超过 3V，禁止在两系统都存在接地故障情况下进行切换。

（4）直流母线在正常运行和改变运行方式的操作中，严禁发生直流母线无蓄电池组的运行方式。

（5）变电站直流系统的馈出网络应采用辐射状供电方式，严禁采用环状供电方式。

（6）充电装置在检修结束恢复运行时，应先合交流侧开关，再带直流负荷。

（7）浮充电运行的蓄电池组，除制造厂有特殊规定外，应采用恒压方式进行浮充电。浮充电时，严格控制单体电池的浮充电压上、下限，每个月至少一次对蓄电池组所有的单体浮充端电压进行测量记录，防止蓄电池因充电电压过高或过低而损坏。

（8）直流系统送电操作应自电源至负荷逐级操作，停电操作顺序相反。

（9）因检修工作需要某一段的充电机和蓄电池组同时停电时，应先将 Ⅰ、Ⅱ 段母线并列后进行，严防任何直流负荷无故停电。

（10）某一充电机或蓄电池组故障时，必须先将其断开隔离后才能进行并列操作。

（11）当直流 Ⅰ、Ⅱ 段母线并列运行时，只能保留一套绝缘监测装置运行（只保留在运充电机所带直流馈线屏上的直流绝缘监测仪，即只有一个参考接地点）。

二、直流系统停送电操作实训项目

1. 1 号蓄电池组退出运行操作

（1）操作步骤：

1）退出 1 号母线绝缘监测装置；

2）拉开 1 号蓄电池直流输出开关 1Q2；

3）合上分段断路器 3Q1；

4）检查电流电压表、绝缘状态变化情况；

5）拉开 1 号充电机直流输出开关 1Q1；

6）检查电流电压表、绝缘状态变化情况。

（2）注意事项：操作中不能造成负荷停电，注意观察电流电压及绝缘变化情况。

2. 1 号蓄电池组投入运行操作

（1）操作步骤：

1）检查 1 号充电机装置正常；

2）合 1 号充电机直流输出开关 1Q1；

3）检查电流电压表、绝缘状态变化情况；

4）拉开分段断路器 3Q1；

5）检查电流电压表、绝缘状态变化情况；

6）合上1号蓄电池直流输出开关1Q2；

7）检查电流电压表、绝缘状态变化情况；

8）投入1号母线绝缘监测装置。

（2）注意事项：操作中不能造成负荷停电，注意观察电流电压及绝缘变化情况。

3. 0号备用充电机转代1号充电机运行操作

（1）操作步骤：

1）检查0号充电机装置正常；

2）拉开1号充电机直流输出开关QZ1；

3）检查电流电压表、绝缘状态变化情况；

4）拉开1号充电机交流输入开关QK1-1、QK1-2；

5）检查电流电压表、绝缘状态变化情况；

6）合上0号充电机直流输出开关QZ0-1；

7）检查电流电压表、绝缘状态变化情况。

（2）注意事项：操作中不能造成负荷停电，注意观察电流电压及绝缘变化情况。

4. 1号充电机转代0号备用充电机运行操作

（1）操作步骤：

1）拉开0号充电机直流输出开关QZ0-1；

2）检查电流电压表、绝缘状态变化情况；

3）合上1号充电机交流输入开关QK1-1、QK1-2；

4）检查电流电压表、绝缘状态变化情况；

5）合上1号充电机直流输出开关QZ1；

6）检查电流电压表、绝缘状态变化情况。

（2）注意事项：操作中不能造成负荷停电，注意观察电流电压及绝缘变化情况。

第七章

二 次 设 备 操 作

第一节　二次设备操作原则及注意事项

一、一般规定

（1）继电保护及自动装置（简称保护装置）的投入和停用及保护压板的投退，必须按所属调度命令执行，但遇到保护装置异常危及系统安全运行时，允许先停用后汇报。

（2）用于充电的母联、分段及其他专用充电保护，一般在对相应一次设备操作前投入，充电完毕后立即退出，防止带负荷后充电保护动作跳闸。

（3）一次设备停电时，如电流互感器、电压互感器、断路器、隔离开关等工作不影响保护装置运行时，保护装置可不退出，但应在一次设备送电前检查保护状态正常。

（4）3/2接线方式，线路、变压器等设备停电，如需要断路器成串运行时，应投入短引线保护。线路保护、变压器保护等电压回路可切换的，应切换至母线电压并保持运行。

（5）一次设备操作时，要注意防止保护的拒动，应合理进行保护方式的切换操作。设备停电时，应先停一次设备，后停保护；送电时，应在合隔离开关前投入保护。

（6）正常情况下允许运行人员对保护装置进行的操作包括：

1）各控制电源、保护装置电源、信号电源、保护装置的压板（包括软压板）的投退；

2）保护装置屏面上的方式切换把手及试验、复归按钮的操作；

3）打印定值单，用规定的方法改变定值区；

4）打印保护装置动作报告；

5）时钟校对。

（7）双母线并列运行时，当一台电压互感器需停电检修时，应将所在母线同时停运后进行，一般不允许单独将电压互感器停运。特殊情况下，若需单独停电压互感器，则应将其所带保护和仪表切换至运行的电压互感器上，并将所停电压互感器二次总熔断器断开。

（8）为防止电压互感器由低压侧向高压侧反送电，当高压侧隔离开关拉开时，低压侧小开关或熔断器也相应断开。

（9）当需要断开断路器的控制电源时，应先断正极、再断负极或同时断开，恢复时与此相反。

二、变压器保护

1. 主保护

(1) 主变压器在做冲击试验前及正常运行时，差动和瓦斯保护均应投入。

(2) 差动保护电流回路变更后，变压器充电时应投入差动保护。

(3) 变压器任一侧断路器停运时，差动保护可不停用。但涉及断路器电流互感器回路工作，必须将其本身与主变压器保护有关的电流互感器回路断开。

(4) 遇下列情况之一时，差动保护应退出：

1) 发现差回路差电压或差电流不合格时；

2) 装置异常或故障时；

3) 差动保护任何一侧电流互感器回路有工作时；

4) 电流互感器二次回路断线时；

5) 旁路断路器转代变压器断路器，倒闸操作可能引起差动保护出现差流时；

6) 其他影响保护装置安全运行的情况发生时。

2. 后备保护

(1) 电压互感器停运或断线等造成主变压器一侧 TV 二次失去电压，应退出变压器保护该侧的 TV 电压，也就是解除该侧电压闭锁对过电流保护的开放作用（此时过电流保护仍可受其他侧电压闭锁）。

(2) 主变压器任一侧断路器停电时，拉开断路器后应退出该侧复合电压闭锁功能。

3. 非电量保护

(1) 在下列情况下，重瓦斯保护必须投入跳闸：

1) 变压器新装或大修后充电时；

2) 变压器正常运行或处于备用时；

3) 差动保护停运时；

4) 有载调压主变压器正常运行时，调压开关的重瓦斯保护应投入跳闸。

(2) 正常运行时主变压器本体重瓦斯保护及有载调压重瓦斯保护投入跳闸位置，轻瓦斯保护投入信号位置。只有在进行下列工作时才允许将重瓦斯保护改投信号位置，但应尽量缩短时间。

1) 变压器运行中进行滤油、补油、更换呼吸器或其内的吸湿剂工作时，应将变压器本体重瓦斯保护切换为信号方式。

2) 变压器运行中更换潜油泵、冷却器、净油器的吸附剂工作时，由于需要时间较长，在工作开始时和工作结束时，应先将变压器本体重瓦斯保护切换为信号方式；当确认相关阀门关闭良好或开启正常且排气完成后，再将变压器本体重瓦斯保护恢复为跳闸方式。

3) 运行中的变压器冷却器油回路、通向储油柜各阀门由关闭位置旋转至开启位置时；以及当油位计的油面异常升高或呼吸系统有异常现象，需要打开放油或放气阀门时，应先将变压器本体重瓦斯保护切换为信号方式。

4) 在运行中处理变压器的安全气道、截门，对呼吸器进行畅通工作时。

5）在地震预报期间，根据变压器的具体情况和气体继电器的抗震性能，可能导致重瓦斯保护误动时。

6）瓦斯保护回路工作及其二次回路发生直流接地。

7）变压器运行中，若需将气体继电器集气室的气体排出时，为防止误碰探针，造成瓦斯保护跳闸可将变压器重瓦斯保护切换为信号方式；排气结束后，应将重瓦斯保护恢复为跳闸方式。

变压器本体重瓦斯保护在信号方式期间，变压器其他主、后备保护不得退出运行。若重瓦斯动作发信号，按重瓦斯动作跳闸的有关规程规定进行相应检查、试验和处理。

（3）正常运行时的变压器"压力释放""冷却器全停""绕组过温"投信号位置，严禁投跳闸位置。

三、线路保护

（1）线路各侧的纵联保护应同步投入或退出。纵联保护投入前应检查纵联通道良好。

（2）纵联保护投入顺序：先投入各侧的收发信设备及通道；各侧分别进行通道对试（对不经对试通道就可判断通道状态的保护，应检查通道监视信号是否正常）；确认通道正常后，投入各侧相应的保护。

（3）纵联保护在下列情况下应退出：

1）转代方式下通道不能进行切换。

2）构成纵联保护的通道或相关的保护回路中有工作，可能造成纵联保护误动的。

3）构成纵联保护的通道或相关的保护回路中某一环节出现异常，可能造成纵联保护误动的。

4）对侧需拉合纵联保护的直流电源。

5）对侧有工作，可能影响本侧保护的正常运行。

6）其他影响纵联保护安全运行的情况发生时。

（4）纵联保护的任一侧需要停用或停收发信机直流电源时（例如为了寻找直流电源接地等），应汇报调度，申请两侧纵联保护停用，然后再进一步检查处理。

（5）线路停运而各侧纵联保护无工作时，纵联保护不必退出，但送电前应进行通道测试。

（6）运行中若在通道范围内有工作，应由值班人员向调度申请将纵联保护停运后，才能工作。

四、母线保护

（1）母线失去母差保护时，不宜进行母差保护范围内一次隔离开关的操作。

（2）当运行中出现下列情况，运行人员应立即退出母线保护，汇报相应调度并尽快处理：

1）差动保护出现差流越限告警时。

2）差动保护出现电流互感器回路断线告警信号时。

3）其他影响保护装置安全运行的情况发生时。

（3）微机母差保护装置的运行规定。

1）单母线运行方式、母兼旁转代方式、转代主变压器方式、母联检修方式等方式压板，其投退应与相应的一次运行方式相适应。

2）双母线双分段主接线方式下，某段的母联断路器断开时，对应该段的母线保护应投入母联检修（母线分列运行）方式，另一段母线保护运行方式保持不变。某段母线进行不停电倒闸操作时，对应该段的母线保护应投入"非选择"方式，另一段母线保护运行方式保持不变。分段断路器全部断开运行时，本站视为两个独立站，母线保护按两厂站分别运行。

3）保护屏模拟盘隔离开关位置把手正常应在"自动"位置。倒闸操作后现场运行人员注意核实模拟盘显示是否与实际隔离开关位置相符。出现隔离开关不一致告警时，首先检查方式压板投入情况及模拟盘隔离开关位置显示，按实际情况确定压板投退或强制隔离开关位置并予以确认，然后联系专业人员进行处理，等待处理过程中一般不需退出母差。

4）双母线接线方式的任一母线电压互感器检修，一次采取隔离开关跨接或单母线方式时，母线保护装置上的电压运行方式一般无须进行变动。具体装置有特殊规定的，按规定进行处理。

5）正常运行修改定值时，应先断开跳闸出口压板，修改完毕后核查无误再重新投入跳闸出口压板，正常运行不得随意修改定值。

五、断路器失灵保护

（1）失灵保护的退出要区分两种情况：

1）失灵保护退出：需退出该套失灵保护出口跳各断路器的压板。

2）启动失灵保护回路的退出：指将断路器所有保护或某保护的启动失灵回路断开。一般情况下，只要保护有工作，都应注意将其启动失灵保护的回路退出。

（2）双母线接线方式下，电压闭锁回路不正常时，微机型失灵保护在等候处理期间可不退出运行。

（3）母联、分段断路器启动失灵的保护仅应为充电保护、过电流保护和母差保护，启动失灵保护的压板应与相应保护的功能压板、出口压板对应投退。变压器保护跳分段、母联断路器时，不启动分段、母联断路器的失灵保护。

（4）失灵保护装置本身有工作时，应将各断路器的失灵保护启动和跳闸压板全部断开。涉及母差回路时，应考虑母差保护是否停运。母差、失灵合一的装置，应将整套装置出口退出。

（5）220kV某断路器回路停电工作时，必须将本回路启动失灵保护的压板断开，防止断路器失灵保护误动。

（6）失灵保护投入时，应同时投入断路器失灵保护动作跳对端断路器的远方跳闸回路。

六、充电保护

（1）各级母线的母联断路器均应装设专用充电保护，充电保护正常时投入充母线定值，此保护只用于母联断路器向备用母线充电时投入，充电后退出。

（2）母联、分段断路器充电/过电流保护，其跳闸出口和启动失灵出口压板必须对应投退。

七、重合闸装置

（1）500kV 及 220kV 非辐射运行线路采用单相重合闸方式．

（2）220kV 辐射线，如果末端配置保护且能选相跳闸，则两端均采用单重方式；如果末端未配置保护或不能选相跳闸，则首端采用三重方式。

（3）3/2 断路器接线方式，使用按断路器配置的重合闸，采用"顺序重合"方式，先重合母线侧断路器，后重合中间断路器；辐射线采用三重方式时，线路保护投三跳方式，母线断路器投三重，中间断路器投单重；母线断路器停运时，中间断路器改投三重。

（4）线路检修后，投入运行时，重合闸装置应同时投入运行。当断路器发生跳跃时，应立即断开重合闸压板。

八、备用电源自动投入装置

（1）备用电源自动投入装置投退顺序：

1）先投交流电源，后投直流电源；

2）先投入合闸断路器的合闸压板，再投入跳闸压板；

3）备用电源自动投入装置退出时顺序与上述相反。

（2）下列情况下备用电源自动投入装置应退出运行：

1）备用电源自动投入装置所取电压、电流二次回路上有工作时，与自投有关的电压互感器和交流电源停电以及熔断器熔断时；

2）自投装置异常运行时；

3）主供电源断路器停运之前；

4）备用电源自动投入电源线路因检修等原因失去备用时；

5）备用电源自动投入电源线路所连接的母线停电检修或发生故障时。

当备用电源自动投入装置具有自适应功能时，后三种情况可不进行操作。

第二节　二次设备操作实训项目

一、实训项目

1. 保护装置退出

保护装置退出时，应断开其出口压板，包括跳各断路器的跳闸压板、合闸压板及启动重合闸、启动失灵保护、启动远跳的压板，一般不应断开保护装置及其附属二次设备的直流。

（1）操作任务：将 2 号主变压器的 CSC-326C 型纵差及后备保护退出跳闸，操作票及分析见表 7-1。

（2）操作任务：将 500kV 1 号母线的 RCS-915 型母差保护退出跳闸，操作票及分析见表 7-2。

（3）操作任务：将 220kV A 段母线的 RCS-915 型母线保护退出跳闸，操作票及分析见表 7-3。

表 7-1　将 2 号主变压器的 CSC-326C 型纵差及后备保护退出跳闸操作票及分析

顺序	操作项目	操作目的及分析
	操作任务：将 2 号主变压器的 CSC-326C 型纵差及后备保护退出跳闸	
1	核对调度令，确认与操作任务相符	
2	退出 500kV 2 号主变压器 CSC 变压器保护屏 326 保护 1C1LP1 保护Ⅱ跳 5021 出口Ⅱ	
3	退出 500kV 2 号主变压器 CSC 变压器保护屏 326 保护 1C1LP3 保护Ⅱ跳 5022 出口Ⅱ	
4	退出 500kV 2 号主变压器 CSC 变压器保护屏 326 保护 1C2LP1 保护Ⅱ跳 212 出口Ⅱ	
5	退出 500kV 2 号主变压器 CSC 变压器保护屏 326 保护 1C2LP3 保护Ⅱ跳 201 出口Ⅱ	退出保护装置出口压板，防止保护装置在试验过程中误跳运行断路器
6	退出 500kV 2 号主变压器 CSC 变压器保护屏 326 保护 1C2LP5 保护Ⅱ跳 203 出口Ⅱ	
7	退出 500kV 2 号主变压器 CSC 变压器保护屏 326 保护 1C2LP7 保护Ⅱ跳 204 出口Ⅱ	
8	退出 500kV 2 号主变压器 CSC 变压器保护屏 326 保护 1C3LP1 保护Ⅱ跳 312 出口Ⅱ	
9	退出 500kV 2 号主变压器 CSC 变压器保护屏 326 保护 1Z1LP1 保护Ⅱ跳 5021 启动失灵	
10	退出 500kV 2 号主变压器 CSC 变压器保护屏 326 保护 1Z1LP2 保护Ⅱ跳 5022 启动失灵	退出启动失灵压板，防止保护装置在试验过程中误启动失灵保护
11	退出 500kV 2 号主变压器 CSC 变压器保护屏 326 保护 1Z1LP3 保护Ⅱ启动 212 失灵	

表 7-2　将 500kV 1 号母线的 RCS-915 型母差保护退出跳闸操作票及分析

顺序	操作项目	操作目的及分析
	操作任务：将 500kV 1 号母线的 RCS-915 型母差保护退出跳闸	
1	核对调度令，确认与操作任务相符	
2	退出 500kV 1 号母线 RCS 母线保护屏Ⅰ母差Ⅰ跳 5011 出口Ⅰ 1LP6	
3	退出 500kV 1 号母线 RCS 母线保护屏Ⅰ母差Ⅰ跳 5011 出口Ⅱ 1LP7	
4	退出 500kV 1 号母线 RCS 母线保护屏Ⅰ母差Ⅰ跳 5021 出口Ⅰ 1LP8	
5	退出 500kV 1 号母线 RCS 母线保护屏Ⅰ母差Ⅰ跳 5021 出口Ⅱ 1LP9	退出保护装置出口压板，防止保护装置在试验过程中误跳运行断路器
6	退出 500kV 1 号母线 RCS 母线保护屏Ⅰ母差Ⅰ跳 5031 出口Ⅰ 1LP10	
7	退出 500kV 1 号母线 RCS 母线保护屏Ⅰ母差Ⅰ跳 5031 出口Ⅱ 1LP11	
8	退出 500kV 1 号母线 RCS 母线保护屏Ⅰ母差Ⅰ跳 5042 出口Ⅰ 1LP12	

续表

操作任务：将 500kV 1 号母线的 RCS-915 型母差保护退出跳闸		
顺序	操作项目	操作目的及分析
9	退出 500kV 1 号母线 RCS 母线保护屏 I 母差 I 跳 5042 出口 II 1LP13	
10	退出 500kV 1 号母线 RCS 母线保护屏 I 母差 I 跳 5052 出口 I 1LP14	
11	退出 500kV 1 号母线 RCS 母线保护屏 I 母差 I 跳 5052 出口 II 1LP15	
12	退出 500kV 1 号母线 RCS 母线保护屏 I 母差 I 跳 5061 出口 I 1LP16	
13	退出 500kV 1 号母线 RCS 母线保护屏 I 母差 I 跳 5061 出口 II 1LP17	退出保护装置出口压板，防止保护装置在试验过程中误跳运行断路器
14	退出 500kV 1 号母线 RCS 母线保护屏 I 母差 I 跳 5071 出口 I 1LP18	
15	退出 500kV 1 号母线 RCS 母线保护屏 I 母差 I 跳 5071 出口 II 1LP19	
16	退出 500kV 1 号母线 RCS 母线保护屏 I 母差 I 跳 5082 出口 I 1LP20	
17	退出 500kV 1 号母线 RCS 母线保护屏 I 母差 I 跳 5082 出口 II 1LP21	
18	退出 500kV 1 号母线 RCS 母线保护屏 I 母差 I 启动 5011 失灵 1SLP2	
19	退出 500kV 1 号母线 RCS 母线保护屏 I 母差 I 启动 5021 失灵 1SLP3	
20	退出 500kV 1 号母线 RCS 母线保护屏 I 母差 I 启动 5031 失灵 1SLP4	退出启动失灵压板，防止保护装置在试验过程中误启动失灵保护
21	退出 500kV 1 号母线 RCS 母线保护屏 I 母差 I 启动 5042 失灵 1SLP5	
22	退出 500kV 1 号母线 RCS 母线保护屏 I 母差 I 启动 5061 失灵 1SLP7	
23	退出 500kV 1 号母线 RCS 母线保护屏 I 母差 I 启动 5071 失灵 1SLP8	

表 7-3　　将 220kV A 段母线的 RCS-915 型母线保护退出跳闸操作票及分析

操作任务：将 220kV A 段母线的 RCS-915 型母线保护退出跳闸		
顺序	操作项目	操作目的及分析
1	核对调度令，确认与操作任务相符	
2	退出 A 母差 915 保护母差 I 跳 221 I 出口 TLP2	
3	退出 A 母差 915 保护母差 I 跳 222 I 出口 TLP3	
4	退出 A 母差 915 保护母差 I 跳 224 I 出口 TLP5	
5	退出 A 母差 915 保护母差 I 跳 212 I 出口 TLP6	
6	退出 A 母差 915 保护母差 I 跳 225 I 出口 TLP7	退出保护装置出口压板，防止保护装置在试验过程中误跳运行断路器
7	退出 A 母差 915 保护母差 I 跳 226 I 出口 TLP8	
8	退出 A 母差 915 保护母差 I 跳 201 I 出口 MLP1	
9	退出 A 母差 915 保护母差 I 跳 203 I 出口 F1LP1	
10	退出 A 母差 915 保护母差 I 跳 204 I 出口 F2LP1	

顺序	操作项目	操作目的及分析
	操作任务：将220kV A段母线的RCS-915型母线保护退出跳闸	
11	退出A母差915保护212失灵联跳L2LP	退出主变压器中压侧断路器失灵联跳主变压器三侧压板，防止保护装置在试验过程中误跳主变压器断路器
12	退出A母差915保护母差Ⅰ跳221Ⅱ出口BLP2	
13	退出A母差915保护母差Ⅰ跳222Ⅱ出口BLP3	
14	退出A母差915保护母差Ⅰ跳224Ⅱ出口BLP5	
15	退出A母差915保护母差Ⅰ跳212Ⅱ出口BLP6	退出保护装置出口压板，防止保护装置在试验过程中误跳运行断路器
16	退出A母差915保护母差Ⅰ跳225Ⅱ出口BLP7	
17	退出A母差915保护母差Ⅰ跳226Ⅱ出口BLP8	
18	退出A母差915保护母差Ⅰ跳201Ⅱ出口MLP2	
19	退出A母差915保护母差Ⅰ跳203Ⅱ出口F1LP2	
20	退出A母差915保护母差Ⅰ跳204Ⅱ出口F2LP2	

（4）操作任务：将廉北Ⅱ线5031/5032的P544型保护及其纵联部分退出跳闸，操作票及分析见表7-4。

表7-4　将廉北Ⅱ线5031/5032的P544型保护及其纵联部分退出跳闸操作票及分析

顺序	操作项目	操作目的及分析
	操作任务：将廉北Ⅱ线5031/5032的P544型保护及其纵联部分退出跳闸	
1	核对调度令，确认与操作任务相符	
2	退出廉北Ⅱ线P544纵联电流差动保护屏P544跳5031A相出口1LP1	
3	退出廉北Ⅱ线P544纵联电流差动保护屏P544跳5031B相出口1LP2	退出保护装置出口压板，防止保护装置在试验过程中误跳运行断路器
4	退出廉北Ⅱ线P544纵联电流差动保护屏P544跳5031C相出口1LP3	
5	退出廉北Ⅱ线P544纵联电流差动保护屏P544跳A启动5031失灵1LP4	
6	退出廉北Ⅱ线P544纵联电流差动保护屏P544跳B启动5031失灵1LP5	退出启动失灵压板，防止保护装置在试验过程中误启动失灵保护
7	退出廉北Ⅱ线P544纵联电流差动保护屏P544跳C启动5031失灵1LP6	
8	退出廉北Ⅱ线P544纵联电流差动保护屏P544闭锁5031重合闸1LP8	退出保护装置重合闸出口压板，防止保护装置在试验过程中误发信号至运行断路器
9	退出廉北Ⅱ线P544纵联电流差动保护屏P544跳5032A相出口1LP9	
10	退出廉北Ⅱ线P544纵联电流差动保护屏P544跳5032B相出口1LP10	退出保护装置出口压板，防止保护装置在试验过程中误跳运行断路器
11	退出廉北Ⅱ线P544纵联电流差动保护屏P544跳5032C相出口1LP11	

续表

操作任务：将廉北Ⅱ线 5031/5032 的 P544 型保护及其纵联部分退出跳闸		
顺序	操作项目	操作目的及分析
12	退出廉北Ⅱ线 P544 纵联电流差动保护屏 P544 跳 A 启动 5032 失灵 1LP12	退出启动失灵压板，防止保护装置在试验过程中误启动失灵保护
13	退出廉北Ⅱ线 P544 纵联电流差动保护屏 P544 跳 B 启动 5032 失灵 1LP13	
14	退出廉北Ⅱ线 P544 纵联电流差动保护屏 P544 跳 C 启动 5032 失灵 1LP14	
15	退出廉北Ⅱ线 P544 纵联电流差动保护屏 P544 闭锁 5032 重合闸 1LP16	退出保护装置重合闸出口压板，防止保护装置在试验过程中误发信号至运行断路器
16	退出廉北Ⅱ线 P544 纵联电流差动保护屏 P544 远传收信输出 1LP17	退出远跳压板，防止保护装置在试验过程中误发远跳
17	退出廉北Ⅱ线 P544 纵联电流差动保护屏 P544 跳 A 沟通 5031 三跳出口 1LP21	退出保护装置三跳出口压板，防止保护装置在试验过程中误跳运行断路器
18	退出廉北Ⅱ线 P544 纵联电流差动保护屏 P544 跳 B 沟通 5031 三跳出口 1LP22	
19	退出廉北Ⅱ线 P544 纵联电流差动保护屏 P544 跳 C 沟通 5031 三跳出口 1LP23	
20	退出廉北Ⅱ线 P544 纵联电流差动保护屏 P544 跳 A 沟通 5032 三跳出口 1LP24	
21	退出廉北Ⅱ线 P544 纵联电流差动保护屏 P544 跳 B 沟通 5032 三跳出口 1LP25	
22	退出廉北Ⅱ线 P544 纵联电流差动保护屏 P544 跳 C 沟通 5032 三跳出口 1LP26	
23	将廉北Ⅱ线 P544 纵联电流差动保护屏 P544 差动保护投退切换把手由"投入"改投"退出"位置	退出差动保护功能投入，防止保护装置在试验过程中对对侧造成影响

（5）操作任务：将北托线 234 的 PSL-603 型保护及其纵联部分退出跳闸，操作票及分析见表 7-5。

表 7-5　将北托线 234 的 PSL-603 型保护及其纵联部分退出跳闸操作票及分析

操作任务：将北托线 234 的 PSL-603 型保护及其纵联部分退出跳闸		
顺序	操作项目	操作目的及分析
1	核对调度令，确认与操作任务相符	
2	退出 220kV 北托线 PSL 纵联电流差动保护屏 2LP6 603 重合闸出口	退出保护装置重合闸出口压板，防止保护装置在试验过程中误发合闸信号至运行断路器
3	退出 220kV 北托线 PSL 纵联电流差动保护屏 2LP26 603 跳 234 A 相Ⅱ出口	退出保护装置出口压板，防止保护装置在试验过程中误跳运行断路器
4	退出 220kV 北托线 PSL 纵联电流差动保护屏 2LP27 603 跳 234 B 相Ⅱ出口	
5	退出 220kV 北托线 PSL 纵联电流差动保护屏 2LP28 603 跳 234 C 相Ⅱ出口	
6	退出 220kV 北托线 PSL 纵联电流差动保护屏 2LP29 603 三跳 234 Ⅱ出口	
7	退出 220kV 北托线 PSL 纵联电流差动保护屏 2LP30 603 永跳 234Ⅱ出口	

续表

操作任务：将北托线 234 的 PSL-603 型保护及其纵联部分退出跳闸

顺序	操作项目	操作目的及分析
8	退出 220kV 北托线 PSL 纵联电流差动保护屏 2LP7 603 跳 A 相启动失灵	
9	退出 220kV 北托线 PSL 纵联电流差动保护屏 2LP8 603 跳 B 相启动失灵	退出启动失灵压板，防止保护装置在试验过程中误启动失灵保护
10	退出 220kV 北托线 PSL 纵联电流差动保护屏 2LP9 603 跳 C 相启动失灵	
11	退出 220kV 北托线 PSL 纵联电流差动保护屏 2LP15 差动总保护投入	退出差动保护功能投入，防止保护装置在试验过程中对侧造成影响

（6）操作任务：将廉北Ⅱ线 5031 断路器的 RCS-921 型保护退出跳闸，操作票及分析见表 7-6。

表 7-6　　将廉北Ⅱ线 5031 断路器的 RCS-921 型保护退出跳闸操作票及分析

操作任务：将廉北Ⅱ线 5031 断路器的 RCS-921 型保护退出跳闸

顺序	操作项目	操作目的及分析
1	核对调度令，确认与操作任务相符	
2	退出 5031 断路器 RCS 断路器保护屏 921 保护跳 5031A 相 I 出口 3LP1	
3	退出 5031 断路器 RCS 断路器保护屏 921 保护跳 5031B 相 I 出口 3LP2	退出保护装置出口压板，防止保护装置试验过程中误跳运行断路器
4	退出 5031 断路器 RCS 断路器保护屏 921 保护跳 5031C 相 I 出口 3LP3	
5	退出 5031 断路器 RCS 断路器保护屏 921 保护重合闸出口 3LP4	退出保护装置重合闸出口压板，防止保护装置试验过程中误发合闸信号至运行断路器
6	退出 5031 断路器 RCS 断路器保护屏 921 保护跳 5031A 相Ⅱ出口 3LP5	
7	退出 5031 断路器 RCS 断路器保护屏 921 保护跳 5031B 相Ⅱ出口 3LP6	退出保护装置出口压板，防止保护装置试验过程中误跳运行断路器
8	退出 5031 断路器 RCS 断路器保护屏 921 保护跳 5031C 相Ⅱ出口 3LP7	
9	退出 5031 断路器 RCS 断路器保护屏 921 保护失灵跳 5032 I 出口 3LP8	退出失灵出口压板，防止保护装置试验过程中误跳运行断路器
10	退出 5031 断路器 RCS 断路器保护屏 921 保护失灵跳 5032Ⅱ出口 3LP9	
11	退出 5031 断路器 RCS 断路器保护屏 921 保护失灵启动 I 母差 I - I 3LP10	
12	退出 5031 断路器 RCS 断路器保护屏 921 保护失灵启动 I 母差 I - Ⅱ 3LP11	退出失灵启动母差保护压板，防止保护装置试验过程中误启动母差保护
13	退出 5031 断路器 RCS 断路器保护屏 921 保护失灵启动Ⅱ母差Ⅱ - I 3LP12	
14	退出 5031 断路器 RCS 断路器保护屏 921 保护失灵启动 I 母差Ⅱ - Ⅱ 3LP13	

续表

操作任务：将廉北Ⅱ线 5031 断路器的 RCS-921 型保护退出跳闸

顺序	操作项目	操作目的及分析
15	退出 5031 断路器 RCS 断路器保护屏 921 保护失灵启动廉北Ⅱ线光纤Ⅰ远跳 3LP14	退出失灵启动远跳压板，防止保护装置试验过程中误跳线路对侧断路器
16	退出 5031 断路器 RCS 断路器保护屏 921 保护失灵启动廉北Ⅱ线光纤Ⅱ远跳 3LP15	
17	退出 5031 断路器 RCS 断路器保护屏 921 保护失灵启动 5032 失灵 3LP16	退出启动失灵压板，防止保护装置试验过程中误启动失灵保护

（7）操作任务：将北清Ⅰ线 5061/5062 的 RCS-925 型保护 2 退出跳闸，操作票及分析见表 7-7。

表 7-7　　将北清Ⅰ线 5061/5062 的 RCS-925 型保护 2 退出跳闸操作票及分析

操作任务：将北清Ⅰ线 5061/5062 的 RCS-925 型保护 2 退出跳闸

顺序	操作项目	操作目的及分析
1	核对调度令，确认与操作任务相符	
2	退出 500kV 5061/5062 北清Ⅰ线 RCS 远方跳闸保护屏 925 保护 2　925Ⅱ跳 5061Ⅱ出口 9LP3	退出出口压板，防止保护装置试验过程中误跳运行断路器
3	退出 500kV 5061/5062 北清Ⅰ线 RCS 远方跳闸保护屏 925 保护 2　925Ⅱ跳 5062Ⅱ出口 9LP4	
4	退出 500kV 5061/5062 北清Ⅰ线 RCS 远方跳闸保护屏 925 保护 2　925Ⅱ启动 5061 失灵 9LP5	退出启动失灵压板，防止保护装置试验过程中误启动失灵保护
5	退出 500kV 5061/5062 北清Ⅰ线 RCS 远方跳闸保护屏 925 保护 2　925Ⅱ启动 5062 失灵 9LP6	
6	退出 500kV 5061/5062 北清Ⅰ线 RCS 远方跳闸保护屏 925 保护 2　925Ⅱ过电压启动光纤Ⅰ远跳 9LP7	退出远跳压板，防止保护装置试验过程中误发远跳令
7	退出 500kV 5061/5062 北清Ⅰ线 RCS 远方跳闸保护屏 925 保护 2　925Ⅱ过电压启动光纤Ⅱ远跳 9LP8	

2. 一次设备及保护装置同时停运检修

断路器及保护装置同时停运检修时，只退出保护装置的启动失灵压板、启动其他保护的压板、远跳压板、线路纵联保护压板，并断开断路器控制电源，不必退出本检修断路器的跳合闸出口压板。这部分内容在前面章节一次设备操作中已经涉及，这里不再赘述。

3. 停用断路器单相重合闸

（1）操作任务：退出忻石Ⅰ线 5083/5082 断路器的单相重合闸，操作票及分析见表 7-8。

（2）操作任务：停用北常Ⅱ线 226 断路器的单相重合闸，操作票及分析见表 7-9。

表 7-8　　　　**退出忻石Ⅰ线 5083/5082 断路器的单相重合闸操作票及分析**

操作任务：退出忻石Ⅰ线 5083/5082 断路器的单相重合闸

顺序	操作项目	操作目的及分析
1	核对调度令，确认与操作任务相符	
2	退出 500kV 忻石Ⅰ线 5083 断路器 CSC 断路器保护屏 3CLP3 重合闸出口	将边断路器重合闸出口退出、重合闸停用
3	将 500kV 忻石Ⅰ线 5083 断路器 CSC 断路器保护屏 5083 断路器保护重合方式转换把手由"单重"改投"停用"位置	
4	投入 500kV 忻石Ⅰ线 5083 断路器 CSC 断路器保护屏 3LP1 121 沟通三跳Ⅰ	投入边断路器沟通三跳压板，任何故障下断路器三跳
5	投入 500kV 忻石Ⅰ线 5083 断路器 CSC 断路器保护屏 3LP2 121 沟通三跳Ⅱ	
6	退出 500kV 忻石Ⅰ线 5082 断路器 CSC 断路器保护屏 3CLP3 重合闸出口	将中断路器重合闸出口退出、重合闸停用
7	将 500kV 忻石Ⅰ线 5082 断路器 CSC 断路器保护屏 5082 断路器保护重合方式转换把手由"单重"改投"停用"位置	
8	投入 500kV 忻石Ⅰ线 5082 断路器 CSC 断路器保护屏 3LP1 沟通三跳Ⅰ	投入中断路器沟通三跳压板，任何故障下断路器三跳
9	投入 500kV 忻石Ⅰ线 5082 断路器 CSC 断路器保护屏 3LP2 沟通三跳Ⅱ	
10	投入 500kV 5083/5082 忻石Ⅰ线 RCS 纵联电流差动及远跳 1 保护屏 931Ⅰ沟通三跳 1LP21	投入线路保护沟通三跳压板，任何故障下断路器三跳
11	投入 500kV 5083/5082 忻石Ⅰ线 RCS 纵联电流差动及远跳 2 保护屏 931Ⅱ沟通三跳 2LP21	

表 7-9　　　　**停用北常Ⅱ线 226 断路器的单相重合闸操作票及分析**

操作任务：停用北常Ⅱ线 226 断路器的单相重合闸

顺序	操作项目	操作目的及分析
1	核对调度令，确认与操作任务相符	
2	退出 220kV 北常Ⅱ线 CSC 纵联电流差动保护屏 103 重合闸出口 1CLP4	将保护装置重合闸出口退出、重合闸停用
3	将 220kV 北常Ⅱ线 CSC 纵联电流差动保护屏重合方式把手 2QK 由"单重"改投"停用"位置	
4	退出 220kV 北常Ⅱ线 RCS 纵联电流差动保护屏 931 重合闸出口 1LP4	
5	将 220kV 北常Ⅱ线 RCS 纵联电流差动保护屏重合方式把手 1QK 由"单重"改投"停用"位置	
6	投入 220kV 北常Ⅱ线 RCS 纵联电流差动保护屏 931 沟通三跳 1LP14	投入线路保护沟通三跳压板，任何故障下断路器三跳

二、知识点解析

1. 二次设备压板分类及主要作用

（1）出口压板：出口压板决定了保护动作的结果，是保护装置跳闸开出的最后一道屏障，出口压板根据出口作用对象的不同，可分为跳合闸出口压板和启动压板，跳合闸出口压板直接作用于断路器跳合闸，启动压板作为其他保护开入之用，如启动失灵压板、启动远跳压板等。

（2）功能压板：各种保护功能（如主保护、距离保护、零序保护等）的投入、退出压板，一般接保护装置的开入量。

（3）断路器检修把手：3/2 接线方式下，将把手切至"中断路器检修"或"边断路器检修"，时，短接该断路器的跳位继电器（TWJ）触点，TWJ 触点作为开入量接入保护装置中，实现以下功能：

1）重合闸用，不对应启动重合闸的一个判据；

2）判别线路是否处于非全相运行；

3）跳闸位置时允许对侧差动保护跳闸；

4）TV 三相失压且线路无流时，判断断路器是否在合闸位置，若是则经延时报 TV 断线。

2. 重合闸停用操作

（1）500kV 线路重合闸停用时，一般情况下停用线路两个断路器保护的重合闸，重合闸把手切至"停用"，退出"重合闸出口压板"，若断路器保护中有"沟通三跳投入压板"的也同时投入。有南瑞线路保护的要求同时投入线路保护中"沟通三跳"功能压板。

需要注意的是，此时若同一串中的另一条线路发生单相故障，中断路器也是三相跳闸，不重合。

（2）220kV 线路重合闸停用时，将两套线路保护的重合闸把手切至"停用"位置，退出"重合闸出口压板"，若线路保护中有"沟通三跳投入压板（闭锁重合闸）"等实现线路三跳功能的压板也同时投入。

第八章

新 设 备 投 运 操 作

第一节　新设备投运的一般规定

一、新设备投运应具备的基本条件

（1）设备验收工作已结束，质量符合安全运行要求，有关运行单位已向调控机构提出新设备投运申请。

（2）所需资料已齐全，参数测量工作已结束，并以书面形式提供给有关单位。如需要在启动过程中测量参数的，应在投运申请书中说明。

（3）生产准备工作已就绪，包括运维人员的培训、调度管辖范围的划分、设备命名、现场规程和制度等均已完备。

（4）监控（监测）信息已按规定接入。

（5）调度通信、自动化系统、继电保护、安全自动装置等二次系统已准备就绪，计量点明确，计量系统准备就绪。

（6）启动试验方案和相应调度方案已批准。

（7）新设备启动前，有关人员应熟悉厂站设备，熟悉启动试验方案和相应调度方案及相应运行规程规定等。

二、新设备投运对保护配合操作要求

（1）新设备投入运行时，充电断路器的所有保护全部投入，如主变压器保护、线路方向零序保护等均应投入。

（2）对那些可能受到影响不能正确工作且又影响其他设备正常运行的保护（主要是会发生误动的保护装置，如母线保护等）要先停用。

（3）新设备充电时，用于监视故障情况的各种自动装置均应完好并投入运行（如故障录波器等）。

（4）充电断路器的重合闸装置必须停用，以防被充电设备故障，断路器跳闸后再重合。

（5）新设备投入运行时，充电断路器带时限保护的时间应改到最小定值或将某些电气量定值更改后投入，对于功率方向元件应短接退出，防止因极性接反而拒绝动作。

（6）新线路、线路保护投运注意事项：

1）线路充电时，新线路两侧的保护（含重合闸）按正常方式投入运行。

2）线路分相充电时，没有电流闭锁的非全相保护应退出。

3）线路充电时，对双母线、单母线分段接线，可利用母联（分段）断路器及其充电过电流保护来完成后备任务；对 3/2 接线，可利用其他原有断路器及其充电过电流保护或短引线保护来完成后备任务；相量检查时仍投入的充电过电流保护应能可靠躲过负荷电流。

4）投运过程中，除另有设定外，本站及相邻站其他设备保护应在正常运行状态，失灵保护应在运行状态；失灵与母差保护共用出口时，或需要接入失灵保护回路时，适时投退失灵保护。

（7）新变压器、新变压器保护投运注意事项可参照线路保护投运，同时考虑变压器充电时的特点，如励磁涌流问题、中性点接地问题等，注意以下事项：

1）充电过电流保护需要考虑对变压器各侧引线短路有足够灵敏度，并考虑躲过励磁涌流。

2）变压器差动和重瓦斯等保护均应投入跳闸；对变压器内部故障，还需要更多依赖变压器保护，上述的充电过电流保护不能保证对内部故障的灵敏度。

3）变压器充电时中性点要接地运行，导致系统接地阻抗的变化，引起系统某些保护的配合关系被破坏，甚至误动或拒动，因此要进行补充计算，确定是否需要修改部分保护的定值，或临时退出某些保护的运行。

4）仅更换变压器保护新投时，无须进行多次变压器冲击。

（8）用正常的线路保护作为新设备充电的保护时，如需要保护快速动作，可改充电侧后备保护定值。

（9）新设备充电完毕转入正常运行前，应将保护的整定值恢复到正常运行的定值，对于某些未经带负荷校验，可能误动的保护要停用，以防止这些保护在带负荷正常运行后误动，影响系统的正常运行。

三、新投设备定相、核相、极性测试

定相是指新建、改建的线路、变电站在投运前分相依次送电核对三相标志与运行系统是否一致；核相是指用仪表或其他手段对两电源或环路相位检测是否相同。

新投或变动过内部接线的变压器、电压互感器在投运时均应核对相序，若需并列运行，还应核对相位，以验证内部接线正确。新投或改动过的线路应进行定相，以检查线路在换位、转向过程中有无相别颠倒的情况。新投或变动过接线的电流互感器应进行极性测试，若接入带方向的保护还应进行相量检查，以检查接线是否正确。

核相的方法可以使用核相杆进行一次核相或者使用万用表在电压互感器二次核相。

新投或改动过的线路定相可采用分相充电或者投运前通过测量各相参数的方式进行。

四、新设备投运时的充电次数要求

新设备投运时必须用断路器进行全电压冲击合闸，有些设备还需要多次充电。

（1）新投线路应充电 3 次，每次带电 5min，间隔 5min。线路全电压冲击试验是为了检查线路绝缘状况和耐受过电压能力，检验投、切线路时的操作过电压和电流冲击，考核断

路器投切空载线路能力，考核继电保护装置在投切空载线路时的运行状况。

（2）新投变压器应充电5次，大修更换绕组后的投运充电3次，第一次带电10min，间隔10min。变压器全电压冲击试验是为了考核投入空载变压器时励磁涌流对机械强度和继电保护的影响，检验拉开空载变压器时操作过电压对绝缘的影响。

（3）新投电容器组应充电3次，每次停电时间不少于5min。电容器冲击合闸是为了考核投切电容器时操作过电压和合闸涌流对设备绝缘强度及继电保护的影响。

第二节　新建220kV线路投运操作

新建线路投运包括新设备报竣工、投运前调整运行方式、按步骤投运等几项内容，下面我们以500kV宗州变电站220kV宗东Ⅰ、Ⅱ双回线投运为例进行分析。

宗州站一次系统接线图如图8-1所示。其中220kV宗东Ⅰ线273、宗东Ⅱ线274间隔为新投设备，线路对端东安站为新投220kV变电站，我们只分析其中线路投运部分。

一、新设备报竣工

因220kV线路属于省调管辖设备，所以向省调报告竣工情况。

1. 地调报告线路竣工情况

（1）220kV宗东Ⅰ线、宗东Ⅱ线线路施工完毕，地线拆除，验收合格，人员撤离，相序正确，具备送电条件。

（2）220kV宗东Ⅰ线、宗东Ⅱ线线路参数实测工作结束，分相核相正确，参数合理，已上报省调并经确认。

2. 东安站报告竣工情况

（1）220kV宗东Ⅰ线233断路器、TA、线路CVT、233-1-2-5隔离开关、线路保护（PCS-931A-DA-G-L、PRS-753A-DA-G-L），宗东Ⅰ线就地化保护（UDL-511A-JG-G-RPLDY），220kV宗东Ⅱ线234断路器、TA、线路CVT、234-1-2-5隔离开关、线路保护（PCS-931A-DA-G-L、PRS-753A-DA-G-L），上述一、二次设备安装接引工作竣工，试验收合格，地线及短路线拆除，相位正确，传动良好，纵联保护的通道对调正确，具备投运条件。断路器、隔离开关均在断开位置。

（2）与省调核对设备命名编号及有关保护（含录波器）定值正确。宗东Ⅰ线233、宗东Ⅱ线234所有保护及单相重合闸均已按要求投入。

（3）宗东Ⅰ线233、宗东Ⅱ线234线路保护已接入故障信息系统子站并与省调及地调联调正确。

3. 宗州站报告竣工情况

（1）220kV宗东Ⅰ线273断路器、TA、线路CVT、273-1-2-5隔离开关、线路保护（PCS-931A-G-L、PRS-753A-G-L）、宗东Ⅰ线就地化保护（UDL-511A-JG-G-RPLDY），220kV宗东Ⅱ线274断路器、TA、线路CVT、274-1-2-5隔离开关、线路保护（PCS-931A-G-L、PRS-753A-G-L），上述一、二次设备安装接引工作竣工，试验验收合格，地线

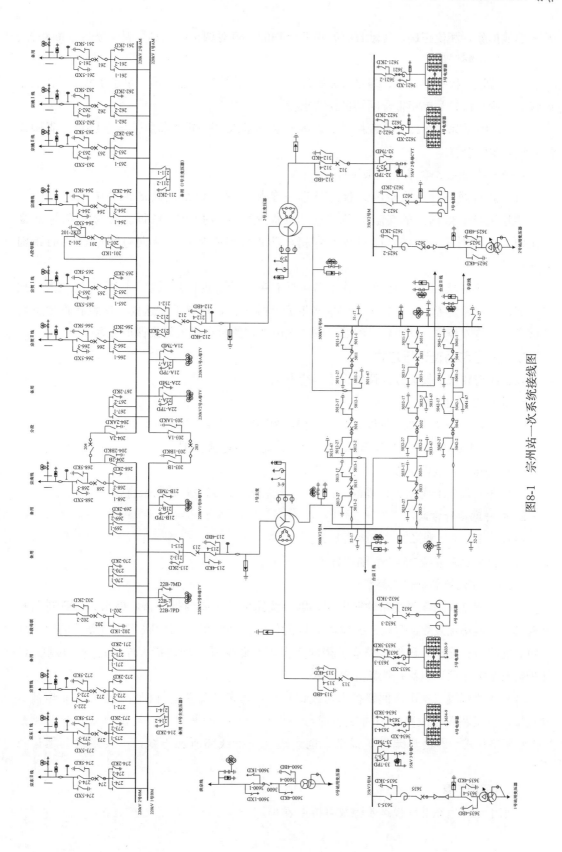

图8-1 崇州站一次系统接线图

及短路线拆除，相位正确，传动良好，纵联保护的通道对调正确，具备投运条件。断路器、隔离开关均在断开位置。

（2）与省调核对设备命名编号及有关保护（含录波器）定值正确。宗东Ⅰ线273、宗东Ⅱ线274所有保护及单相重合闸均已按要求投入。

（3）220kV宗东Ⅰ线273断路器、220kV宗东Ⅱ线274断路器监控信息已接入省调监控系统，验收合格。

4. 新设备报竣工环节知识点解析

（1）新投线路投运前要由试验人员进行参数测量，取得线路的绝缘电阻、正序阻抗、零序阻抗、双回线的互阻抗等信息，以提供继电保护整定依据。在分相测量绝缘电阻时，可同时核对相序，即对线路定相，防止线路在换位、转向过程中造成的相别错误。

（2）设备报竣工时所提到的二次设备包括有关保护管理信息系统、GPS对时装置、故障录波器、测控装置、远动装置、计量测量表计等设备，报竣工前这些二次设备都要安装调试完成并验收合格。同时新投线路间隔二次电流回路也已接入母线保护装置。

二、投运前调整运行方式

投运前需要根据投运方案调整设备运行方式。

1. 宗州站运行方式

（1）220kV 1号B母线及母联202、分段203断路器由运行转热备用。

（2）202断路器保护改临时定值后，投入其充电过电流保护。

（3）220kV母线保护投"非互联"方式。

（4）合上宗东Ⅰ线273-1-5隔离开关，合上宗东Ⅱ线274-1-5隔离开关。

2. 东安站运行方式

（1）合上宗东Ⅰ线233-1-5隔离开关。

（2）合上宗东Ⅱ线234-2-5隔离开关。

3. 运行方式调整知识点解析

（1）宗州站作为新投线路的充电端，因为线路保护也是新投设备，尚未带负荷进行相量检查，不能确保发生故障时正确动作，因此倒空一条母线，用母联202断路器的充电保护对新线路进行充电，确保线路有故障时不会因线路保护拒动而扩大停电范围。母联202保护需改临时定值，以满足线路充电要求。

（2）新投间隔二次电流回路接入母线保护后，尚未带负荷进行相量检查，如果电流方向接反，在线路发生故障时有可能造成母差保护误动，因此要求投运前母线保护必须是"非互联"方式，即使母差保护误动，也只跳开新投线路所在母线，不会影响其他运行设备。

三、投运步骤

宗东Ⅰ线、宗东Ⅱ线投运步骤及解析见表8-1。

表 8-1   宗东Ⅰ线、宗东Ⅱ线投运步骤及解析

序号	变电站	投运项目	投运步骤	步骤分析及注意事项
1	宗州站	宗东Ⅰ线线路充电投运	合上 220kV 母联 202 断路器	用母联 202 断路器对 220kV 1 号 B 母线进行充电，同时作为新投线路后备保护
			用宗东Ⅰ线 273 断路器向线路冲击合闸 3 次，充电每次间隔 5min，最后 273 断路器在合位	宗东Ⅰ线带电以后，需要检查 273 线路避雷器、CVT、断路器、隔离开关、TA 充电良好；检查线路侧电压正常
			宗东Ⅰ线线路 CVT 与 220kV 母线 CVT 进行二次定相	二次定相正确报省调
2	宗州站	宗东Ⅱ线线路充电投运	用宗东Ⅱ线 274 断路器向线路冲击合闸 3 次，充电每次间隔 5min，最后 274 断路器在合位	宗东Ⅱ线带电以后，需要检查 274 线路避雷器、CVT、断路器、隔离开关、TA 充电良好；检查线路侧电压正常
			宗东Ⅱ线线路 CVT 与 220kV 母线 CVT 进行二次定相	二次定相正确报省调
3	东安站	东安站母线送电	合上宗东Ⅰ线 233 断路器	二次定相正确报省调，220kV 1、2 号母线带电后，需要对两条母线 CVT 与两条线路 CVT 分别定相后，母线才能并列
			合上宗东Ⅱ线 234 断路器	
			220kV 1、2 号母线 CVT 进行二次定相，宗东Ⅰ线、宗东Ⅱ线线路 CVT 与 220kV 1、2 号母线 CVT 进行二次定相	
4	宗州站	保护相量检查	东安站主变压器带负荷后，宗州站进行宗东Ⅰ线线路保护、就地化保护、宗东Ⅱ线线路保护、220kV B 段母线保护相量检查	此相量检查必须在有电流情况下进行，正确后报省调
5	宗州站	最终方式调整	退出 220kV 母联 202 断路器保护，改回原定值	202 保护正常为充空母线定值
			220kV B 段母线及母联 202 断路器、分段 203 断路器恢复正常方式	273 断路器上 220kV 1 号 B 母线运行，274 断路器上 220kV 2 号 B 母线运行

注 新投设备投运后 72h 内增加特巡并进行红外测温。

第三节 新建主变压器投运操作

新建主变压器投运包括新设备报竣工、投运前调整运行方式、按步骤投运等几项内容，下面我们以 500kV 彭村变电站新建 1 号主变压器投运为例进行分析。

彭村站一次系统接线图如图 8-2 所示。

一、新设备报竣工

因主变压器设备属于省调管辖设备，所以向省调报告竣工情况。

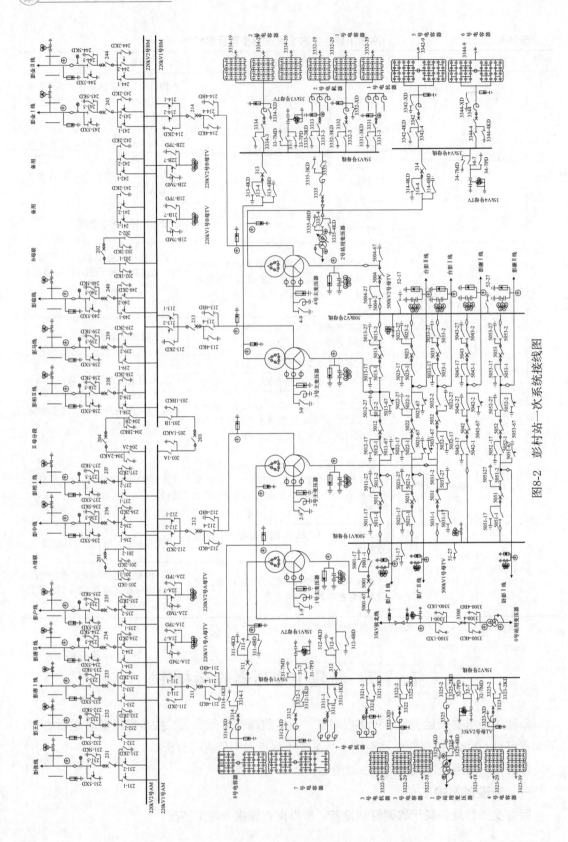

图8-2 彰村站一次系统接线图

（1）需报竣工的设备。5001 断路器、TA、5001-1 隔离开关，5001 断路器保护，211 断路器、211-1-2-4 隔离开关；1 号主变压器、避雷器、CVT、TA，变压器保护；311 断路器、TA、311-4 隔离开关，3312、3314 断路器，3312-1、3314-1、31-7 隔离开关，35kV 1 号母线及母差保护、母线 CVT、避雷器，7、8 号电容器及电容器保护；5001TA 二次已接入 500kV 1 号母线保护回路；211 TA 二次已接入 220kV A 段母线保护回路，母差、失灵保护传动正确；保护管理信息系统、故障录波器、综自远动、计量等设备。

上述一、二次设备安装接引工作竣工，试验验收合格，地线及短路线拆除，相位正确，传动良好，同期回路接线正确，断路器、隔离开关均在断位，主变压器分接头在"3"位置，可以投入运行。

（2）保护管理信息系统、综自远动、计量等设备已与省调对调正确。

（3）与省调核对一次设备编号及保护定值正确；与省调核对故障录波器定值正确。

（4）500kV 1 号主变压器、5001 断路器、211 断路器、311 断路器间隔已接入省调监控系统，传动正确，验收合格。

二、投运前调整运行方式

1. 新投设备的运行方式

（1）1 号主变压器及 5001、211、311 断路器冷备用。

（2）投入 1 号主变压器所有保护。

（3）投入 5001 断路器保护。

（4）投入 35kV 1 号母线、电容器所有保护。

（5）合上 311-4、31-7、3312-1、3314-1 隔离开关。

2. 运行设备的运行方式

（1）500kV 1 号母线由运行转冷备用。

（2）分段 203、204 断路器由运行转冷备用。

三、投运步骤

彭村站 1 号主变压器投运操作步骤及解析见表 8-2。

表 8-2　　　　　　　　　　　　彭村站 1 号主变压器投运操作步骤及解析

序号	投运项目	投运步骤	步骤分析及注意事项
1	500kV 侧调整运行方式	将彭广Ⅰ线 5011 断路器的 RCS-921 型微机保护退出跳闸	将 5011 断路器充电保护改为主变压器充电临时定值后投入跳闸
		将彭广Ⅰ线 5011 断路器的 RCS-921 型微机保护投入跳闸	
		将 500kV 1 号母线及其 5021、5031、5042、5051 断路器由冷备用转热备用	方式调整
		合上 1 号主变压器的 5001-1 隔离开关	方式调整
		彭广Ⅰ线 5011 断路器由冷备用转运行	给 5001-1 隔离开关充电

续表

序号	投运项目	投运步骤	步骤分析及注意事项
2	1号主变压器高压侧充电	合上1号主变压器的5001断路器,对1号主变压器充电5次,第1次带电10min,停电后观察10min,以后充电每次间隔5min,无问题报省调,最后5001断路器在合位	用5011断路器对1号主变压器进行充电,注意主变压器充电电压
		在1号主变压器500kV侧CVT、500kV彭广Ⅰ线线路CVT二次间进行二次核相	不同电源点核相,正确报省调
		在1号主变压器500kV侧CVT、220kVA段母线CVT二次间进行二次核相	
3	1号主变压器相量检查	合上1号主变压器的311断路器,35kV电容器3312、3314断路器,进行1号主变压器保护相量(高、低压侧)检查	投入35kV电容器断路器后,进行1号主变压器高—低相量检查,同时检查电容器充电良好
		进行500kV 1号母线保护、5001断路器的断路器保护相量检查	进行500kV母线保护、5001断路器保护相量检查
		拉开3312、3314、311、5001断路器	核相、相量检查结束,恢复热备用方式,试验结果报省调
4	恢复500kV 1号母线运行方式	拉开5001-1隔离开关	方式调整
		将5021、5031、5042、5052断路器由热备用转运行	恢复方式
		将彭广Ⅰ线的5011断路器由运行转冷备用	恢复5011断路器保护原定值,投入保护
		将彭广Ⅰ线5011断路器的RCS-921型微机保护退出跳闸	
		将彭广Ⅰ线5011断路器的RCS-921型微机保护投入跳闸	
		将彭广Ⅰ线的5011断路器由冷备用转运行	
5	220kV侧投切1号主变压器前方式调整	将220kV 1号A母线及母联201断路器由运行转热备用(倒母线)	方式调整
		更改母联201断路器保护定值	将201断路器过电流保护投入跳闸,作为主变压器充电的临时保护
		投入220kVA段母联201断路器的RCS-923过电流保护(不投充电保护)	
		合上211-1-4隔离开关	方式调整
		合上220kV A段母联的201断路器	给211-1隔离开关充电,母线保护须在有选择方式
6	1号主变压器投运,中压侧核相检查	合上1号主变压器的211断路器、311断路器	不同电源点核相,正确报省调
		在1号主变压器500kV侧CVT、35kV 1号母线CVT、220kV 1号A母线侧CVT二次间进行二次核相	
7	1号主变压器相量检查	合上35kV电容器3312、3314断路器,检查电容器充电良好(如电压过高可调节主变压器分头),进行1号主变压器保护(中、低压侧)、220kV母线保护相量检查,拉开3312、3314断路器	投入35kV电容器断路器后,进行1号主变压器中—低相量检查,以及220kV母线保护相量检查
		合上35kV电容器3312、3314断路器,检查电容器充电良好(如电压过高可调节主变压器分头),进行35kV 1号母线保护、3312、3314电容器保护相量检查	投入35kV电容器断路器后,进行35kV母线保护、7、8号电容器保护相量检查,试验结果报省调
		拉开3312、3314、311、211断路器	核相、相量检查结束,恢复热备用方式

续表

序号	投运项目	投运步骤	步骤分析及注意事项
8	1号主变压器合环运行，相量复测	合上5001-1隔离开关	方式调整
		合上1号主变压器的211断路器	主变压器送电
		检同期合上1号主变压器的5001断路器	合环操作
		进行500kV1号母线保护、220kVA段母线保护相量复测检查	进行500kV母线保护、220kV母线保护相量复测检查，试验结果报省调
		进行1号主变压器保护、5001断路器的断路器保护相量复测检查	进行1号主变压器保护、5001断路器保护相量复测检查，试验结果报省调
9	恢复方式	退出220kV母联201保护，改回原定值并按定值单要求投退	改回原定值
		220kVA段母线恢复正常方式（注意：211断路器上220kV1号A母线运行，分段203、204断路器冷备用）	方式调整
		合上1号主变压器的311断路器，将无功自动调控系统投入运行	方式调整

注　新投设备投运后72h内增加特巡并进行红外测温。

第四节　新建变电站投运

新建500kV变电站，按照设备电压等级分成几部分进行投运操作，下面我们以卧牛城站为例进行介绍。

卧牛城变电站主接线图如图8-3所示。

一、35kV 0号站用变压器投运

站用变压器系统接线图如图8-4所示。

1. 新设备报竣工

因站用变压器系统属于变电站调度管辖设备，所以向运维班报告竣工情况。

报竣工内容：35kV T接线线路CVT、避雷器、3300-5隔离开关已带电运行，且3300-5隔离开关在拉开位置；35kV 0号站用变压器、3300断路器、380V母线相关设备安装完毕，验收试验合格，地线拆除，人员撤离，具备投运条件。

2. 投运前运行方式

（1）备用电源自动投入装置1（ATS1）、备用电源自动投入装置2（ATS2）在自动电源备用B位置。

（2）35kV 0号站用变压器、3300断路器处于冷备用状态，401、402、431、432断路器处于断位，380V 1号、2号母线所有出线处于断位。

（3）35kV 0号站用变压器保护及0号站用变压器低压断路器401、402定值整定正确，保护已正常投入。

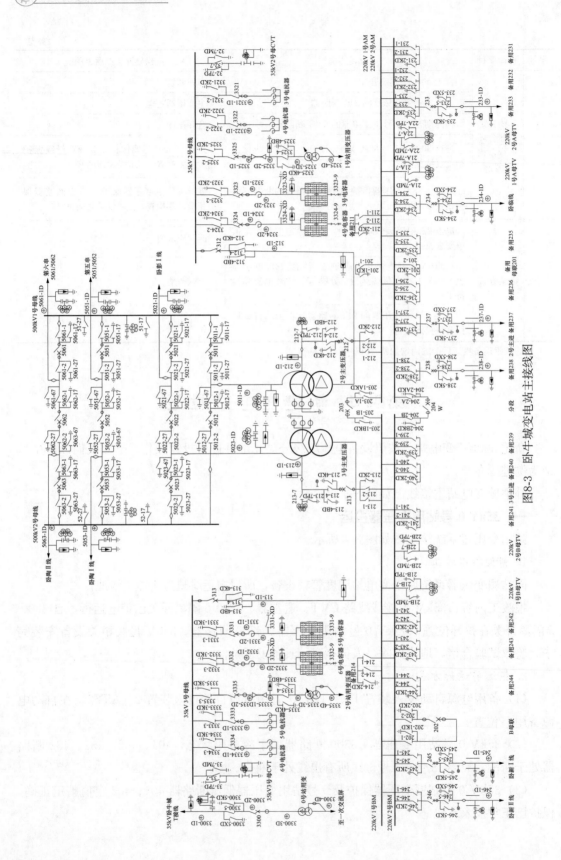

图8-3 卧牛城变电站主接线图

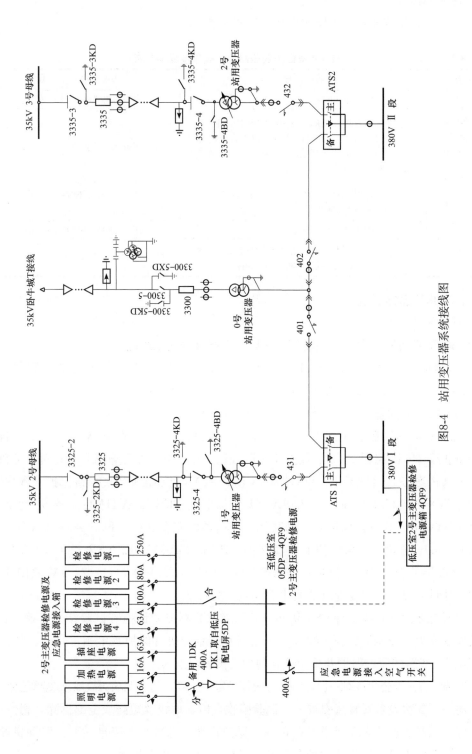

图8-4 站用变压器系统接线图

3. 投运步骤

35kV 0 号站用变压器投运操作步骤及解析见表 8-3。

表 8-3　　　　　　　　　35kV 0 号站用变压器投运操作步骤及解析

序号	投运项目	投运步骤	步骤分析及注意事项
1	给 0 号站用变压器充电	合上 3300-5 隔离开关	本项操作前将线路 CVT 二次空气开关合上
		用 3300 断路器给 35kV 0 号站用变压器充电 5 次，最后一次检查充电良好后断路器保留在合位，第一次充电时对 35kV T 接线线路 CVT 与 0 号站用变压器低压侧进行二次核相	核相正确报值班负责人
2	0 号站用变压器低压侧送电	合上 0 号站用变压器 380V 低压进线断路器 401，间隔 5min 后合上 380V 低压进线断路器 402	合上 401、402 断路器后注意检查 380V 母线电压正常
		检查 380V 1 号、2 号母线相序正确	用万用表测量各相电压进行核相
		380V 1 号、2 号母线各支路由站内自行投入，380V 1 号、2 号母线如有环线投入时应确保相序正确	

二、220kV 部分投运

1. 新设备报竣工

因 220kV 设备属于省调管辖设备，所以向省调报告竣工情况。

（1）220kV 1 号 A、1 号 B 母线（简称 1 号母线），2 号 A、2 号 B 母线（简称 2 号母线），21A-7、22A-7、21B-7、22B-7 隔离开关，220kV 1 号 A、2 号 A、1 号 B、2 号 B 母线 CVT，母联 202 断路器、TA，分段 203、204 断路器、TA，202-1-2、203-1A-1B、204-2A-2B 隔离开关；220kV 卧新 I 线 245 断路器、TA、线路 CVT、避雷器、245-1-2-5 隔离开关，卧新 II 线 246 断路器、TA、线路 CVT、避雷器、246-1-2-5 隔离开关；卧新 I 线 245 线路保护（PCS-931A-DA-G-L、WXH-803A-DA-G-L），卧新 II 线 246 线路保护（PCS-931A-DA-G-L、WXH-803A-DA-G-L），220kV 母线保护 [PCS-915A-DA-G（含失灵保护）、NSR-371A-DA-G（含失灵保护）]，母联 202 断路器的双套保护（PCS-923A-DA-G、NSR-322CA-DA-G），分段 203 断路器的双套保护（PCS-923A-DA-G、NSR-322CA-DA-G），分段 204 断路器的双套保护（PCS-923A-DA-G、NSR-322CA-DA-G），220kV 故障录波器 ZH-3D、计量装置、远动装置以及上述设备的二次回路。

上述所有保护（除线路保护纵联部分外）、CVT 模拟相量检查试验结果正确。220kV 母线及失灵保护，220kV 卧新 I 线 245 断路器及线路的所有保护及单相重合闸、卧新 II 线 246 断路器及线路的所有保护及单相重合闸均已按规定投入。

与省调、省检修公司核对一次设备编号及保护定值正确，与省调核对故障录波器定值正确。

上述一、二次设备安装接引竣工，试验验收合格，地线及短路线全部拆除，相位正确，传动良好，纵联保护的光纤通道对调正确，保护管理信息系统、综自远动、计量装置等设备已与省调对调正确，断路器、隔离开关均在断开位置，可以投运。

（2）220kV 1 号、2 号母线及卧新 I 线 245、卧新 II 线 246 间隔已接入省调监控系统，传动正确，可以投运。

2. 设备报竣工时运行方式

(1) 220kV 1号母线、2号母线及母联202断路器，分段203、204断路器冷备用。

(2) 220kV 卧新Ⅰ线245断路器及线路冷备用。

(3) 220kV 卧新Ⅱ线246断路器及线路冷备用。

3. 投运前调整运行方式

(1) 合上203-1A-1B隔离开关及203断路器。操作后要求断开203断路器控制电源，断开203-1A-1B隔离开关的动力电源。

(2) 合上204-2A-2B隔离开关及204断路器。操作后要求断开204断路器控制电源，断开204-2A-2B隔离开关的动力电源。

(3) 合上202-1、21A-7、22A-7、21B-7、22B-7、245-1-5、246-2-5隔离开关。

4. 投运步骤

220kV 部分投运操作步骤及解析见表8-4。

表 8-4　　　　　　　　　　　220kV 部分投运操作步骤及解析

序号	投运项目	投运步骤	步骤分析及注意事项
1	卧新Ⅰ线送电	合上卧新Ⅰ线245断路器	定相方法：用万用表测量线路和母线电压，线路B相CVT与220kV母线B相CVT压差为0，与A、C相压差为100V
		卧新Ⅰ线线路CVT与220kV 1号母线CVT二次定相，正确报省调	
2	卧新Ⅱ线送电	合上卧新Ⅱ线246断路器	
		卧新Ⅱ线线路CVT与220kV 2号母线CVT二次定相，正确报省调	
3	两条母线并列	220kV 1号母线CVT与220kV 2号母线CVT二次定相，正确报省调	定相方法：用万用表测量母线电压，220kV 1号母线A、B、C相CVT电压分别与220kV 2号母线A、B、C相CVT压差为0
		合上202-2隔离开关及202断路器	定相无误后，两条母线并列

三、由220kV侧投运2、3号主变压器及35kV部分

3号主变压器500kV侧拆引，主变压器500kV侧CVT、避雷器保留在500kV断路器侧；2号主变压器高压侧接引，5011-1、5012-2隔离开关在断位。

从220kV侧向2号、3号主变压器充电各3次，给35kV设备充电，进行相关核相及保护相量检查。

这部分内容前面章节已经涉及，这里不再详细介绍。

四、500kV部分投运

1. 新设备报竣工

因500kV设备属于网调管辖设备（主变压器高压侧设备属于网调许可、省调管辖），所以向网调报告竣工情况。

(1) 500kV 母线系统，5021、5022、5023、5051、5052、5053、5061、5062、5063断路器间隔一、二次设备验收合格，站内电气一次系统相序正确，上述所有设备均处在冷备用状态，本期启动设备断路器及隔离开关（含接地刀闸）均在断开位置且无任何地线，具

备带电调试条件。

(2) 5022、5023 断路器出线引线已断开，且与 500kV 系统隔离措施已做好，所有断路器和主变压器相关保护均已投入。

(3) 5051、5052 断路器出线引线已断开，且与 500kV 系统隔离措施已做好，所有断路器和短引线相关保护均已投入。

(4) 5061、5062 断路器出线引线已断开，且与 500kV 系统隔离措施已做好，所有断路器和短引线相关保护均已投入。

2. 投运步骤

500kV 部分投运操作步骤及解析见表 8-5。

表 8-5   500kV 部分投运操作步骤及解析

序号	投运项目	投运步骤	步骤分析及注意事项
1	卧彭 I 线由线路对侧充电	卧彭 I 线线路对侧用线路边断路器向空线路充电 2 次，本侧用卧彭 I 线线路 CVT 与 220kV 母线 CVT 进行二次核相	卧彭 I 线线路 A、B、C 相 CVT 与 220kV 母线 A、B、C 相 CVT 压差为 0
		卧彭 I 线线路对侧用线路中断路器向空线路充电 1 次，本侧用卧彭 I 线线路 CVT 与 220kV 母线 CVT 进行二次核相	
2	调整运行方式	将第二串 5021、5022、5023 断路器由冷备用转热备用	
		将第五串 5051、5052、5053 断路器由冷备用转热备用	
		将第六串 5061、5062、5063 断路器由冷备用转热备用	
3	卧陶 I 线由本侧中断路器充电	合上 5021 断路器，500kV 1 号母线带电，500kV 1 号母线 CVT 与卧彭 I 线线路 CVT 进行二次核相	用卧彭 I 线边断路器向 500kV 1 号母线及卧陶 I 线充电
		合上 5051 断路器，合上 5052 断路器向卧陶 I 线充电	
		5021、5051、5052 断路器保护相量检查，卧陶 I 线线路 CVT 与卧彭 I 线线路 CVT 进行二次核相	
		拉开 5052 断路器，拉开 5051 断路器	
4	卧陶 II 线由本侧中断路器充电	合上 5061 断路器，合上 5062 断路器向卧陶 II 线充电	用卧彭 I 线边断路器向卧陶 II 线充电
		5061、5062 断路器保护相量检查，卧陶 II 线线路 CVT 与卧彭 I 线线路 CVT 进行二次核相	
		拉开 5062 断路器，拉开 5061 断路器	
		拉开 5021 断路器	
5	卧陶 I 线由本侧边断路器充电	合上 5022、5023 断路器，500kV 2 号母线带电，500kV 2 号母线 CVT 与卧彭 I 线线路 CVT 进行二次核相，3 号主变压器 500kV 侧 CVT 与卧彭 I 线线路 CVT 进行二次核相	用卧彭 I 线中断路器向 500kV 2 号母线及卧陶 I 线充电
		合上 5053 断路器，向卧陶 I 线充电 2 次	
		5022、5023、5053 断路器保护相量检查，卧陶 I 线线路 CVT 与卧彭 I 线线路 CVT 进行二次核相	
		拉开 5053 断路器	
6	卧陶 II 线由本侧边断路器充电	合上 5063 断路器，向卧陶 II 线充电 2 次	用卧彭 I 线中断路器向卧陶 II 线充电
		5063 断路器保护相量检查，卧陶 II 线线路 CVT 与卧彭 I 线线路 CVT 进行二次核相	
		拉开 5063 断路器	
		拉开 5023 断路器，拉开 5022 断路器	

续表

序号	投运项目	投运步骤	步骤分析及注意事项
7	调整运行方式	将卧陶Ⅰ线的 5052、5053 断路器由热备用转冷备用	
		将卧陶Ⅱ线的 5062、5063 断路器由热备用转冷备用	
8	卧陶Ⅰ线由线路对侧充电	卧陶Ⅰ线线路对侧用线路边断路器向空线路充电 2 次，本侧用卧陶Ⅰ线线路 CVT 与卧彭Ⅰ线线路 CVT 进行二次核相	
		卧陶Ⅰ线线路对侧用线路中断路器向空线路充电 1 次，本侧用卧陶Ⅰ线线路 CVT 与卧彭Ⅰ线线路 CVT 进行二次核相	
9	卧陶Ⅱ线由线路对侧充电	卧陶Ⅱ线线路对侧用线路边断路器向空线路充电 2 次，本侧用卧陶Ⅱ线线路 CVT 与卧彭Ⅰ线线路 CVT 进行二次核相	
		卧陶Ⅱ线线路对侧用线路中断路器向空线路充电 1 次，本侧用卧陶Ⅱ线线路 CVT 与卧彭Ⅰ线线路 CVT 进行二次核相	
10	卧陶Ⅰ、Ⅱ线与卧彭Ⅰ线合环	将 500kV 第二串 5021、5022、5023 断路器由热备用转运行	
		将 500kV 第五串 5051 断路器由热备用转运行	
		将卧陶Ⅰ线的 5052、5053 断路器由冷备用转热备用	
		将 500kV 第六串 5061 断路器由热备用转运行	
		将卧陶Ⅱ线的 5062、5063 断路器由冷备用转热备用	
		检同期合上卧陶Ⅰ线 5052、5053 断路器	
		检同期合上卧陶Ⅱ线 5062、5063 断路器	
		进行 5021、5022、5023、5051、5052、5053、5061、5062、5063 断路器保护相量复测	
11	调整运行方式	将 3 号主变压器的 5022、5023 断路器由运行转冷备用	准备 3 号主变压器高压侧接引

五、2、3 号主变压器及 35kV 部分投运

由 500kV 侧对 2、3 号主变压器充电各 2 次，进行相关核相及保护相量检查。

这部分内容前面章节已经涉及，这里不再详细介绍。

第 九 章

变电站设备定期试验与轮换

第一节　变电站设备定期试验与轮换规定

一、变电站设备定期试验与轮换的目的

定期试验是指运行设备或备用设备进行动态或静态启动、传动，以检测运行或备用设备健康水平；定期轮换是指运行设备或备用设备进行倒换运行的方式。做好设备有关项目的定期工作，可及时发现设备的故障和隐患，及时处理或制定防范措施，从而保证备用设备的正常备用和运行设备的长期安全可靠运行。因此，运维人员必须十分重视变电站设备定期试验与轮换工作，熟悉工作流程，以确保设备的正常运行。

二、变电站设备定期试验与轮换的要求

（1）变电站内设备除应按照有关规程由专业人员根据周期进行试验和检修外，运维人员还应定期对设备进行试验、轮换和维护，并严格按照规定的项目周期进行，工作内容要及时记入运维日志中。

（2）设备定期试验、轮换工作至少由两人进行，一人监护一人工作。

（3）对运行影响较大的试验和轮换工作，应安排在适当的时间和运行方式下进行，并做好事故预想和异常处理的措施。

（4）重大政治活动期间及系统方式不正常时，不宜进行设备切换试验工作。

（5）设备定期试验轮换应按现场标准化作业有关要求，认真执行相应作业指导书（卡）。

（6）定期试验、轮换过程中要做好危险点分析及预控。

三、设备定期试验与轮换制度

（1）变压器冷却装置切换分为交流电源切换和状态切换。交流电源切换主要是为了避免接触器长期运行造成老化，每季度在Ⅰ、Ⅱ段电源间进行切换；状态切换主要是减少长期运行冷却器的电动机磨损，每季度将"工作""辅助""备用"冷却器进行轮换。

（2）站内直流系统中的备用充电机应半年进行1次启动试验，定期进行维护。

（3）蓄电池测试和维护按周期性规定进行，每月定期对蓄电池室进行清扫。

第二节　变电站设备定期试验与轮换实训项目

一、蓄电池的日常维护

1. 单体蓄电池的电压内阻测量规定

（1）测试工作至少两人进行，防止直流短路、接地、断路。

（2）电池内阻在生产厂家规定的范围内。

（3）蓄电池内阻无明显异常变化，单只蓄电池内阻偏离值应不大于出厂值10%。

（4）测试时连接测试电缆应正确，按顺序逐一进行蓄电池内阻测试。

（5）单体蓄电池电压测量应每月至少1次，蓄电池内阻测试应每年至少1次。

2. 蓄电池核对性充放电

（1）全站若具有两组蓄电池时，则一组运行，另一组退出运行进行全核对性放电。

（2）放电用I_{10}恒流，当蓄电池组电压下降到$1.8V \times N$或单体蓄电池电压出现低于1.8V时，停止放电。

（3）间隔1～2h后，再用I_{10}电流进行恒流限压充电—恒压充电—浮充电。反复放充2～3次，蓄电池容量可以得到恢复。

（4）若经过三次全核对性放充电，蓄电池组容量均达不到其额定容量的80%以上，则应安排更换。

二、变压器冷却装置轮换试验

1. 冷却器电源的轮换试验

（1）电源切换时，一般将主变压器风冷控制箱内冷却器电源选择开关由"Ⅰ电源"位置切至"Ⅱ电源"位置或由"Ⅱ电源"位置切至"Ⅰ电源"位置，切换后检查相应变压器冷却器运行情况，状态指示情况。

（2）冷却器电源轮换还需检验工作电源消失后，备用电源是否能正确投入。将主变压器风冷控制箱上级动力箱内供电电源停用后，检查主变压器风冷控制箱内备用电源是否自动投入，冷却器能否继续正常运行。试验正常后可恢复原来运行方式。

2. 冷却器轮换

为了保证主变压器各组冷却器能随时投入运行，主变压器的"工作""辅助""备用"冷却器应按照现场运行规程要求定期切换，并做好记录，冷却器切换流程如图9-1所示。

三、直流备用充电机轮换试验

直流备用充电机轮换试验时应持作业卡，防止直流失压。1、2、0号充电机轮换流程如图9-2所示。

试验方法：试验时可将任意一台工作充电机退出运行后，操作备用充电机的对应开关，将备用充电机接入蓄电池组和直流母线。备用充电机投入后应检查工作电压和输出电流是否正常，直流母线电压和蓄电池充电方式是否正常。

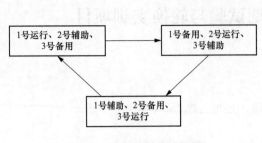

图 9-1 冷却器轮换流程图

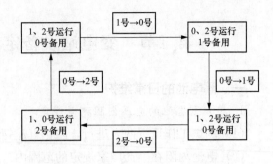

图 9-2 1、2、0 号充电机轮换流程图

第十章

设备巡视的一般要求及规定

第一节 设备巡视的种类及周期

变电站的设备巡视检查，分为例行巡视、全面巡视、熄灯巡视、专业巡视和特殊巡视。

一、例行巡视

（1）例行巡视是指对站内设备及设施外观、异常声响、设备渗漏、监控系统、二次装置及辅助设施异常告警、消防安防系统完好性、变电站运行环境、缺陷和隐患跟踪检查等方面的常规性巡查。

（2）巡视周期：一类变电站每2天不少于1次，二类变电站每3天不少于1次。跨大区（华北、华中、华东、东北、西北）联络500kV变电站属于一类变电站，除一类以外的500kV变电站属于二类变电站。

（3）配置机器人巡检系统的变电站，机器人可巡视的设备可由机器人巡视代替人工例行巡视。

二、全面巡视

（1）全面巡视是指在例行巡视项目基础上，对站内设备开启箱门检查，记录设备运行数据，检查设备污秽情况，检查防火、防小动物、防误闭锁等有无漏洞，检查接地引下线是否完好，检查变电站设备厂房等方面的详细巡查。

（2）巡视周期：一类变电站每周不少于1次，二类变电站每15天不少于1次。

三、熄灯巡视

（1）熄灯巡视是指夜间熄灯开展的巡视，重点检查设备有无电晕、放电，接头有无过热现象。

（2）巡视周期：熄灯巡视每月不少于1次。

四、专业巡视

（1）专业巡视是指为深入掌握设备状态，由运维、检修、设备状态评价人员联合开展的对设备集中巡查和检测。

（2）巡视周期：一类变电站每月不少于1次，二类变电站每季不少于1次。

五、特殊巡视

（1）特殊巡视是指因设备运行环境、方式变化而开展的巡视。

（2）遇有以下情况，应进行特殊巡视：

1）恶劣天气时（大风后、雷雨后、冰雪、冰雹后、雾霾等）；

2）新设备投入运行后；

3）设备经过检修、改造或长期停运重新投入系统运行后；

4）设备缺陷有发展时；

5）设备发生过负荷或负荷剧增、超温、发热、系统冲击、跳闸等异常情况；

6）法定节假日、上级通知有重要保供电任务时；

7）电网供电可靠性下降或存在发生较大电网事故（事件）风险时段。

第二节　设备巡视方法及工作流程

一、设备巡视方法

（1）目测检查：用眼睛观察设备外观有无变化。通过目测可以发现设备各部有无变形、变色、破损、渗漏、闪络放电、指示不正常等异常现象。

（2）耳听判断：用耳朵听运行设备发出的声音是否正常。

（3）鼻嗅判断：用鼻子辨别是否有烧焦等特殊气味。

（4）触试检查：用手触试设备的非带电部分，检查设备的温度是否有异常升高或局部过热。

（5）仪器检测：借助测温仪、望远镜、智能机器人等对设备进行检查。

（6）比较分析：对所检查的设备部件有疑问时，可与正常设备部件比较；对所测数据可与历史数据、其他同类设备数据比较，综合判断设备是否正常。

二、设备巡视的工作流程

1. 准备工作

（1）查阅设备缺陷记录，掌握设备运行状况，对存在缺陷及重载设备重点巡视。

（2）佩戴合格的安全防护用品。

（3）携带望远镜、测温仪、PDA（巡视卡）、设备区及配电室钥匙等。

2. 巡视过程

按照PDA（巡视卡）上的巡视项目对设备各个部位逐项进行巡视，不得有遗漏。对重载及存在缺陷的设备巡视时要重点检查。

3. 缺陷处理

各类缺陷均应填写在PMS缺陷记录中，一般缺陷按照缺陷流程汇报即可，严重、危急缺陷应立即暂停巡视，汇报值班调控人员及上级，并根据缺陷严重程度采取适当措施，处理完毕后方可继续巡视。

4. 巡视结果

巡视完毕，将巡视结果汇报运维负责人，并填写PMS巡视记录。

第三节 设备巡视的安全要求

一、设备巡视过程中的危险点

（1）人员触电：擅自打开设备网门、跨越遮栏与带电设备安全距离不够；误登、误碰带电设备；高压设备发生接地时，未保持足够的安全距离，或未穿绝缘靴、未戴绝缘手套进入接地区域，接触设备外壳、架构；雷雨天气，靠近避雷器和避雷针。

（2）人身伤害：夜间巡视，人员碰伤、摔伤、踩空；检查设备机构时，转动部件突然启动伤人；巡视 SF_6 设备时，未按规定进行通风，未检测 SF_6 及氧气的含量，造成气体中毒。

（3）设备误动：开、关保护屏门，振动过大，在保护室使用移动通信工具，造成保护误动。

（4）安全隐患：擅自改变检修设备状态，变更工作地点的安全措施；发现缺陷及异常单人处理，未及时汇报；随意动用万能解锁钥匙；进出高压室，未随手关门，造成小动物进入；漏巡设备，未能及时发现缺陷及异常；不戴安全帽、不按规定着装，在突发事件时失去保护。

二、设备巡视的安全措施和注意事项

（1）经批准单独巡视高压设备的人员巡视高压设备时，不得进行其他工作（发现缺陷及异常，应及时汇报，不得单人处理），不得移开或越过遮栏。

（2）雷雨天气，需要巡视室外高压设备时，应穿绝缘靴，并不得靠近避雷器和避雷针。

（3）高压设备发生接地时，室内应在故障点 4m 以外，室外应在故障点 8m 以外。进入上述范围人员应穿绝缘靴，接触设备外壳和架构时，应戴绝缘手套。

（4）巡视配电装置，进出高压室，应随手关门。

（5）进入设备区，应戴安全帽，并按规定着装，巡视前检查所使用的安全工器具合格。

（6）夜间巡视，应开启设备区照明，熄灯夜巡应带照明工具。

（7）按照规定的巡视路线进行巡视，防止漏巡。

（8）登高检查设备时做好有感应电的思想准备，不得单人进行登高或登杆巡视。

（9）巡视设备时禁止变更检修现场安全措施，禁止改变检修设备状态。

（10）巡视时严禁触摸油泵、气泵电动机转动部分。

（11）在保护室禁止使用移动通信工具，开、关保护屏门应小心谨慎，防止过大振动。

（12）严格执行防误装置解锁规定，禁止随意使用解锁钥匙。

（13）巡视人员状态应良好，巡视过程中精神集中，不得谈论与巡视无关的事情。

（14）进入 GIS 设备室前应先通风 15min，且无报警信号，确认空气中含氧量不小于 18%，空气中 SF_6 浓度不大于 $1000\mu L/L$ 后方可进入。

（15）不得单人进入 GIS 设备室进行任何工作，巡视时不要在 GIS 设备防爆膜附近停留，防止压力释放器突然动作，危及人身安全。

（16）在巡视检查中，若遇到 GIS 设备操作，则应停止巡视并离开设备一定距离，操作完成后，再继续巡视检查。

（17）巡视时人员站位要合适，室外 SF_6 设备气体泄漏时，应从上风接近检查；避免站在设备压力释放装置所对的方向。

第十一章

一次设备巡视及异常处理

第一节 一次设备巡视

一、主变压器巡视

主变压器巡视项目及标准见表11-1。

表 11-1 主变压器巡视项目及标准

设备名称	序号	巡视项目	巡视标准	常见缺陷定性
主变压器本体	1	上层油温	（1）变压器本体温度计完好，表盘密封良好，无进水、凝露。 （2）记录变压器上层油温数值，上层油温限值85℃，温升限值45℃。 （3）主控室远方测温数值与主变压器本体温度指示数值相符，将变压器各部位所装温度计的指示互相对照、比较，防止误判断。 （4）相同运行条件下，上层油温比平时高10℃及以上，或负荷不变但油温不断上升，均为异常	（1）指示不正确，与实际温度差值在5～10℃之间，且指示可变化定性为一般缺陷，差值大于等于10℃或指示无变化定性为严重缺陷。 （2）现场与监控系统温度不一致，两处指示相差5～10℃定性为一般缺陷，相差10℃及以上定性为严重缺陷
	2	油色、油位	（1）油位指示应和油枕上的环境温度标志线相对应，无大偏差，指针式油位计指示应与制造厂规定的温度曲线相对应。 （2）正常油色应为透明的淡黄色。 （3）油位计应无破损和渗漏油，没有影响察看油位的油垢	油位高于上限或低于下限但可见定性为一般缺陷，油位低于下限且不可见定性为严重缺陷
	3	各部位无渗漏油	（1）检查有无渗漏油，要记录清楚渗漏的部位、程度。 （2）设备本体附着有油、灰的部位，必要时进行清擦，可利用多次巡视检查比较，鉴别是否渗油缺陷。 （3）渗漏油的部位，1min超过1滴，属于漏油	渗油或漏油速度每滴时间不快于5s，且油位正常定性为一般缺陷；漏油速度每滴时间快于5s，且油位正常定性为严重缺陷；漏油形成油流或漏油速度每滴时间快于5s且油位低于下限定性为危急缺陷
	4	本体及调压气体继电器	（1）气体继电器内应充满油，油色应为淡黄色透明，无渗漏油，气体继电器内应无气体。 （2）气体继电器防雨措施完好，防雨罩牢固。 （3）气体继电器的引出二次电缆应无油迹和腐蚀现象，无松脱	渗漏油速度每滴不快于5s定性为严重缺陷；漏油速度每滴时间快于5s定性为危急缺陷

续表

设备名称	序号	巡视项目	巡视标准	常见缺陷定性
主变压器本体	5	运行声音	变压器正常运行应为均匀的嗡嗡声,无放电等异音,如声音不均匀,应使用听音棒区分是外部因素干扰或内部问题,若不能排除外部因素,应向上级汇报	
	6	压力释放装置	压力释放器应无油迹,二次电缆及护管无破损或腐蚀	接点发信,查明非主变压器本身原因引起定性为一般缺陷;接点发信,未查明原因定性为严重缺陷
	7	呼吸器	(1)硅胶颜色无受潮变色,如硅胶变为红色,且变色部分超过2/3,应更换硅胶。 (2)呼吸器外部无油迹,油杯完好,油位正常	硅胶潮解全部变色或硅胶自上而下变色定性为严重缺陷;负荷或环境温度明显变化时,呼吸器较长时间不呼吸定性为危急缺陷
绝缘套管	1	油位	(1)油位应在上、下油位标示线之间。 (2)油位计无破损和渗漏油,没有影响察看油位的油垢	(1)油位异常:油位高于正常油位的上限,可能由内渗引起,定性为严重缺陷;油位低于下限但可见定性为一般缺陷;油位低于下限且不可见定性为严重缺陷。 (2)渗漏油:套管表面有油迹,但未形成油滴定性为严重缺陷;套管表面有油迹,虽未形成滴油,但表面油迹已延伸2/3以上瓷裙定性为危急缺陷;套管表面渗油,形成油滴定性为危急缺陷。 (3)末屏接地不良引起放电定性为危急缺陷。 (4)外绝缘破损、开裂定性为危急缺陷
	2	油色	正常油色应为透明的淡黄色	
	3	绝缘子	应清洁,无破损、裂纹,无放电声	
	4	法兰	应无裂纹和严重腐蚀	
	5	套管末屏	接地良好	
外部主导流部位	1	接触部位	(1)引线线夹压接应牢固,接触良好,无变色、变形,铜铝过渡部位无裂纹。 (2)主导流接触部位应无变色,无氧化加剧,无热气流上升,示温片无融化变色现象,夜间无发红等。 (3)雨雪天气,检查主导流接触部位,应无积雪融化、水蒸气现象。 (4)以上检查,若需要鉴定,应使用测温仪对设备进行检测	(1)线夹与设备连接平面出现缝隙,螺栓明显脱出,引线随时可能脱出定性为危急缺陷。 (2)线夹破损断裂严重,有脱落的可能,对引线无法形成紧固作用定性为危急缺陷
	2	引线	(1)引线无断股,无烧伤痕迹。 (2)引线若有散股现象,应仔细辨认有无损伤、断股。 (3)母线、导线弧垂变化应正常,对地、相间距离正常,无挂落异物。 (4)35kV接头及引线绝缘护套良好	引线断股或松股截面损失低于7%定性为一般缺陷;截面损失达7%以上,但小于25%定性为严重缺陷;截面损失达25%以上定性为危急缺陷
冷却系统	1	风扇	风扇运转正常,无异常声音,风叶应无抖动、碰壳	风扇风叶碰壳、脱落、破损或声音异常定性为一般缺陷;风扇停转、电动机故障定性为严重缺陷
	2	潜油泵	运转方向正确,油流继电器工作正常,无异常声音,无渗漏油,特别注意潜油泵负压区出现的渗漏油	非负压区渗油定性为一般缺陷;负压区渗油定性为危急缺陷
	3	散热器	散热装置清洁,散热片不应有过多的积灰等附着脏物	(1)散热片轻微锈蚀或漆层破损定性为一般缺陷,严重锈蚀定性为严重缺陷

设备名称	序号	巡视项目	巡视标准	常见缺陷定性
冷却系统	3	散热器	散热装置清洁，散热片不应有过多的积灰等附着脏物	（2）散热片严重污秽造成同等负荷、环境温度下，油温明显高于历史值10℃以上定性为严重缺陷
	4	运行方式	冷却器运行方式与当前的油温、负荷情况相对应	单组冷却器工作方式无法进行切换定性为一般缺陷；冷却器交流总电源无法进行切换定性为严重缺陷；冷却器Ⅰ段电源故障或Ⅱ段电源故障定性为严重缺陷
有载调压装置	1	运行状态指示	有载调压装置电源指示正确，并投入"远控"位置	空气开关合不上或调挡时空气开关跳闸定性为严重缺陷
	2	油色、油位	正常油色为浅黄透明，油位正常，各部位无渗漏油	油位高于正常油位的上限或低于下限但可见定性为一般缺陷；油位低于下限且不可见定性为严重缺陷
	3	有载调压机构	驱潮器投入正常，挡位指示与控制屏、后台机一致，且与实际挡位相符	
	4	在线滤油装置	工作方式设置正确，电源、压力表指示正常；无渗漏油	（1）未按照装置预先设定的启动条件进行工作定性为一般缺陷。（2）漏油速度每滴不快于5s定性为一般缺陷，快于5s定性为严重缺陷
端子箱、风冷控制箱	1	箱体	箱内清洁，箱门关闭严密、无锈蚀	（1）密封不良、受潮定性为一般缺陷；进水未造成直流接地、回路短路、元器件进水定性为严重缺陷，造成上述后果定性为危急缺陷。（2）加热器损坏定性为一般缺陷
	2	内部	（1）Ⅰ、Ⅱ段电源指示灯亮，电源空气开关运行正常。（2）风冷投入方式正常应投"自动"。（3）箱内加热器、照明均正常。（4）箱内接线无松动，无脱落，无发热痕迹。（5）孔洞封堵严密	

二、高压断路器巡视

高压断路器巡视项目及标准见表11-2。

表 11-2   **高压断路器巡视项目及标准**

设备名称	序号	巡视项目	巡视标准	常见缺陷定性
高压断路器本体	1	外观	清洁、无异物	
	2	分、合闸指示	分、合闸指示正确，与实际位置相符	断路器分、合闸位置指示不正确，与当时的实际本体运行状态不相符定性为危急缺陷
	3	运行声音	无异常声响	有异常声音（漏气声、振动声、放电声）定性为危急缺陷
	4	套管	（1）无裂纹、破损及放电现象。（2）增爬伞裙黏接牢固、无变形。（3）防污涂料完好、无脱落、起皮现象	（1）绝缘子表面存有明显积污定性为一般缺陷；绝缘子严重积污定性为严重缺陷。（2）绝缘子表面单个破损面积小于40mm²定性为严重缺陷；有断裂、裂纹定性为危急缺陷。（3）有放电声定性为危急缺陷

设备名称	序号	巡视项目	巡视标准	常见缺陷定性
高压断路器本体	5	均压环	安装牢固，无锈蚀、变形、破损	有明显锈蚀情况定性为一般缺陷；均压环螺栓松动或其他原因导致均压环倾斜，绝缘子未产生可见电晕，不影响设备安全运行定性为一般缺陷；均压环脱落后如产生明显可见蓝色晕光应定性为严重缺陷
	6	金属法兰	无裂痕，防水胶完好，连接螺栓无锈蚀、松动、脱落	轻度锈蚀定性为一般缺陷
	7	传动部分	无明显变形、锈蚀，轴销齐全	绝缘拉杆、相间连杆脱落、断裂定性为严重缺陷
外部主导流部位	1	接触部位	（1）引线线夹压接应牢固，接触良好，无变色、变形。 （2）主导流接触部位应无变色，无氧化加剧，无热气流上升，示温片无融化变色现象，夜间无发红等。 （3）雨雪天气检查主导流接触部位，应无积雪融化、水蒸气现象。 （4）以上检查，若需要鉴定，应使用测温仪对设备进行检测	
	2	引线	（1）引线无断股，无烧伤痕迹。 （2）引线若有散股现象，应仔细辨认有无损伤、断股。 （3）导线弧垂变化应正常，对地、相间距离正常，无挂落异物。 （4）35kV接头及引线绝缘护套良好	导线的截面损失低于7%定性为一般缺陷；导线的截面损失大于7%，但小于25%定性为严重缺陷；导线的截面损失达25%及以上需要立即修复定性为危急缺陷
操动机构	1	压力	液压、气动操动机构压力表指示正常	（1）压力闭锁定性为危急缺陷；发出告警信号定性为严重缺陷。 （2）液压机构由于电动机故障等引起压力低于正常值下限时，机构不能启动打压，且压力继续下降定性为危急缺陷；液压机构失压到零定性为危急缺陷；液压机构频繁打压定性为危急缺陷；液压机构打压超时定性为严重缺陷；液压机构打压不停泵定性为严重缺陷。 （3）表计不能正确反映实际压力值，但压力正常，断路器未发压力闭锁、压力低等信号定性为严重缺陷；密封不良定性为严重缺陷
	2	油位、油色	（1）液压操动机构油箱油位在上下限之间，油箱、油泵、油管及接头无渗漏油。 （2）液压操动机构油色应为透明的淡黄色	（1）油位低于正常油位的下限，油位可见定性为一般缺陷；油位高于正常油位的上限定性为一般缺陷；非漏油原因造成油位无法判断，且无渗漏油痕迹定性为一般缺陷。 （2）液压机构管路出现油迹、渗油点时，渗油速度每滴时间大于5s，且油箱油位正常定性为一般缺陷；液压机构管路出现油迹，漏油速度每滴时间小于5s，且油箱油位正常定性为严重缺陷；液压机构损坏导致大量漏油甚至喷油，油位下降迅速，液压机构严重漏油定性为危急缺陷

设备名称	序号	巡视项目	巡视标准	常见缺陷定性
操动机构	3	弹簧储能机构	（1）储能电源开关位置正确。 （2）储能电机运转正常。 （3）储能指示器指示正确	储能电机外表锈蚀定性为一般缺陷；储能电机转动时声音、转速等异常定性为严重缺陷；储能电机损坏定性为危急缺陷
其他	1	标识	名称、编号、铭牌齐全清晰，相序标志明显	
	2	机构箱、汇控柜	（1）开启灵活无变形、密封良好，无锈迹、变形，无异味、凝露等。 （2）加热器、除潮器正常完好，投、停正确	（1）密封不良、受潮定性为一般缺陷；进水未造成直流接地、回路短路、元器件进水定性为严重缺陷，造成上述后果定性为危急缺陷。 （2）箱体变形，暂不影响设备运行定性为一般缺陷
	3	基础构架	（1）基础构架无破损、开裂、下沉。 （2）支架无锈蚀、松动或变形。 （3）无鸟巢、蜂窝等异物	（1）基础明显破损或开裂，但不影响设备运行定性为一般缺陷；基础严重下沉，导致引线拉直，威胁设备安全运行定性为危急缺陷。 （2）支架轻度锈蚀定性为一般缺陷；支架松动、变形，影响设备运行定性为严重缺陷
	4	接地引下线	（1）接地引下线标志无脱落。 （2）接地引下线可见部分连接完整可靠。 （3）接地螺栓紧固。 （4）无放电痕迹，无锈蚀、变形现象	接地引下线断定性为危急缺陷；接地引下线松动定性为严重缺陷；轻度锈蚀定性为一般缺陷

三、隔离开关巡视

隔离开关巡视项目及标准见表11-3。

表 11-3 　　　　　　　　　　**隔离开关巡视项目及标准**

设备名称	序号	巡视项目	巡视标准	常见缺陷定性
高压隔离开关本体	1	触头	触头接触良好，无过热、变色及移位等异常现象	触指弹簧断裂定性为危急缺陷
	2	底座	无变形、裂纹，连接螺栓无锈蚀、脱落现象	
	3	绝缘子	外观清洁，无倾斜、破损、裂纹、放电痕迹或放电异声	（1）有开裂、放电声或严重电晕定性为危急缺陷；有较严重破损，但破损位不影响短期运行定性为严重缺陷；绝缘子有轻微破损定性为一般缺陷。 （2）绝缘子外表面有明显放电或较严重电晕定性为严重缺陷；绝缘子外表面有轻微放电或轻微电晕定性为一般缺陷
	4	金属法兰	（1）与瓷件的胶装部位完好，防水胶无开裂、起皮、脱落现象。 （2）无裂痕，连接螺栓无锈蚀、松动、脱落现象	法兰开裂定性为危急缺陷
	5	传动部分	（1）传动连杆、拐臂、万向节无锈蚀、松动、变形现象。 （2）轴销无锈蚀、脱落现象，开口销齐全，螺栓无松动、移位现象	转动机构无法转动，运维人员无法正常操作定性为危急缺陷

设备名称	序号	巡视项目	巡视标准	常见缺陷定性
高压隔离开关本体	6	均压环	安装牢固，表面光滑，无锈蚀、损伤、变形现象	均压环脱落后如产生明显可见蓝色晕光应定性为严重缺陷，无明显可见蓝色晕光定性为一般缺陷
	7	机械闭锁及限位	(1) 机械闭锁位置正确，机械闭锁盘、闭锁板、闭锁销无锈蚀、变形、开裂现象，闭锁间隙符合要求。 (2) 限位装置完好可靠	
	8	位置状态	(1) 合闸状态的隔离开关触头接触良好，合闸角度符合要求；分闸状态的隔离开关触头间的距离或打开角度符合要求。 (2) 隔离开关操动机构机械指示与隔离开关实际位置一致	隔离开关指示位置与实际位置相反或不一致，可能造成误判断，定性为严重缺陷
	9	接地刀闸	(1) 接地刀闸平衡弹簧无锈蚀、断裂现象，平衡锤牢固可靠。 (2) 接地刀闸可动部件与其底座之间的软连接完好、牢固	
外部主导流部位	1	接触部位	(1) 引线线夹压接应牢固，接触良好，无变色、变形。 (2) 主导流接触部位应无变色，无氧化加剧，无热气流上升，示温片无融化变色现象，夜间无发红等。 (3) 雨雪天气检查主导流接触部位，应无积雪融化、水蒸气现象。 (4) 以上检查，若需要鉴定，应使用测温仪对设备进行检测	线夹出现松动、脱落或损坏，无法正常运行，需立即停用定性为危急缺陷
	2	引线	(1) 引线无断股，无烧伤痕迹。 (2) 引线若有散股现象，应仔细辨认有无损伤、断股。 (3) 导线弧垂变化应正常，对地、相间距离正常，无挂落异物。 (4) 35kV接头及引线绝缘护套良好	导线的截面损失低于7%定性为一般缺陷；导线的截面损失大于7%，但小于25%定性为严重缺陷；导线的截面损失达25%及以上需要立即修复定性为危急缺陷
其他	1	标识	名称、编号、铭牌齐全、清晰，相序标志明显	
	2	机构箱	(1) 箱门严密，无变形、锈蚀。 (2) 透气口滤网无破损，箱内清洁无异物，无凝露、积水现象	
	3	基础构架	(1) 基础无破损、开裂、倾斜、下沉。 (2) 架构无锈蚀、松动、变形现象。 (3) 无鸟巢、蜂窝等异物	基础沉降造成设备构架出现倾斜，并造成引线紧绷、隔离开关机构变形等影响设备安全运行的隐患，定性为严重缺陷；基础沉降导致地面出现高低不平，使设备构架整体出现倾斜但未造成引线紧绷、隔离开关机构变形等影响设备安全运行的隐患定性为一般缺陷
	4	接地引下线	(1) 接地引下线标志无脱落。 (2) 接地引下线可见部分连接完整可靠。 (3) 接地螺栓紧固。 (4) 无放电痕迹，无锈蚀、变形现象	接地线有两根及以上断裂定性为危急缺陷；接地线有一根断裂定性为一般缺陷
	5	五防锁具	(1) 无锈蚀、变形现象。 (2) 锁具芯片无脱落损坏现象	

四、电流互感器巡视

电流互感器巡视项目及标准见表 11-4。

表 11-4 　　　　　　　　　　　　　电流互感器巡视项目及标准

设备名称	序号	巡视项目	巡视标准	常见缺陷定性
电流互感器本体	1	运行声音	无异常振动、异常声响	内部有放电或爆裂声、过励磁等异常声音定性为危急缺陷
	2	外绝缘	（1）表面完整，无裂纹、放电痕迹、老化迹象，防污闪涂料完整无脱落。 （2）干式电流互感器外绝缘表面无粉蚀、开裂，无放电现象，外露铁芯无锈蚀	（1）外绝缘破损、开裂定性为危急缺陷。 （2）外绝缘放电较为严重，但未超过第二裙定性为严重缺陷；外绝缘放电超过第二裙定性为危急缺陷
	3	底座	接地可靠，无锈蚀、脱焊现象，整体无倾斜	
	4	油色、油位	油色、油位正常，各部位无渗漏油现象	（1）漏油速度每滴时间不快于 5s，且油位正常定性为严重缺陷；漏油速度每滴时间不快于 5s，且油位不正常定性为危急缺陷；漏油速度每滴时间快于 5s 定性为危急缺陷。 （2）油位高于正常油位的上限定性为一般缺陷；油位过高导致膨胀器冲顶定性为危急缺陷。 （3）油位低于正常油位的下限，油位可见定性为一般缺陷；油位低于正常油位的下限，油位不可见定性为严重缺陷
	5	吸湿器	硅胶变色在规定范围内	
	6	金属膨胀器	无变形，膨胀位置指示正常	金属膨胀器外观破损定性为严重缺陷
外部主导流部位	1	接触部位	接头接触良好，无松动、发热或变色现象	（1）线夹与设备连接平面出现缝隙，螺栓明显脱出，引线随时可能脱出定性为危急缺陷。 （2）线夹破损断裂严重，有脱落的可能，对引线无法形成紧固作用定性为危急缺陷
	2	引线	引线无松股、断股和弛度过紧、过松现象	导线的截面损失低于 7% 定性为一般缺陷；导线的截面损失大于 7%，但小于 25% 定性为严重缺陷；导线的截面损失达 25% 及以上需要立即修复定性为危急缺陷
其他	1	标识	接地标识、出厂铭牌、设备标识牌、相序标识齐全、清晰	
	2	二次接线盒	关闭紧密，电缆进出口密封良好	
	3	支架、基础	无倾斜变形	

五、电压互感器巡视

电压互感器巡视项目及标准见表 11-5。

表 11-5 电压互感器巡视项目及标准

设备名称	序号	巡视项目	巡视标准	常见缺陷定性
电压互感器本体	1	运行声音	无异常振动、异常音响及异味	内部有放电或爆裂声、过励磁等异常声音定性为危急缺陷
	2	外绝缘	外绝缘表面完整，无裂纹、放电痕迹、老化迹象，防污闪涂料完整无脱落	(1) 外绝缘破损、开裂定性为危急缺陷。 (2) 外绝缘放电较为严重，但未超过第二裙定性为严重缺陷；外绝缘放电超过第二裙定性为危急缺陷
	3	均压环	完整、牢固，无异常可见电晕	
	4	油色、油位	油色、油位指示正常，各部位无渗漏油现象	(1) 电磁单元：表面有油迹，但未形成油滴定性为一般缺陷；漏油速度每滴时间不快于 5s，且油位正常定性为严重缺陷；漏油速度每滴时间不快于 5s，且油位不正常定性为危急缺陷；漏油速度每滴时间快于 5s 定性为危急缺陷。 (2) 电容单元渗油定性为危急缺陷。 (3) 油位高于正常油位的上限定性为一般缺陷；油位过高导致膨胀器冲顶定性为危急缺陷。 (4) 油位低于正常油位的下限，油位可见定性为一般缺陷；油位低于正常油位的下限，油位不可见定性为严重缺陷。 (5) 油位计外观破损定性为严重缺陷
	5	吸湿器	硅胶变色小于 2/3	
	6	金属膨胀器	膨胀位置指示正常	金属膨胀器外观破损定性为严重缺陷
	7	金属部位	无锈蚀	
引线接头	1	接触部位	(1) 引线线夹压接应牢固，接触良好，无变色、变形。 (2) 主导流接触部位应无变色，无氧化加剧，无热气流上升，示温片无融化变色现象，夜间无发红等。 (3) 雨雪天气检查主导流接触部位，应无积雪融化、水蒸气现象。 (4) 以上检查，若需要鉴定，应使用测温仪对设备进行检测	(1) 线夹与设备连接平面出现缝隙，螺栓明显脱出，引线随时可能脱出定性为危急缺陷。 (2) 线夹破损断裂严重，有脱落的可能，对引线无法形成紧固作用定性为危急缺陷
	2	引线	(1) 引线无断股，无烧伤痕迹。 (2) 引线若有散股现象，应仔细辨认有无损伤、断股。 (3) 导线弧垂变化应正常，对地、相间距离正常，无挂落异物。 (4) 35kV 及以下接头及引线绝缘护套良好	导线的截面损失低于 7% 定性为一般缺陷；导线的截面损失大于 7%，但小于 25% 定性为严重缺陷；导线的截面损失达 25% 以上需要立即修复定性为危急缺陷
其他	1	标识	接地标识、设备铭牌、设备标识牌、相序标注齐全、清晰	
	2	端子箱	(1) 二次接线盒关闭紧密，电缆进出口密封良好。 (2) 端子箱门开启灵活、关闭严密，无受潮凝露现象，无变形、锈蚀，接地牢固。	(1) 密封、压条破损，关闭错位，螺栓缺失、滑牙，封堵不严等定性为一般缺陷。

设备名称	序号	巡视项目	巡视标准	常见缺陷定性
其他	2	端子箱	（3）端子箱内各二次空气开关、小刀闸、切换把手、熔断器投退正确。 （4）引接线端子无松动、过热、打火现象，接地牢固可靠。 （5）无异常气味。 （6）驱潮加热装置运行正常，加热器按要求正确投退	（2）接线盒内空气湿度较大，内部有湿气，金属部件锈蚀定性为一般缺陷
	3	底座、支架、基础	牢固，无倾斜变形	
	4	接地引下线	接地引下线无锈蚀、松动情况	

六、避雷器巡视

避雷器巡视项目及标准见表 11-6。

表 11-6　　　　　　　　　　　　避雷器巡视项目及标准

设备名称	序号	巡视项目	巡视标准	常见缺陷定性
避雷器本体	1	运行声音	无异常声响	
	2	外绝缘	（1）瓷套部分无裂纹、破损、无放电现象。 （2）防污闪涂层无破裂、起皱、鼓泡、脱落。 （3）硅橡胶复合绝缘外套伞裙无破损、变形、电蚀痕迹	有开裂、放电声或严重电晕定性为危急缺陷
	3	均压环	无位移、变形、锈蚀现象，无放电痕迹	由于螺栓松动、锈蚀等原因造成均压环脱落定性为严重缺陷；破损、倾斜、变形，有可能造成均压环脱落，但未对其他设备的运行造成影响，定性为一般缺陷
	4	法兰	无裂纹、锈蚀	
	5	监测装置	（1）外观完整、清洁、密封良好、连接紧固。 （2）表计指示正常，数值无超标。 （3）放电计数器完好，内部无受潮、进水	泄漏电流指示值超标：正常天气情况下，读数超 1.4 倍初始值定性为危急缺陷；正常天气情况下，读数超 1.2 倍初始值或读数为 0 定性为严重缺陷；读数低于初始值但不为零定性为一般缺陷
引线接头	1	接头	无松动、发热或变色等现象	（1）线夹与设备连接平面出现缝隙，螺栓明显脱出，引线随时可能脱出定性为危急缺陷。 （2）线夹破损断裂严重，有脱落的可能，对引线无法形成紧固作用定性为危急缺陷
	2	引线	（1）引线无断股，无烧伤痕迹。 （2）引线若有散股现象，应仔细辨认有无损伤、断股。 （3）导线弧垂变化应正常，对地、相间距离正常，无挂落异物	导线的截面损失低于 7% 定性为一般缺陷；导线的截面损失大于 7%，但小于 25% 定性为严重缺陷；导线的截面损失达 25% 及以上需要立即修复定性为危急缺陷

续表

设备名称	序号	巡视项目	巡视标准	常见缺陷定性
其他	1	标识	接地标识、设备铭牌、设备标识牌、相序标识齐全、清晰	
	2	基础	完好、无塌陷；底座固定牢固、整体无倾斜；绝缘底座表面无破损、积污	
	3	接地引下线	（1）连接可靠，无锈蚀、断裂。 （2）引下线支持小套管清洁、无碎裂，螺栓紧固	连接不牢固、接地引下线接地不良定性为危急缺陷

第二节　设备异常分析及处理

一、变压器异常

1. 套管油位异常

（1）套管油位计较高，当油位不容易看清楚时，可采取以下方法：

1）多角度观察。

2）将两个温差较大的时刻所观察的现象进行比较。

3）与另两相套管或其他同类设备的油位进行比较。

4）比较油位计不同亮度下的底色板颜色。

（2）当正常运行时套管油位高于上限或无外部渗漏而油位低于下限，可能是发生了内渗。套管底部与油箱之间是密封的，一旦密封损坏，套管和油箱内的油连通，如果油枕油位高于套管，则套管满油位，如果油枕油位低于套管，则套管油位低于下限甚至看不到油位。发现油位异常后，可利用红外测温装置检测油位确认是否发生内渗。发生内渗后，对套管内的绝缘产生不利影响，应立即汇报，尽快安排停电处理。套管内渗定性为严重缺陷。

2. 本体油位异常

油位异常表现为油位过高、过低或假油位。变压器的油位需要结合制造厂家提供的温度油位曲线来判断。

（1）利用红外测温装置检测储油柜油位。

（2）检查呼吸器呼吸是否畅通及油标管是否堵塞，注意做好防止重瓦斯保护误动措施。

（3）若变压器渗漏油造成油位下降，应立即采取措施制止漏油。若不能制止漏油，且油位计指示低于下限时，应立即向值班调控人员申请停运处理。

（4）若变压器无渗漏油现象，油温和油位偏差超过标准曲线，或油位超过极限位置上、下限，联系检修人员处理。

（5）若假油位导致油位异常，应联系检修人员处理。

（6）有载调压油箱油位异常升高还有可能是由于有载调压油箱和本体油箱之间发生内漏。正常情况下，有载调压油箱和本体油箱是互相独立的，且本体油箱高于有载调压油箱，这是考虑到有载调压油箱内经常进行调压操作，分接头切换过程中会产生电弧，使得绝缘油的绝缘性能降低，所以两个油箱相互独立，而一旦发生内漏，由于本体油箱较高，不会造成劣质绝缘油进入变压器本体油箱。发现有载调压油箱和本体油箱之间发生内漏应立即报告缺陷联系检修人员处理。

3. 负压区渗漏

变压器运行中渗漏油的现象是比较普遍的，主要原因是油箱与零部件联络处的密封不良，焊件或铸件存在缺陷，运行中受到震动等。其中需要特别注意的是负压区渗漏。

强油风冷变压器运转中油泵的入口管段、出油管、冷却器进油口附近油流速度较大的管道，由于油泵的吸力，可能出现内部压力低于外部压力的现象，从而形成负压区。当负压区发生渗漏，油泵运转时不会渗油，但会吸入空气，可能造成轻瓦斯保护动作，甚至进水受潮，影响变压器的绝缘。油泵运转过程中负压区存在渗漏不易发现，因此要定期切换油泵，并注意检查油泵停止后有无渗漏油。一旦发现负压区发生渗漏，应将该组油泵退出运行并及时上报缺陷，在缺陷未消除前不得再投入。油泵负压区出现的渗漏油情况定性为危急缺陷。

4. 声音异常

（1）伴有电火花、爆裂声时，立即向值班调控人员申请停运处理。

（2）伴有放电的"啪啪"声时，检查变压器内部是否存在局部放电，汇报值班调控人员并联系检修人员进一步检查。

（3）声响比平常增大而均匀时，检查是否为过电压、过负荷、铁磁共振、谐波或直流偏磁作用引起，汇报值班调控人员并联系检修人员进一步检查。

（4）伴有放电的"吱吱"声时，检查器身或套管外表面是否有局部放电或电晕，可请试验班组用紫外成像仪协助判断，必要时联系检修人员处理。

（5）伴有水的沸腾声时，检查轻瓦斯保护是否报警、充氮灭火装置是否漏气，必要时联系检修人员处理。

（6）伴有连续的、有规律的撞击或摩擦声时，检查冷却器、风扇等附件是否存在不平衡引起的振动，必要时联系检修人员处理。

5. 温度异常

变压器温度异常的原因包括以下情况：

（1）变压器内部的绕组存在匝间短路、层间短路时，会造成油温升高。

（2）变压器内部接点有故障时，导致接触电阻增大，会造成油温升高。

（3）变压器负荷回路存在有大电阻短路等故障时，会造成油温升高。

（4）变压器的穿芯螺栓损坏或存在有涡流现象时会导致油温升高，因为变压器的穿芯螺栓绝缘损坏后，会造成硅钢片和穿芯螺栓之间的绝缘降低，穿芯螺栓中有很大的电流流过，造成螺栓发热，引起变压器油温升高。

（5）过负荷、环境温度超过规定值、冷却风扇和潜油泵出现故障、散热器阀门忘记打开、漏油引起油量不足、温度计损坏以及变压器内部故障等会使温度计上的读数超过运行标准中规定的允许温度。

由于内部故障引起的温度异常，应立即汇报值班调控人员申请停电；由于过负荷、环境温度高、冷却系统问题引起的温度异常，应采取措施进行控制，同时加强监视，必要时申请停电处理。

6. 强油风冷变压器冷却器全停

（1）检查风冷系统及两组冷却电源工作情况。

（2）密切监视变压器绕组和上层油温温度情况。

（3）如一组电源消失或故障，另一组备用电源自投不成功，则应检查备用电源是否正常，如正常，应立即手动将备用电源开关合上。

（4）若两组电源均消失或故障，则应立即设法恢复电源供电。

（5）现场检查变压器冷却装置控制箱各负荷开关、接触器、熔断器和热继电器等工作状态是否正常。

（6）发现冷却装置控制箱内电源存在问题，则立即检查站用电低压配电屏负荷开关、接触器、熔断器。

（7）故障排除后，将各冷却器选择开关置于"停止"位置，再试送冷却器电源。若成功，再逐路恢复冷却器运行。

（8）若冷却器全停故障短时间内无法排除，应立即汇报值班调控人员，申请转移负荷或将变压器停运。

（9）变压器冷却器全停的运行时间不应超过规定。

7. 气味、颜色异常

变压器内部故障及各部件过热将引起一系列的气味、颜色的变化。

（1）瓷套管端子的紧固部分松动，表面接触面过热氧化，会引起变色和异常气味。

（2）变压器漏磁断磁能力不好及磁场分布不均，引生涡流，也会使油箱各部分局部过热引起油漆变色。

（3）变压器的瓷套管污损产生电晕、闪络会发出奇臭味，冷却风扇、油泵烧毁会发出烧焦气味。

（4）呼吸器硅胶变色超过2/3。

8. 轻瓦斯动作

（1）轻瓦斯动作发信时，应立即对变压器进行检查，查明动作原因，是否因聚集气体、油位降低、二次回路故障或是变压器内部故障造成。

（2）若轻瓦斯报警信号连续发出2次及以上，可能说明故障正在发展，应申请尽快停运。

（3）如气体继电器内有气体，应立即取气并进行气体成分分析；同时应立即启动在线油色谱装置分析或就近送油样进行分析。

（4）若检测气体是可燃的或油中溶解气体分析结果异常，应立即申请将变压器停运。

（5）若检测气体继电器内的气体为无色、无臭且不可燃，且油色谱分析正常，则变压器可继续运行，应及时消除进气缺陷。

（6）在取气及油色谱分析过程中，应高度注意人身安全，严防设备突发故障。

9. 呼吸器硅胶上部变色

硅胶从上部变色说明呼吸器上部密封不严，造成部分空气不经呼吸器直接进入油枕，定性为严重缺陷，汇报上级，申请退出重瓦斯保护，取下呼吸器，更换硅胶后重新安装呼吸器。

10. 油色谱在线监测装置告警

（1）检查监控系统或在线监测系统数据是否正常，是否有告警信息，必要时联系检修人员取油样进行离线油色谱分析。

（2）对装置电源、在线监测油回路阀门、气压、加热、驱潮、排风等装置进行检查，如确定为在线监测装置故障，应将在线监测装置退出运行，联系检修人员处理。

（3）确认在线监测装置运行正常，将油色谱在线监测周期改为最短（2h 及以下），继续监视。

（4）如特征气体增长速率较快，应立即联系检修人员取油样进行离线油色谱分析。

（5）如特征气体增长速率较慢或趋于稳定，应继续监视运行，并汇报上级管理部门，进行综合分析。

（6）根据综合分析结果进行缺陷定性及处理。

二、断路器异常

1. 控制回路断线

（1）检查控制电源空气开关有无跳闸，上一级直流电源是否消失。若控制电源空气开关跳闸或上一级直流电源跳闸，检查无明显异常，可试送一次。无法合上或再次跳开，未查明原因前不得再次送电。

（2）检查机构箱或汇控柜"远方/就地"把手位置是否正确。若机构箱、汇控柜远方/就地把手位置在"就地"位置，应将其切至"远方"位置，检查告警信号是否复归。

（3）检查弹簧储能机构储能是否正常，液压、气动操动机构是否压力降低至闭锁值，SF_6 气体压力是否降低至闭锁值。若 SF_6 气体压力或机构压力降低至闭锁值、弹簧机构未储能，无法及时处理时，应汇报值班调控人员申请停电处理。

（4）检查分、合闸线圈是否断线、烧损，控制回路是否存在接线松动或接触不良。若存在上述问题，无法及时处理时，应汇报值班调控人员申请停电处理。

（5）若断路器为两套控制回路时，其中一套控制回路断线时，在不影响保护可靠跳闸的情况下，该断路器可以继续运行。

2. SF_6 压力降低

断路器 SF_6 气体压力降低，达到报警值未闭锁断路器时定性为严重缺陷，闭锁断路器时定性为危急缺陷。

（1）检查 SF_6 密度继电器（压力表）指示是否正常，气体管路阀门是否正确开启。

（2）严寒地区检查断路器本体保温措施是否完好。

（3）若 SF_6 气体压力降至告警值，但未降至压力闭锁值，联系检修人员，在保证安全的前提下进行补气，必要时对断路器本体及管路进行检漏。

（4）若运行中 SF_6 气体压力降至闭锁值以下，立即汇报值班调控人员，断开断路器操作电源，按照值班调控人员指令隔离该断路器。

（5）检查人员应按规定使用防护用品；若需进入室内，应开启所有排风机进行强制排风 15min，并用检漏仪测量 SF_6 气体合格，用仪器检测含氧量合格；室外应从上风侧接近断路器进行检查。

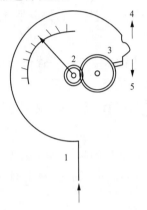

图 11-1 SF_6 气体密度表的结构图
1—弹性金属曲管；2—齿轮机构和指针；
3—双层金属带；4—压力增大时的运动
方向；5—压力减小时的运动方向

3. SF_6 断路器压力表（密度继电器）温度补偿失效

（1）由于 SF_6 断路器的绝缘和灭弧性能在很大程度上取决于 SF_6 气体的纯度和密度，所以对 SF_6 气体纯度的检测和密度的监视显得特别重要。带温度补偿的 SF_6 断路器压力表结构如图 11-1 所示。当环境温度升高时，断路器内部 SF_6 气体的温度也随着升高，压力也随之增大，弹性金属曲管 1 的端部向 4 的方向移动，有带动指针向密度或压力值增大的方向移动的趋势，但是，由于双层金属带 3 随环境温度升高而伸长，其下端向 5 的方向移动，那么，两者的变化量完全抵消，其结果是指针的指示值不变，即：自动折算到 20℃ 时的密度或压力值保持不变，反之，当环境温度降低时，指针的指示值也保持原来的密度或压力值不变。当断路器由于某种原因，如漏气或做试验时取气等，使 SF_6 气体质量减少，压力变小，弹性金属曲管 1 的端部向 5 的方向移动，环境温度引起的压力变化由双层金属带 3 进行补偿，带动指针 2 向指示值减小的方向移动，其结果是指针指示的密度或压力值变小。由于密度表带有两对电接点，供 SF_6 气体密度降低时发信号和闭锁断路器用，指针 2 降到一定的位置就发补气信号或闭锁断路器。

（2）SF_6 断路器压力表（密度继电器）温度补偿失效会使 SF_6 断路器压力表指示读数随环境温度的变化而变化，特别是昼夜温差较大时，压力指示变化较大，严重时会发出 SF_6 压力低告警信号，影响断路器运行。此时应上报缺陷处理。

（3）如果 SF_6 断路器压力表（密度继电器）与 SF_6 断路器本体所处的环境温度不一致也可能造成 SF_6 断路器压力表指示异常。如太阳直射 SF_6 断路器压力表，其温度补偿装置感受到的环境温度比实际温度高，造成过补偿，使表计指示的压力变低，造成断路器 SF_6 压力告警或断路器闭锁。此时应对 SF_6 断路器压力表采取遮阳措施。

（4）如果 SF_6 断路器压力表（密度继电器）装设在断路器机构箱内，在机构箱加热器等作用下，其感受到的环境温度比实际温度高，也将造成过补偿，使表计指示的压力变低，造成断路器 SF_6 压力告警或断路器闭锁。此时应关闭加热器，打开断路器机构箱门进行通风。

4. 操动机构异常

（1）操动机构频繁打压。

1）液压机构应检查油泵运转情况、油位是否正常、有无渗漏油；检查手动释压阀是否关闭到位；若没有明显漏油，可能是机构内漏，高压油漏向低压油；若没有明显漏油，但压力不断降低可能是氮气泄漏，压力不断升高说明高压油渗入氮气中。

2）油泵启、停值设定不符合规定，也会造成机构频繁打压。

3）气动机构应检查有无漏气现象，排水阀、气水分离器电磁排污阀是否关闭严密。

4）低温、雨季时检查加热驱潮装置是否正常工作。

（2）液压机构发"打压超时"信号，如电动机仍在运行，应立即断开电动机电源，检查压力、油位是否正常，有无渗漏油现象，油泵电源是否正常。若是电动机、油泵故障或管道严重漏油，应立即汇报值班调控人员，停电处理。

（3）操动机构压力降低。

1）现场检查压力表指示是否正常。

2）检查操动机构电源是否正常、机构箱内二次元件有无过热烧损现象、油泵（空压机）运转是否正常。

3）检查操动机构手动释压阀是否关闭到位，液压操动机构油位是否正常，有无严重漏油，气动操动机构有无漏气现象，排水阀、气水分离器电磁排污阀是否关闭严密。

4）运行中操动机构压力值降至闭锁值以下时，应立即断开电动机电源，汇报值班调控人员，断开断路器操动电源，按照值班调控人员指令隔离该断路器。

（4）弹簧储能操动机构的断路器在运行中，发出弹簧机构未储能信号时，应检查弹簧的储能状态，是否误发信号；如确未储能，应检查电动机电源是否正常，电源正常则可能是电动机、弹簧、储能回路元件等故障，应汇报值班调控人员，申请停电处理。

5. 断路器拒分、拒合

断路器操作时发生拒动，应查明拒动原因，进行相应处理，无法及时处理时，应汇报值班调控人员申请停电处理。

（1）首先判断是否是监控系统问题，监控系统原因包括：

1）监控系统闭锁未解除，如选择断路器错误，五防拒绝操作；监控系统与五防系统信号传输故障等原因造成闭锁未解除。

2）监控系统遥控超时。

3）监控系统通道故障。

4）测控装置故障。

5）测控屏"远方/就地"把手置于"就地"位置。

（2）检查是否是电气回路故障，常见电气方面的故障包括：

1）控制电源消失或者控制回路断线。

2）SF_6 或机构压力降低闭锁。

3）机构箱"远方/就地"把手置于"就地"位置。

4) 分、合闸回路电气元件故障（如操作控制把手、断路器的辅助触点、跳合闸线圈、防跳继电器等）。

5) 回路接线松动或断线。

（3）若电气回路正常，断路器拒分或拒合，可判断机械方面的故障，如操动机构传动连杆松动或销轴脱落、分合闸铁芯卡涩等。

三、隔离开关异常

1. 隔离开关拒分、拒合

（1）当隔离开关发生拒分、拒合时应停止操作，如是电动操作，应立即按下"急停"按钮。

（2）核对操作设备、操作顺序是否正确，与之相关回路的断路器、隔离开关及接地刀闸的实际位置是否符合操作程序。

（3）检查绝缘子、机械联锁、传动连杆、导电臂（管）是否存在断裂、脱落、松动、变形等异常问题；检查操动机构蜗轮、蜗杆是否断裂、卡滞。

（4）检查电气回路有无问题：

1) 检查隔离开关遥控压板是否投入，测控装置有无异常、遥控命令是否发出，"远方/就地"切换把手位置是否正确。

2) 检查接触器是否励磁。

3) 若接触器励磁，应立即断开控制电源和电动机电源，检查电动机回路电源是否正常，接触器触点是否损坏或接触不良。

4) 若接触器未励磁，应检查控制回路是否完好。

5) 若接触器短时励磁无法自保持，应检查控制回路的自保持部分。

6) 若空气开关跳闸或热继电器动作，应检查控制回路或电动机回路有无短路接地，电气元件是否烧损，热继电器性能是否正常。

（5）因电气方面的故障而使隔离开关发生拒分、拒合的，在排除故障后可继续操作，不能排除故障，应断开控制电源和电动机电源，手动进行操作。

（6）若是机械方面的原因无法排除，应汇报调度申请退出运行，并通知检修人员处理。

（7）在未查明原因前不得操作，严禁通过按接触器来操作隔离开关，否则可能造成设备损坏事故。

2. 绝缘子有破损或裂纹

（1）若绝缘子有破损，应联系检修人员到现场进行分析，加强监视，并增加红外测温次数。

（2）若绝缘子严重破损且伴有放电声或严重电晕，立即向值班调控人员申请停运。

（3）若绝缘子有裂纹，该隔离开关禁止操作，立即向值班调控人员申请停运。

3. 温度异常

（1）隔离开关导电回路异常发热的原因：

1) 隔离开关接线端与导体触头长期裸露于大气中运行，极易受到水蒸气、腐蚀性尘埃和化学活性气体的侵蚀，在连接件接触表面上形成氧化膜，使导体表面电阻增加，造成接触不良发热。

2）导线在风力舞动下或因负荷变化，连接件周期性热胀冷缩，造成连接螺栓松动，减小了连接件有效接触面积，增大了接触处的电阻。

3）因工艺不良造成触头合不到位。

（2）隔离开关导电回路异常发热的处理：

1）导电回路温差达到一般缺陷时，应对发热部位增加测温次数，进行缺陷跟踪。

2）发热部分最高温度或相对温差达到严重缺陷时应增加测温次数并加强监视，向值班调控人员申请倒换运行方式或转移负荷。

3）发热部分最高温度或相对温差达到危急缺陷且无法倒换运行方式或转移负荷时，应立即向值班调控人员申请停运。

四、电流互感器异常

1. 电流互感器油位异常降低

电流互感器油位异常降低的主要原因为电流互感器漏油。

（1）电流互感器本体轻微漏油，且油位正常，应加强监视，按缺陷处理流程上报。

（2）漏油速度每滴快于 5s 或漏油速度虽每滴不快于 5s，但油位低于下限的，应立即汇报值班调控人员申请停运处理。

2. 电流互感器油位异常升高

电流互感器油位异常升高可能是电流互感器内部故障，环境温度升高且预充油位偏高，金属膨胀器膨胀、变形、卡滞等。

（1）油位异常升高，超过上限，但不需立即停电检修的，应加强监视，按缺陷处理流程上报。

（2）油位过高导致膨胀器冲顶，属于危急缺陷，应汇报值班调控人员，申请停电处理。

（3）油位过高且声音异常可判断为内部故障，应汇报值班调控人员，立即将电流互感器停运。

3. 电流互感器二次回路开路

（1）电流互感器二次回路开路的现象：

1）本体会发出"嗡嗡"声响，或伴有严重发热、异味、变色、冒烟现象。

2）开路处有火花放电。

3）保护装置发"告警""TA 断线"等信号，由零序、负序电流启动的继电保护和自动装置频繁启动。

4）电流、有功、无功遥测数值降低或为零。

根据开路位置的不同，上述现象可能会同时或部分发生。

（2）电流互感器二次回路开路的处理：

1）发生开路时，应立即汇报值班调控人员，将可能造成误动的保护停用并尽量减小一次负荷电流。

2）由于开路处会产生高电压，危及人身及设备安全，因此进行检查处理时应穿绝缘靴，戴绝缘手套，使用合格的绝缘工具。

3）查明开路点后，应立即设法将开路处进行短路，短接时应使用良好的短接线，禁止使用熔丝。

4）如无法进行短接或不能查明开路点，则应汇报值班调控人员，申请停电处理。

4．末屏开路或接地不良

在220kV及以上的电流互感器或60kV以上套管电流互感器中，为使电压分布均匀，在绝缘中布置了一定数量的电容屏，最外层的电容屏为末屏，末屏必须接地。运行中如果末屏开路或接地不良，会导致绝缘电位升高，产生高电压，烧坏电流互感器。运行中的电流互感器末屏开路或接地不良，会出现放电声响，开路处有放电火花，应立即汇报值班调控人员，申请停电处理。

五、电压互感器异常

1．电压互感器油位异常降低

（1）电压互感器油位偏低引起的主要原因为渗漏油。

（2）电压互感器本体轻微漏油，且油位正常，应加强监视，按缺陷处理流程上报。

（3）油浸式电压互感器电磁单元漏油速度每滴时间快于5s，或虽每滴时间不快于5s，但油位低于下限，以及电容式电压互感器电容单元渗漏油，应立即汇报值班调控人员申请停运处理。

2．电压互感器油位异常升高

（1）电压互感器油位高于正常油位的上限为一般缺陷，应加强监视，按缺陷处理流程上报。

（2）电压互感器油位过高导致膨胀器冲顶为危急缺陷，应立即汇报值班调控人员申请停运处理。

（3）电容式电压互感器电磁单元油位升高至满油位，可能是由于电磁单元与电容单元之间发生内漏，应立即汇报值班调控人员申请停运处理。

3．电压互感器二次电压异常降低

根据二次电压的降低情况判断故障点位置，分别进行处理。处理过程中应注意二次电压异常对继电保护、自动装置的影响，采取相应的措施，防止误动、拒动。

（1）故障相二次电压降低但不为零，完好相电压不变，测量二次空气开关（二次熔断器）上、下口电压，如上口故障相电压降低，非故障相电压不变，可判断为一次熔断器熔断或电压互感器本体故障，应立即汇报值班调控人员，将电压互感器退出运行，如一次熔断器熔断一相可进行更换，更换后再次熔断、熔断两相及以上或电压互感器本体故障，应联系检修人员检查处理。如上、下口电压均正常，则可判断为二次回路有松动，申请退出可能造成误动的保护，逐级检查二次回路故障点，对于无法恢复的，应立即联系检修人员检查处理。

（2）故障相二次电压降低为零，完好相电压不变，可判断为二次熔断器熔断或二次空气开关跳开，试送二次空气开关（更换二次熔断器），试送不成汇报值班调控人员申请停运处理。

（3）一相电压降低或为零，另两相电压升高或升高为线电压，为中性点不接地系统单相接地故障，应立即检查现场有无接地、电压互感器有无异常声响，并汇报值班调控人员，采取措施将其消除或隔离故障点。

4. 电压互感器二次电压异常升高

二次电压异常升高，引起的主要原因可能为电容单元 C1 损坏，分压电容接地端未接地；开口三角形电压异常升高的主要原因可能为电容单元故障，二次回路绝缘损坏、绕组断线。二次电压异常升高时，应检查电压互感器本体有无异常，并联系检修人员检查处理。

5. 电压互感器声音异常

内部有"噼啪"放电声响时，可判断为本体内部故障，外部有"噼啪"放电声响时，应检查外绝缘表面是否有局部放电或电晕，并立即汇报值班调控人员申请停运处理。内部有"嗡嗡"声时，检查二次电压是否正常，如二次电压异常，可按照二次电压异常处理。

六、避雷器异常

1. 泄漏电流指示值异常

（1）发现泄漏电流指示异常增大时，可能是密封失效、硅橡胶外套劣化、内部受潮、阀片老化等原因，应检查本体外绝缘积污程度，是否有破损、裂纹，内部有无异常声响，并进行红外检测，根据检查及检测结果，综合分析异常原因。

（2）检查避雷器放电计数器动作情况。

（3）正常天气情况下，泄漏电流读数超过初始值 1.2 倍，为严重缺陷，应登记缺陷并按缺陷流程处理。

（4）正常天气情况下，泄漏电流读数超过初始值 1.4 倍，为危急缺陷，应汇报值班调控人员申请停运处理。

（5）发现泄漏电流读数低于初始值时，应检查避雷器与监测装置连接是否可靠，中间是否有短接，绝缘底座及接地是否良好、牢靠，必要时通知检修人员对其进行接地导通试验，判断接地电阻是否合格。

（6）若检查无异常，并且接地电阻合格，可能是监测装置有问题，为一般缺陷，应登记缺陷并按缺陷流程处理。

（7）若泄漏电流读数为零，可能是泄漏电流表指针失灵，可用手轻拍监测装置检查泄漏电流表指针是否卡死，如无法恢复时，为严重缺陷，应登记缺陷并按缺陷流程处理。

2. 本体发热

（1）整体轻微发热，较热点一般在靠近上部且不均匀，多节组合从上到下各节温度递减，引起整体发热或局部发热，温差超过 0.5～1K。整体或局部发热，相间温差超过 1K。确认本体发热后，可判断为内部异常。

（2）立即汇报值班调控人员申请停运处理。

（3）接近避雷器时，注意与避雷器设备保持足够的安全距离，应远离避雷器进行观察。

第 十 二 章

二次设备巡视及异常处理

第一节 二次设备巡视的一般要求

一、二次设备巡视的种类和周期

二次设备巡视分为例行巡视、全面巡视和特殊巡视，其中例行巡视和全面巡视的周期参照一次设备执行。

1. 例行巡视内容

（1）继电保护设备及辅助设备、网络运行正常，无异常信息。

（2）继电保护及二次设备的外壳清洁、完好，无松动、裂纹。

（3）继电保护及二次设备无异常响声、冒烟、烧焦气味。

（4）继电保护设备后台通信正常，无通信异常告警。

（5）保护小室室内温度在 5～30℃ 之间，相对湿度不大于 75%，空调机或除湿机运行正常。

2. 全面巡视

全面巡视应在例行巡视基础上增加以下内容。

（1）运行环境检查，包括继电保护室、智能控制柜等安装有继电保护设备及辅助设备的运行地点，记录环境温度及湿度。继电保护及辅助设备有特殊要求时，按设备允许的环境检查。设备无特殊要求时，环境温度最低温度应保持在 5℃ 以上，最高温度不超过柜外、室外环境最高温度或 40℃（当柜外、室外环境最高温度超过 50℃ 时）；环境湿度小于 75%。

（2）装置面板及外观检查，检查屏柜编号、标示齐全，设备装置面板及外观正常、电源指示正常、各运行指示灯指示正常，打印机及液晶屏幕显示正常，无告警；打印机防尘盖盖好，打印纸充足，色带正常。

（3）设备状态检查，在监控后台和设备就地分别检查各功能开关、方式开关（把手）、空气开关、硬压板、软压板（可只在监控后台检查）、定值区号，符合当时运行状态。

（4）故障录波器的录波功能检查，手动启动故障录波器，录波及通信正常。

（5）保护通信状况检查，在监控后台、信息子站和保护设备就地检查通信情况、对时情况，通信无异常，时钟准确。

（6）封堵防护情况检查，检查屏门接地良好、开合自如，保护屏柜、端子箱、汇控柜、智能控制柜等的防雨、防潮、防冻、防尘等措施应满足要求，端子无锈蚀，电缆标牌清晰、齐全、封堵良好，防火墙、防火涂料符合要求，防鼠、蛇等小动物措施符合要求。

3. 特殊巡视

（1）新设备投运后当日内，由现场运行人员（现场检修人员配合）进行一次全站二次装置压板状态核查，防止漏投或误投。

（2）异常天气、特殊运行方式、电网及设备异常等特殊情况下，应根据需要增加巡视频次。

1）设备跳闸后，检查装置运行指示灯、保护跳闸灯是否正常，操作箱的断路器位置信号灯、跳闸、重合闸指示灯是否与实际运行情况相符。检查并打印保护装置开入量变化情况及保护装置动作报告，检查故障录波装置是否正常录波，录波文件是否正确，打印故障录波报告。

2）出现缺陷后，对有发展变化的异常缺陷（如直流电压降低或接地），应及时检查跟踪缺陷变化趋势，直至缺陷消除。

二、二次设备缺陷管理

投入运行（含试运行）的继电保护和安全自动装置缺陷按严重程度共分为三级：危急缺陷、严重缺陷、一般缺陷。

1. 危急缺陷

继电保护和安全自动装置自身或相关设备及回路存在问题导致失去主要保护功能，直接威胁安全运行并须立即处理的缺陷定性为危急缺陷。危急缺陷处理时限不超过24h。

现场常见的危急缺陷包括：

1）设备直流电源异常或消失；

2）设备死机、故障或异常退出；

3）控制回路断线；

4）差流越限；

5）开入、开出异常，可能造成继电保护不正确动作；

6）直流系统接地；

7）继电保护装置频繁重启；

8）继电保护装置本体、智能终端或合并单元（MU）等数据采集异常。

2. 严重缺陷

继电保护和安全自动装置自身或相关设备及回路存在问题导致部分保护功能缺失或性能下降，但在短时内尚能坚持运行，需尽快处理的缺陷定性为严重缺陷。严重缺陷处理时限一般不超过一个月。

现场常见的严重缺陷包括：

1）保护装置只发异常或告警信号，但未闭锁；

2）液晶显示异常，但不影响动作性能；

3）信号指示灯异常，但不影响动作性能；

4）频繁出现又能自动复归的缺陷；

5）母线保护隔离开关辅助触点开入异常，但不影响母线保护正确动作；

6）无人值守站继电保护装置与自动化系统通信中断；

7）就地信号正常，后台或中央信号不正常；

8）保护装置动作后报告不完整或无事故报告；

9）操作箱指示灯不亮但未发控制回路断线。

3．一般缺陷

除危急、严重缺陷以外的不直接影响设备安全运行和供电能力，继电保护和安全自动装置功能未受到实质性影响，性质一般、程度较轻，对安全运行影响不大，可暂缓处理的缺陷定性为一般缺陷。一般缺陷消缺应尽快安排处理，对于需要设备停电处理的，最长不超过一个检修周期；对于不需要设备停电处理的，最长不超过三个月。

现场常见的一般缺陷包括：

1）液晶显示屏不清楚，但不影响人机对话及动作性能；

2）时钟不准；

3）打印功能不正常；

4）屏体、继电保护装置外壳损坏或变形，屏上按钮接触不良，二次端子锈蚀等不影响正常运行的缺陷；

5）能自动复归的偶然缺陷；

6）有人值守站的保护信息通信中断。

第二节　二次设备巡视项目及异常处理

一、直流系统巡视及异常处理

（一）直流系统巡视检查项目及标准

直流系统巡视检查项目及标准见表 12-1。

表 12-1　　　　　　直流系统巡视检查项目及标准

设备名称	序号	巡视项目	巡视标准
蓄电池	1	外观	清洁，无短路、接地
	2	本体	（1）编号完整； （2）壳体无渗漏、变形； （3）连接条无腐蚀、松动； （4）构架、护管接地良好
	3	电压	在合格范围内
	4	蓄电池室	（1）温度、湿度、通风正常； （2）照明及消防设备完好，无易燃、易爆物品； （3）门窗严密，房屋无渗、漏水

设备名称	序号	巡视项目	巡视标准
充电装置	1	监控装置	运行正常，无其他异常及告警信号
	2	充电装置	交流输入电压、直流输出电压、电流正常
	3	充电模块	运行正常，无报警信号，风扇正常运转，无明显噪音或异常发热
	4	电压	直流母线电压、蓄电池组浮充电压值在规定范围内，浮充电流值符合规定
	5	断路器、操作把手	位置正确
馈电屏	1	绝缘监测装置	运行正常，直流系统的绝缘状况良好
	2	断路器、操作把手	位置正确、指示正常，监视信号完好
事故照明屏	1	电压	交流、直流电压正常
	2	断路器及接触器	位置正确

（二）直流系统异常处理原则

1. 直流失电处理

（1）异常现象。

1）监控系统发出直流电源消失告警信息。

2）直流负荷部分或全部失电，保护装置或测控装置部分或全部出现异常并失去功能。

（2）处理原则。

1）直流部分消失，应检查直流消失设备的直流断路器是否跳闸，接触是否良好。检查无明显异常时可对跳闸断路器试送一次。

2）直流屏直流断路器跳闸，应对该回路进行检查，在未发现明显故障现象或故障点的情况下，允许合直流断路器送一次，试送不成功则不得再强送。

3）直流母线失压时，首先检查该母线上蓄电池总熔断器是否熔断，充电机直流断路器是否跳闸，再重点检查直流母线上设备，找出故障点，并设法消除。更换熔丝，如再次熔断，应联系检修人员来处理。

4）如果全站直流消失，应先检查充电机电源是否正常，蓄电池组及蓄电池总熔断器（断路器）是否正常，直流充电模块是否正常、有无异味，降压硅链是否正常。

5）如因各馈线支路直流断路器拒动越级跳闸，造成直流母线失压，应拉开该支路直流断路器，恢复直流母线和其他直流支路的供电，然后再查找、处理故障支路故障点。

6）如因充电机或蓄电池本身故障造成直流一段母线失压，应将故障的充电机或蓄电池退出，并确认失压直流母线无故障后，用无故障的充电机或蓄电池试送，正常后对无蓄电池运行的直流母线，合上直流母联断路器，由另一段母线供电。

7）如果直流母线绝缘检测良好，直流馈电支路没有越级跳闸的情况，蓄电池直流断路器没有跳闸（熔丝没有熔断）而充电装置跳闸或失电，应检查蓄电池接线有无短路，测量蓄电池无电压输出，断开蓄电池直流断路器，合上直流母联断路器，由另一段母线供电。

2. 直流系统接地处理

(1) 异常现象。

1) 监控系统发出直流接地告警信号。

2) 绝缘监测装置发出直流接地告警信号并显示接地支路。

3) 绝缘监测装置显示接地极对地电压下降、另一级对地电压上升。

(2) 处理原则。

1) 对于 220V 直流系统两极对地电压绝对值差超过 40V 或绝缘降低到 25kΩ 以下，110V 直流系统两极对地电压绝对值差超过 20V 或绝缘降低到 15kΩ 以下，应视为直流系统接地。

2) 直流系统接地后，运维人员应记录时间、接地极、绝缘监测装置提示的支路号和绝缘电阻等信息。用万用表测量直流母线正对地、负对地电压，与绝缘监测装置核对后，汇报调控人员。

3) 出现直流系统接地故障时应及时消除，同一直流母线段，当出现两点接地时，应立即采取措施消除，避免造成继电保护、断路器误动或拒动故障。直流接地查找方法及步骤如下：

a. 发生直流接地后，首先判断是否是由于天气原因或二次回路上有工作造成。

b. 如二次回路上有工作或有检修试验工作时，应立即暂停工作，拉开直流试验电源看是否为检修工作所引起。

c. 比较潮湿的天气，应重点对端子箱和机构箱直流端子排进行检查，发现有凝露的端子排用干抹布擦干或用电吹风烘干，并将驱潮加热器投入。

d. 对于非控制及保护回路可使用拉路法进行直流接地查找。按事故照明、防误闭锁装置回路、户外合闸（储能）回路、户内合闸（储能）回路的顺序进行。其他回路的查找，应在专业人员到现场后，配合进行查找并处理。

4) 保护及控制回路宜采用便携式仪器带电查找的方式进行，如需采用拉路的方法，应汇报调控人员，申请退出可能误动的保护。

5) 用拉路法检查未找出直流接地回路，应联系检修人员处理。当发生交流窜入问题时，参照交流窜入直流处理。

3. 充电装置交流电源故障处理

(1) 异常现象。

1) 监控系统发出交流电源故障等告警信号。

2) 充电装置直流输出电流为零。

3) 蓄电池带直流负荷。

(2) 处理原则。

1) 一路交流断路器跳闸，检查备用电源自动投入装置及另一路交流电源是否正常。

2) 充电装置报交流故障，应检查充电装置交流电源断路器是否正常合闸，进出两侧电压是否正常，不正常时应向电源侧逐级检查并处理，当交流电源断路器进出两侧电压正常，交流接触器可靠动作、触点接触良好，而装置仍报交流故障，则通知检修人员检查处理。

3）交流电源故障较长时间时，有备用充电装置的应将其投入，无备用的应尽可能减少直流负荷输出（如事故照明、UPS、在线监测装置等非一次系统保护电源），并尽可能采取措施恢复交流电源及充电装置的正常运行，联系检修人员尽快处理。

4）当交流电源故障较长时间不能恢复，应调整直流系统运行方式，用另一台充电装置带直流负荷。

5）当交流电源故障较长时间不能恢复，使蓄电池组放出容量超过其额定容量的20％及以上时，在恢复交流电源供电后，应立即手动或自动启动充电装置，按照制造厂或按恒流限压充电—恒压充电—浮充电方式对蓄电池组进行补充充电。

4．充电模块故障处理

（1）异常现象。

1）充电装置充电模块故障信息告警。

2）故障充电模块输出异常。

（2）处理原则。

1）检查各充电模块运行状况。

2）故障充电模块交流断路器跳闸，无其他异常可以试送，试送不成功应联系检修人员处理。

3）故障充电模块运行指示灯不亮、液晶显示屏黑屏、模块风扇故障等，应联系检修人员处理。

5．直流母线电压异常处理

（1）异常现象。

1）监控系统发出直流母线电压异常等告警信号。

2）直流母线电压过高或者过低。

（2）处理原则。

1）测量直流系统各极对地电压，检查直流负荷情况。

2）检查电压继电器动作情况。

3）检查充电装置输出电压和蓄电池充电方式，综合判断直流母线电压是否异常。

4）因蓄电池未自动切换至浮充电运行方式导致直流母线电压异常，应手动调整到浮充电运行方式。

5）因充电装置故障导致直流母线电压异常，应停用该充电装置，投入备用充电装置，或者调整直流系统运行方式，由另一段直流系统带全站负荷。

6）检查直流母线电压正常后，联系检修人员处理。

6．蓄电池容量不合格处理

（1）异常现象。

1）蓄电池组容量低于额定容量的80％。

2）蓄电池内阻异常或者电池电压异常。

（2）处理原则。

1）发现蓄电池内阻异常或者电池电压异常，应开展核对性充放电。

2）用反复充放电方法恢复容量。

3）若连续三次充放电循环后，仍达不到额定容量的100%，应加强监视，缩短单个电池电压普测周期。

4）若连续三次充放电循环后，仍达不到额定容量的80%，应联系检修人员处理。

7. 交流窜入直流处理

（1）异常现象。

1）监控系统发出直流系统接地、交流窜入直流告警信息。

2）绝缘监测装置发出直流系统接地、交流窜入直流告警信息。

3）不具备交流窜入直流监控功能的变电站发出直流系统接地告警信息。

（2）处理原则。

1）立即检查交流窜入直流时间、支路、各母线对地电压和绝缘电阻等信息。

2）发生交流窜入直流时，若正在进行倒闸操作或检修工作，则应暂停操作或工作，并汇报调控人员。

3）根据绝缘监测装置指示或当日工作情况、天气和直流系统绝缘状况，找出窜入支路。

4）确认具体的支路后，停用窜入支路的交流电源，联系检修人员处理。

（三）实训项目

石北站直流Ⅰ段接地异常处理，处理步骤及分析见表12-2。

表 12-2 　　　　　　　　　　　　　石北站直流Ⅰ段接地异常处理

题目	石北站直流Ⅰ段接地异常处理	
异常现象	监控机报：石北站直流Ⅰ段绝缘降低，直流Ⅰ段接地	
工具准备	安全帽、绝缘鞋、钥匙、万用表	
序号	处理步骤	异常分析及注意事项
1	检查监控装置直流母线电压，发现直流Ⅰ段正极对地电压10V，负极对地电压220V	检查监控装置电压情况，判断直流正极接地或负极接地
2	确认现场是否有工作，如有工作应立即停止工作	排除由于工作人员误操作造成直流接地
3	检查接地选线装置是否选出支路，如选出支路，则应检查所选支路端子箱和机构箱直流端子排，对凝露的端子排用干抹布擦干或用电吹风烘干，并将驱潮加热器投入	如因受潮等造成直流接地，应对接地支路进行干燥处理
4	接地选线装置未选出支路，应使用拉路的方法进行查找	
5	拉路前必须根据可能造成的影响申请相关调度同意（说明拉合设备）	
6	拉路时只允许进行支路开关拉合（信号回路视现场情况商定），杜绝拉合支路总开关	防止拉总开关造成大量保护装置异常

序号	处理步骤	异常分析及注意事项
7	拉路时应注意直流电源的拉合顺序，即遥信—控制—保护电源。拉开的支路无论是否存在接地都应将拉开的支路立即合上，拉开和合上开关时间不得大于 3s	按照电源重要性进行拉路，按照遥信—控制—保护电源的顺序进行
8	查找时应一人操作，一人监护，一人监视接地光字信号（或电压）是否恢复	接地信号复归后，确认该支路接地
9	进行遥信电源拉合时，先进行分支路的拉合，未发现接地点时，再拉开支路总电源空气开关	先拉支路，再拉总电源
10	拉合控制电源时，在征得调度同意后，由运维人员按各支路断开控制电源Ⅰ或Ⅱ，不允许同时拉开控制电源Ⅰ、Ⅱ，也不允许同时拉开多个设备的控制电源	避免造成两组控制回路同时断线
11	拉合保护电源时，应征得调度同意，运维人员退出保护出口压板后，才允许拉合保护电源开关。带有纵联保护时，必须按调度令，两端停运纵联保护，完成前一保护支路查找后再进行下一保护支路操作	防止保护失电重启后误动或拒动

二、二次设备巡视及异常处理

1. 二次设备巡视检查项目及标准

二次设备巡视检查项目及标准见表 12-3。

表 12-3 二次设备巡视检查项目及标准

设备名称	检查内容	标准
保护屏	屏体及其元件	(1) 电源指示灯点亮； (2) 运行监视灯指示正确； (3) 开关位置、电压切换、重合闸充电等指示灯指示正确，液晶显示正确； (4) 定值切换开关位置正确； (5) 同一线路的两套综合重合闸方式切换把手位置必须一致； (6) 报警信号灯均不亮； (7) 保护压板，小开关，小刀闸投、停位置正确； (8) 检查核实母线保护模拟盘显示与实际隔离开关位置相一致； (9) 继电器内部无异响、异味，信号继电器无掉牌或亮灯，各种指示灯指示正常； (10) 保护装置正常，无信息报出，浏览液晶窗内轮显示电流、有功功率、无功功率，显示值正常；检查屏后二次接线及保护、控制电源无异常
安全自动装置	屏体及其元件	(1) 运行灯亮，装置面板显示正常，通信无异常； (2) 保护压板投入正确； (3) 打印机、打印纸正常； (4) 熔断器、小开关、切换把手位置正确； (5) 无异常声音及气味； (6) 屏内外清洁整齐，电缆标牌清晰、齐全； (7) 接线端子无松脱； (8) 电缆孔洞封堵严密，屏体密封良好，屏门开合自如； (9) 接地良好

设备名称	检查内容	标准
电能表柜	屏体及其元件	(1) 电能表指示灯显示正常； (2) 屏头编号、二次标示齐全、清晰、无损坏； (3) 无异常声音及气味； (4) 屏内外清洁、整齐，电缆标牌清晰、齐全； (5) 接线端子无松脱、发热现象； (6) 电缆孔洞封堵严密，屏体密封良好，屏门开合自如； (7) 熔断器、小开关、切换把手位置正确； (8) 交直流开关完好，位置正确； (9) 接地良好
监控系统服务屏	屏体及其元件	(1) 检查打印机工作情况； (2) 检查装置自检信息正常； (3) 检查不间断电源（UPS）应正常； (4) 检查装置上的各种信号指示灯应正常； (5) 检查运行设备的环境温度、湿度应合乎要求； (6) 检查显示屏、监控屏上的遥信信号正常，遥测应刷新； (7) 对监控机与其他装置（如防误闭锁装置）的通信功能进行必要的测试； (8) 检查各保护小室与监控系统及主网的网络通信运行情况； (9) 运行人员应配合操作班人员、检修人员，核对遥测、遥信量及站端的接线方式； (10) 运行人员在检修专责及以上人员的授权下，可对异常的综自设备进行复位等工作，但要做好记录； (11) 检查监控后台画面遥测、遥信和时钟校对应正常； (12) 检查告警音响和故障音响应良好； (13) 检查监控系统各种电源开关、把手、压板位置应正确
测控屏、RTU屏	屏体及其元件	(1) 屏头编号、二次标示齐全、清晰、无损坏； (2) 装置运行正常，指示灯正常，屏幕显示正常，无异常声音及气味； (3) 网络接口指示灯闪烁正常； (4) 交直流开关完好，位置正确； (5) 屏内外清洁、整齐，电缆标牌清晰、齐全； (6) 接线端子无松脱、发热现象； (7) 电缆孔洞封堵严密，屏体密封良好，屏门开合自如； (8) 电源及风扇无焦煳味，无异常声响，风扇正常旋转
调度数据网	屏体及其元件	(1) 屏头编号、二次标示齐全、清晰、无损坏； (2) 装置运行正常，指示灯正常，无异常声音及气味； (3) 路由器、网络交换机指示灯显示正常； (4) 路由器及网络交换机电源及风扇无焦煳味，无异常声响，风扇正常旋转； (5) 纵向加密认证装置指示灯正常； (6) 屏内外清洁、整齐，电缆标牌清晰、齐全； (7) 接线端子无松脱、发热现象； (8) 电缆孔洞封堵严密，屏体密封良好，屏门开合自如
远动工作站	屏体及其元件	(1) 屏头编号、二次标示齐全、清晰、无损坏； (2) 装置运行正常，指示灯正常，屏幕显示正常，无异常声音及气味； (3) 网络接口指示灯闪烁正常； (4) 交直流开关完好，位置正确； (5) 屏内外清洁、整齐，电缆标牌清晰、齐全； (6) 接线端子无松脱、发热现象； (7) 电缆孔洞封堵严密，屏体密封良好，屏门开合自如； (8) 避雷器状态正常； (9) 电源及风扇无焦煳味，无异常声响，风扇正常旋转

2. 二次设备异常处理原则

（1）运行人员发现保护装置异常时，应按下述原则处理。

1）电流回路开路时，应立即报告调度，并停用相应的保护装置。

2）电压回路断线应首先判断故障情况，立即处理；如果故障原因不明，不能立即处理的应报告调度，将与故障电压回路相关的保护及自动装置退出，待电压恢复正常后，方可投入。

3）运行中的保护在失去直流电源时，应立即退出保护出口压板，查明原因，待电源恢复，装置工作正常方可投入出口压板。

4）发现保护装置异常，汇报所属调度。

（2）当光纤保护的通道或PCM发出告警信号后，应立即汇报调度。若伴随有保护装置异常，应汇报调度退出有关保护压板。

（3）运行中运行监视指示灯不亮或告警灯亮，应迅速查明原因，若一时无法处理应立即通知调度，并通知专业人员处理。短时不能消除时，应根据调度命令将装置停用。

（4）当装置出现异常发出"告警"信号时，运行人员应记录时间，检查保护屏面板信号灯指示情况，做好记录并进行信号复归，无法消除时，应将异常信息报告调度员，作出相应处理。

（5）变压器差动保护在下列情况下应退出：

1）发现差动电流不合格时；

2）装置异常或故障时；

3）差动保护任何一侧电流互感器回路有工作时；

4）电流互感器二次回路断线时；

5）旁路断路器转代变压器断路器，倒闸操作可能引起差动保护出现差流时；

6）其他影响保护装置安全运行的情况发生时。

（6）电压互感器停运或断线等造成主变压器一侧TV二次失去电压，应退出变压器保护该侧的TV电压，也就是解除该侧电压闭锁对过电流保护的开放作用（此时过电流保护仍可受其他侧电压闭锁）。

（7）线路纵联保护在下列情况下应退出：

1）转代方式下通道不能进行切换；

2）构成纵联保护的通道或相关的保护回路中有工作，可能造成纵联保护误动的；

3）构成纵联保护的通道或相关的保护回路中某一环节出现异常，可能造成纵联保护误动的；

4）对侧需拉合纵联保护的直流电源；

5）对侧有工作，可能影响本侧保护的正常运行；

6）其他影响纵联保护安全运行的情况发生时。

（8）母线保护在下列情况下应退出：

1）差动保护出现差流越限告警时；

2）差动保护出现电流互感器回路断线告警信号时；

3）其他影响保护装置安全运行的情况发生时。

（9）微机母线保护装置运行中的异常处理原则。

1）保护电源发生故障，应先退出跳闸压板，通知专业人员处理，正常后方可投入跳闸压板。

2）电流回路断线，闭锁母差保护时，如运行人员不能复归告警信号，应退出保护出口跳闸压板，并通知保护人员尽快检查处理。

3）电压回路断线告警信号发出时（母线停运除外），该段母线失去电压闭锁，运行人员应检查电压开关是否在合位，电压切换把手是否正确，如告警信号不能复归，电压闭锁异常开放，等候处理期间，母线保护可不退出运行。

（10）转代过程中，当旁路断路器与被转代断路器并列时，如微机型母差保护出现 TA断线信号，应进行以下处理：

1）进行信号复归，如信号能复归，则继续操作。

2）如信号不能复归，应立即检查微机母差保护异常记录报告。

3）如果旁路断路器及被转代断路器同时出现电流互感器断线，则判断为一次电流不平衡造成母差保护报警，此时应继续操作，拉开被转代断路器，检查复归电流互感器断线信号。

4）如只是单一断路器出现电流互感器断线，则判断为电流互感器二次开路，拉开旁路断路器，检查复归电流互感器断线信号；然后终止操作，上报缺陷。

5）进行上述操作后如电流互感器断线信号不消失，则停运微机母差保护，上报缺陷。

6）恢复转代操作过程中微机型母差保护出现电流互感器断线信号，检查处理原则同上。

（11）断路器失灵保护异常处理。

1）断路器失灵保护在运行中发出"直流消失"信号时，应检查电源消失原因。若熔断器熔断，应申请调度退出保护，更换熔断器后试投，再熔断应报告调度退出失灵保护，并通知专业人员处理；若失灵保护与母差保护共用时，同时也应将母差保护退出。

2）电压互感器熔断器熔断后，发"熔断器熔断或电压消失"信号时，应查明熔断器熔断原因，更换电压互感器熔断器。若熔断器再次熔断或其电压回路不正常，运行人员无法消除，应报告调度和检修人员。

（12）监控系统的异常处理。

1）监控系统发出异常报警时，运行人员应及时检查，并按现场规程的规定，对故障及异常情况进行检查，按缺陷流程上报。

2）运行人员如发现综自、远动电源设备有异常声音和现象时，应及时通知专业人员，并根据专业人员的要求对特殊情况进行紧急处理。

3）发现系统遥测、遥信量与实际设备状态不符或误发信号时，监控人员应及时汇报远动、综自设备的主管部门，运行人员应立即到现场检查并与主站核对，如与设备运行工况不一致，应立即通知有关检修人员处理。

4）监控系统设备因故停运或出现严重缺陷时，应立即向调度汇报。

5）后台机发生拒绝执行遥控命令时，应立即停止操作，检查操作步骤是否正确，如无误时方可进行测控装置的就地操作。

6）发生操作过程中所选设备与动作对象不一致时，应停止一切操作，立即报告调度和专业管理部门。

7）微机监控系统中远方遥控操作失败后，应检查装置遥控压板投退状态、远方就地把手位置、测控装置的运行状态是否正常，对不能自行处理的按缺陷上报。

8）变电站微机监控系统程序出错、死机和其他异常情况，在保护综自负责人的指导下，可以重新启动计算机程序或复位通信装置，不能恢复时，汇报调度并且通知专业人员处理。监控系统中网络通信异常，但检查监控网络硬件正常时，可将主控室通信装置电源快速断开后再合上，此处理方法不会影响设备运行，但不得对保护测控一体装置断电复位。若需要运行人员处理应在专业人员的指导下进行，并做好相关记录。

9）扩建或综自改造变电站，如果综自工作涉及数据库消缺、更新、升级，或者涉及某个断路器遥控回路，工作完毕后，需要在运行站或监控班进行某个断路器传动校验时，必须将其他运行断路器远方就地把手切换至"就地"位置，只投入被传动断路器遥控把手进行传动。

（13）远动装置异常及故障处理。

1）远动装置故障影响监控功能时，按危急缺陷处理。

2）发现远动装置及其监控系统故障、异常或失灵等，应立即报告主管部门处理。

3）当通信通道中断，监控中心不能有效对被控站进行监控时，无人值班站应暂时恢复有人值班。

4）在远动装置上工作，若变电站发生异常情况，不论与本工作有无关系，均应停止工作，保持现状，经查与远动工作及远动设备无关时，在运行人员同意后，方可继续工作。

5）如果远动工作涉及数据库消缺更新升级，涉及某个断路器遥控回路，工作完毕后，需要在主站进行某个断路器传动校验时，必须将站端其他运行断路器把手打至"就地"。只投入被传动断路器遥控把手进行传动。

3．实训项目

（1）石北站保护 TA 二次断线异常处理。异常分析及处理见表12-4。

表 12-4　　　　　　　　　　　保护 TA 二次断线异常处理

实训题目	保护 TA 断线	
工具准备	安全帽、绝缘鞋、绝缘手套、钥匙、万用表	
序号	步骤	分析
1	应立即汇报值班调度，现场检查装置面板告警指示灯状态、告警报文、装置电流采样值是否正常	保护 TA 断线将造成保护装置无法采集电流数据，可能引起差动、过电流等保护拒动或误动
2	检查电流回路各个接线端子、线头是否松脱，压片是否可靠，有无放电、烧焦现象，发现开路点，能处理的戴好绝缘手套进行短接	TA 开路将在二次产生高电压，检查时应保证足够的安全距离

序号	步骤	分析
3	无法处理时应联系检修人员，并立即汇报调度员，申请设备停电或退出保护。如信号能复归，也要通知检修人员尽快查明原因	将差动、过电流等与电流相关的保护退出，必要时申请将对应一次设备停电
4	电流回路红外测温显示温度异常时，在现场检修人员到现场后申请退出保护	
5	电流回路异常自恢复的，应在现场检修人员对相关电流回路进行必要检查后，再复归告警信号	

（2）石北站保护 TV 二次断线异常处理。异常分析及处理见表 12-5。

表 12-5　　　　　　　　　保护 TV 二次断线异常处理

实训题目	保护 TV 断线	
工具准备	安全帽、绝缘鞋、钥匙、万用表	
序号	步骤	分析
1	应立即汇报调控人员，并现场检查告警装置面板指示灯状态、告警报文、装置电压采样值是否正常	保护 TV 断线将造成保护装置无法采集电压数据，可能引起方向、距离等保护拒动或误动
2	检查告警保护屏背后及端子箱 TV 二次小开关是否跳闸，如确实由二次小开关跳闸引起，则试合一次 TV 二次小开关	小开关跳开可试合一次，如再次跳开则不允许再合
3	试合一次 TV 二次小开关跳开，则检查电压二次回路有无明显接地、短路、接触不良现象	
4	未查明回路异常原因、未采取隔离措施的，禁止进行电压二次并列	
5	当保护失压时，纵联方向保护、纵联距离（零序）保护、距离保护、阻抗保护等自动退出运行，差动保护不退出运行。检同期、检有压、检无压重合闸装置的检定用电压异常或消失时，重合闸停用	与电压相关的保护有误动可能的应退出跳闸，防止造成保护误动
6	无法处理时应立即汇报调度，并联系检修人员。对于变压器保护，应申请退出变压器保护断线侧电压投入压板。如信号能复归，也要通知检修人员尽快查明原因	

第十三章

常见二次回路异常处理

第一节　高压断路器二次异常分析及处理

一、高压断路器控制回路原理

1. 断路器控制回路的基本要求

(1) 应有对控制电源的监视回路。

(2) 应经常监视断路器跳闸、合闸回路的完好性。

(3) 应有防止断路器"跳跃"的电气闭锁装置。

(4) 跳闸、合闸命令应保持足够长的时间，并且当跳闸或合闸完成后，命令脉冲应能自动解除。

(5) 对于断路器的跳闸、合闸状态，应有明显的位置信号，故障自动跳闸、自动合闸时，应有明显的动作信号。

(6) 断路器的操作动力消失或不足时，例如弹簧机构的弹簧未拉紧，液压或气压机构的压力降低时，应闭锁断路器的动作，并发出信号。SF$_6$气体绝缘的断路器，SF$_6$气体压力降低而断路器不能可靠运行时，也要闭锁断路器的动作并发出信号。

(7) 在满足上述的要求条件下，力求控制回路接线简单，采用的设备和使用的电缆最少。

2. 断路器控制回路基本原理

以 ABB 500kV LW13-550 型断路器（弹簧机构）、南瑞 CZX-22R2 操作箱为例，说明控制回路基本原理。

220kV 及以上断路器均为双跳闸回路，直流电源独立，101、102 为第一组控制电源，201、202 为第二组控制电源。合闸回路只有一套，接入第一组控制电源。

从测控装置发出的手合、手跳命令，断路器保护跳闸命令、重合闸命令，线路保护三相跳闸命令、分相跳闸命令，远跳保护跳闸命令、母差保护跳闸命令等都开入 CZX-22R2 操作箱相应回路内，从而实现断路器分合闸。断路器控制回路如图 13-1 和图 13-2 所示。

(1) 手动合闸过程。

1) 就地操作：如图 13-1 所示，将测控屏上的"远方就地"控制开关 1QK 切至"就地"位置后，1QK（7-8）触点接通，插入五防电脑钥匙，操作控制把手 1KK 至合闸位置，则

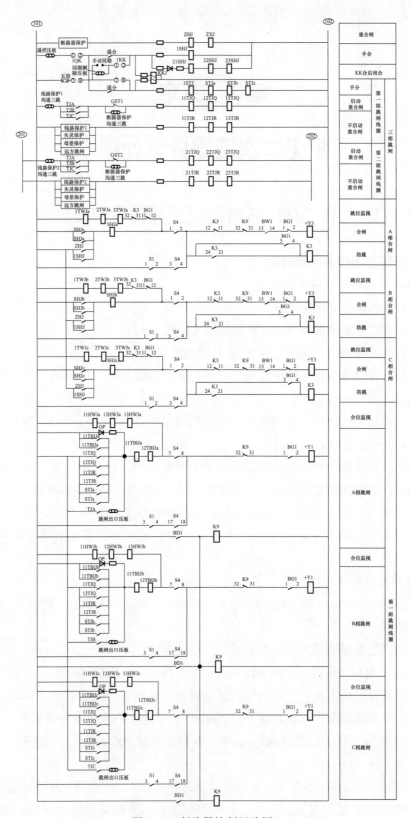

图 13-1　断路器控制回路图 1

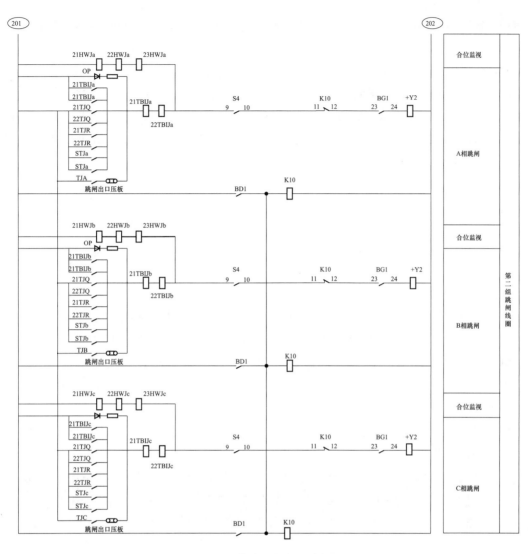

图 13-2 断路器控制回路图 2

101 正电→五防电编码锁（满足五防条件时接通）→1QK（7-8）→测控装置同期校验接点（不需要同期合闸时投入解除同期压板，短接该触点）→1KK 控制把手（1-2）→手合继电器 1SHJ 线圈→102 负电，回路导通。1SHJ 线圈带电，其动合触点 1SHJ 闭合，则 101 正电→ 1SHJ 动合触点→SHJa 线圈→断路器就地"远方就地"切换开关 S4（1-2）→机构箱就地防跳继电器 K3 动断触点→SF₆ 压力监视继电器 K9 动断触点→弹簧储能位置行程开关 BW1 动合触点→断路器动断辅助触点 BG1→合闸线圈＋Y3→102 负电，回路导通（以 A 相为例，其他两相相同）。合闸线圈＋Y3 带电，将断路器合闸，同时 SHJa 线圈带电，其动合触点在合闸过程中起到自保持的作用，直到断路器合好后，断路器动断辅助触点 BG1 打开，断开自保持回路。

另外，在手动合闸过程中，启动合后位置继电器 KKJ，合闸时该继电器动作并磁保持，输出一个动合触点，与各相 TWJ 断路器触点串联，如图 13-3 所示，当保护动作或开关偷跳时回路接通启动事故音响。正常手动分闸时，复归 KKJ 磁保持回路，KKJ 动合触点打开，从而不会启动事故音响。

2）遥控操作：如图 13-1 所示，将测控屏上的"远方就地"控制开关 1QK 至"远方"位置后，1QK（1-2）触点接通，在后台监控机发出合闸命令后，经后台五防校验、同期（无压）校验通过，输出遥控合闸触点，则 101 正电→断路器遥控压板→1QK（1-2）→遥合触点→手合继电器 1SHJ 线圈→102 负电，回路导通。1SHJ 线圈带电，后面的动作过程同就地合闸。

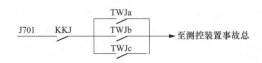

图 13-3　启动事故音响回路

（2）手动分闸过程。

1）就地操作：如图 13-1 所示，将测控屏上的"远方就地"控制开关 1QK 切至"就地"位置后，1QK（7-8）触点接通，插入五防电脑钥匙，操作控制把手 1KK 至分闸位置，则 101 正电→五防电编码锁（满足五防条件时接通）→1QK（7-8）→手跳继电器 1STJ、STJa、STJb、STJc 线圈→102 负电，回路导通。STJa、STJb、STJc 线圈带电，其动合触点闭合，则 101 正电→STJa 动合触点→跳闸保持继电器 11TBIJa、12TBIJa 线圈→断路器就地"远方就地"切换开关 S4（7-8）→SF_6 压力监视继电器 K9 动断触点→断路器动合辅助触点 BG1→跳闸线圈＋Y1→102 负电，回路导通（以 A 相第一组跳闸线圈为例）。跳闸线圈＋Y1 带电，将断路器分闸，同时 11TBIJa、12TBIJa 线圈带电，其动合触点在跳闸过程中起到自保持的作用，直到断路器分闸后，动合辅助触点 BG1 打开，断开自保持回路。另外，在手动分闸过程中，KKJ 返回线圈带电，继电器复归。

2）遥控操作：如图 13-1 所示，将测控屏上的"远方就地"控制开关 1QK 至"远方"位置后，1QK（1-2）触点接通，在后台监控机发出分闸命令后，经后台五防校验通过，输出遥控分闸触点，则 101 正电→断路器遥控压板→1QK（1-2）→遥分触点→1STJ、STJa、STJb、STJc 线圈→102 负电，回路导通。后面动作过程同就地分闸。

（3）防跳闭锁回路。防跳就是防止断路器发生跳跃，所谓"跳跃"是指断路器在手动或自动装置动作合闸后，如果操作控制开关未复归或控制开关触点、中间继电器触点、自动装置触点卡住，造成断路器合闸回路未断开，若此时遇到线路上有故障，保护动作跳闸，但因断路器合闸回路未断开，将发生断路器多次跳合闸现象，这种现象称为"跳跃"。如果断路器发生"跳跃"，会造成遮断能力下降，甚至发生爆炸，所以必须采取措施防止发生"跳跃"。

防跳措施有机械防跳和电气防跳两种。机械防跳是指操动机构本身有防跳功能，电气防跳就是在控制回路中加设防跳电路。目前电气防路普遍使用断路器操动机构的防跳继电器实现防跳功能，断路器防跳回路示意图如图 13-4 所示。

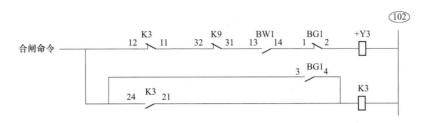

图 13-4　断路器防跳回路示意图

防跳回路的工作过程：当断路器合闸后，若合闸回路继电器触点未断开〔如 SHJa 触点未断开、1KK 控制开关（1-2）触点未返回、ZHJ 重合闸继电器触点未返回等〕，使合闸命令一直发出，断路器合好后，其动断辅助触点 BG1 打开，断开合闸线圈＋Y3 回路，断路器动合辅助触点 BG1 闭合，使防跳继电器 K3 线圈带电动作，K3 动合触点闭合，实现自保持，同时 K3 动断触点打开，断开了合闸线圈回路，确保断路器跳开后，不会由于合闸命令未消失而自动合闸。

另外，为了防止 TWJ 继电器与防跳继电器串联分压，防跳继电器上的电压大于其返回电压，造成防跳继电器动作后无法返回问题，TWJ 回路串联了防跳继电器动断触点。当防跳继电器动作时，断开 TWJ 回路，这样，当合闸命令消失后其线圈失电，能够可靠返回。

（4）保护动作过程。

1）三相跳闸过程：母差保护、断路器失灵保护、远方跳闸保护以及线路保护的三跳出口接至操作箱永跳继电器回路内，保护动作时三相跳闸。如图 13-1 所示，101 正电→母差保护（失灵保护、远方跳闸保护、线路保护）跳闸触点及相应出口压板→11TJR、12TJR、13TJR 永跳继电器线圈→102 负电，回路导通，11TJR、12TJR 动合触点闭合，101 正电→11TJR（12TJR）永跳继电器动合触点→跳闸保持继电器 11TBIJa、12TBIJa 线圈→断路器就地"远方就地"切换开关 S4（7-8）→SF₆ 压力监视继电器 K9 动断触点→断路器动合辅助触点 BG1→跳闸线圈＋Y1→102 负电，回路导通（以 A 相第一组跳闸线圈为例）。跳闸线圈＋Y1 带电，将断路器分闸，同时 11TBIJa、12TBIJa 线圈带电，其动合触点在跳闸过程中起到自保持的作用，直到断路器分闸后，动合辅助触点 BG1 打开，断开自保持回路。

其他两相动作过程同上。另外，第二套保护跳闸时启动第二组跳闸线圈，动作过程同上。

2）沟通三跳回路：当断器重合闸装置充电未满、重合闸装置停用、装置故障等情况下，由于线路不能再重合，因此，单相故障时也要将线路三相跳闸。线路保护上有沟通某××开关三相跳闸压板，正常运行时投入，断路器保护上也有沟通三跳压板，其与断路器保护装置沟通三跳触点并联，平常退出，其作用为强制沟通三跳。而断路器保护沟通三跳触点在装置充电未满、重合闸停用等情况下闭合。具体沟通三跳过程如下：如图 13-1 所示，当保护装置单相跳闸时，TJA（或 TJB、TJC）触点闭合，101 正电→线路保护 1 沟通三跳压板→保护装置分相跳闸触点 TJA→断路器保护沟通三跳触点 GST1→操作箱三相跳闸继电器 11TJQ、12TJQ、13TJQ 线圈→102 负电，回路导通。11TJQ、12TJQ 动合触点闭合，三相跳闸。

161

第二套保护原理同上，通过第二组跳闸线圈三相跳闸。

3）单相跳闸过程：当保护装置单相跳闸时，直接由保护装置输出单相跳闸触点 TJa、TJb、TJc 通过分相跳闸出口压板接至跳闸回路，实现单相跳闸。

4）重合闸动作过程：重合闸动作后，断路器保护输出重合闸动作触点，使 ZHJ、ZXJ 继电器动作，如图 13-1 所示，ZHJ 动合触点闭合，接通合闸回路；ZXJ 动合触点闭合，点亮断路器操作继电器箱上的 CH 灯，因 ZXJ 继电器为磁保持继电器，实现信号保持，直到按下复归按钮后，ZXJ 的返回线圈带电，CH 灯才熄灭。

（5）断路器跳合闸回路监视。断路器正常运行时跳合闸回路的完好性是保证断路器能够可靠跳合闸的关键，因此运行中必须能够实时监视跳合闸回路完好性，并发出告警信号。一般通过跳闸位置继电器、合闸位置继电器实现上述功能。

跳闸位置继电器串在合闸回路中，如图 13-1 所示，101 正电→跳闸位置继电器 1TWJa、2TWJa、3TWJa 线圈→机构箱就地防跳继电器动断触点 K3→断路器动断辅助触点 BG1→断路器就地"远方就地"切换开关 S4（1-2）→机构箱就地防跳继电器 K3 动断触点→SF₆ 压力监视继电器 K9 动断触点→弹簧储能位置行程开关 BW1 动合触点→断路器动断辅助触点 BG1→合闸线圈＋Y3→102 负电，回路导通（以 A 相为例，其他两相相同）。TWJ 线圈带电，TWJ 动合触点闭合，指示断路器在跳闸位置，同时，也说明合闸回路畅通，无故障。

合闸位置继电器串在跳闸回路中，如图 13-1 所示，101 正电→合闸位置继电器 11HWJa、12HWJa、13HWJa 线圈→断路器就地"远方就地"切换开关 S4（7-8）→SF₆ 压力监视继电器 K9 动断触点→断路器动合辅助触点 BG1→跳闸线圈＋Y1→102 负电，回路导通（以 A 相第一组跳闸回路为例），HWJ 线圈带电，HWJ 动合触点闭合，指示断路器在合闸位置，同时，也说明跳闸回路畅通，无故障。

跳合闸位置继电器的线圈为电压型线圈，阻值很大（整体约 40kΩ），而断路器机构的跳合闸线圈为电流线圈，阻值很小（为 50~200Ω），串在跳合闸回路中时分得几乎整个回路电压，故不会造成跳合闸线圈动作。

运行中用合闸位置继电器和跳闸位置继电器动断触点串联来发出控制回路断线信号，从而实现对跳合闸回路完整性监视，如图 13-5 所示。

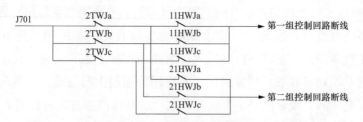

图 13-5　控制回路断线信号

当断路器在合闸位置时，第一组控制回路内合闸位置继电器 11HWJa 动作，其动断触点 11HWJa 断开；跳闸位置继电器 2TWJa 因断路器动断辅助触点断开而返回，其动断触点 2TWJa 闭合，回路不通。当跳闸回路发生断线，如 SF₆ 压力降低闭锁，K9 继电器动作，其动断触点断开，则合闸位置继电器 11HWJa 失电，动断触点闭合，回路导通，发出第一组控制回路断线信号。以 A 相为例，其他相同理。第二组控制回路同理。

同理，当断路器在分闸位置时，11HWJa 动断触点闭合，2TWJa 动断触点断开，回路不通。当合闸回路发生断线，2TWJa 动断触点闭合，回路导通，发出控制回路断线信号。

如果运行中发控制回路断线信号，断路器在合闸位置时为分闸回路故障，断路器不能分闸，断路器在分闸位置时为合闸回路故障，断路器不能合闸，应尽快查明原因消除。

另外，跳合闸位置继电器还提供动合触点给测控、保护装置、故障录波器等，以判断开关位置。

二、断路器二次回路异常分析及处理

1. 控制回路断线的分析检查

（1）控制回路断线信号发出的原因。

如图 13-5 所示，控制回路断线信号是由断路器跳位继电器、合位继电器动断辅助触点串联发出的。如图 13-1 所示，跳位继电器与合闸线圈回路串联，合位继电器与跳闸线圈回路串联，既监视了断路器的位置，又监视了跳合闸回路的完好性。正常情况下，跳位继电器、合位继电器必定有一个处于动作状态，其动断触点断开，控制回路断线信号不会发出。

假如断路器在合位时发出了控制回路断线信号，说明合位继电器未动作，根据图 13-1 分析，可能的原因有：

1）直流控制电源消失；

2）控制电源空气开关跳闸；

3）合位继电器本身故障；

4）断路器辅助触点接触不良；

5）跳闸线圈烧断；

6）SF_6 压力低闭锁；

7）操动机构动力不足闭锁；

8）断路器就地"远方就地"切换开关 S4 在就地位置；

9）回路中端子箱、端子排等接线松动、接触不良等。

在正常拉合断路器的操作过程中，有时会瞬时发出控制回路断线信号，是由于分合闸命令发出后，手跳（或手合）继电器的触点将合位继电器（或跳位继电器）的线圈短接，继电器返回，而此时断路器尚未变位，跳位继电器（或合位继电器）线圈也不动作，所以可能瞬时发出控制回路断线信号，断路器分合到位后，信号自动复归。

（2）控制回路断线的分析检查。根据其他告警信息和断路器操作继电器箱指示灯显示等情况，综合判断可能的原因。

1）若同时发出"控制电源消失"信号，表明控制电源空气开关跳闸；

2）若同时发出 SF_6 压力低或机构压力低闭锁信号，表明断路器已闭锁；

3）若操作继电器箱 OP 灯仍点亮，表明合位继电器本身故障；

4）若同时发出直流系统告警信号，表明直流电源有问题；

5）若机构箱内有烧焦气味，表明可能是跳闸线圈烧毁。

不能判断控制回路断线的原因时，可采用万用表测量回路中各点对地电位的方法进行查找。

需要注意的是，当具有两组控制电源的断路器第一组控制电源失电时，危害远大于第二组控制电源失电。由图 13-1 可以看出，断路器的合闸线圈只有一个，其合闸回路由第一组控制电源供电；同时断路器遥控或测控屏就地手动操作时所启动的手合、手跳继电器也是由第一组控制电源供电。当第一组控制电源消失后，不仅是第一组跳闸线圈不能动作，同时合闸回路也无法接通，另外所有的遥控、测控屏就地手动操作命令无法发出，因此必须要尽快处理。

2．断路器拒分拒合的分析检查

断路器发生拒分拒合，原因包括监控系统、电气方面和机械方面三个方面。

（1）如果后台监控机无法操作，但测控屏把手可以正常操作，则是监控系统原因。

1）监控系统闭锁未解除。如选择断路器错误，五防拒绝操作；监控系统与五防系统信号传输故障等原因造成闭锁不能打开。

2）监控系统遥控超时。五防系统发出允许操作信号后，未及时发出操作命令（一般为30s），允许信号消失，设备被闭锁。

3）监控系统通道故障。后台监控机至测控装置之间的通信通道故障，如交换机故障。

4）测控装置故障。测控装置本身故障或电源消失，不能将计算机遥控命令转化为跳合闸触点输出。

5）"远方/就地"控制把手在"就地"位置。

（2）如果后台监控机与测控屏均不能操作或者故障时发生拒动，可能是电气方面或机械方面的原因。

1）电气方面应按照检查控制回路断线的方法进行查找。

2）如果电气回路完好，拒动可能是机械方面原因造成的，如跳闸或合闸铁芯卡滞等。

需要注意的是，机械原因拒动时跳合闸回路会自保持，跳合闸线圈可能由于长时间通电而烧断，从而发出控制回路断线信号，但断路器拒动的根本原因是机械问题，而不是电气回路问题。

图 13-6　SF_6 压力表接线盒进水

三、断路器控制回路断线案例

（1）故障情况：2008 年 8 月 13 日，大雨天气，监控系统发"5022CB SF_6 气体压力降低闭锁1""5022CB SF_6 气体压力降低闭锁2""5022 断路器第一组控制回路断线""5022 断路器第二组组控制回路断线"信号，经现场检查，发现 5022 断路器 SF_6 压力表接线盒进水，5022 断路器 SF_6 压力正常。如图 13-6 所示。

（2）故障分析：如图 13-7 所示，SF_6 压力表触点为动断触点,当压力降低到整定值时 MDJ 触点闭合,接通 SSJ 中间继电器,SSJ 中间继电器带电后,SSJ 的动合触点闭合,发出 SF₆ 低气压闭锁信号,动断触点断开,切断跳合闸回路,TWJ 和 HWJ 不对应,发出控制回路断线信号。当接线盒进水后,绝缘降低,直流系统发出接地信号,SF₆ 表 MDJ 触点被短接,启动了闭锁中间继电器,造成上述现象。经检查 SF₆ 表接线盒下部封盖仅靠一个螺栓固定,安装时未拧紧,存在缝隙,造成大雨时从缝隙内渗进雨水。

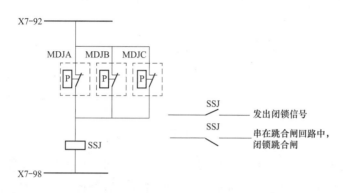

图 13-7　SF₆ 表接线示意图

四、断路器操动机构二次回路

断路器的分合闸操作是通过操动机构来完成,操动机构主要有液压操动机构、气动操动机构、弹簧操动机构等类型。液压操动机构依靠高压液压油提供操作能量,气动操动机构依靠压缩高压空气提供操作能量,弹簧操动机构依靠压缩或拉紧弹簧来提供操作能量。

操动机构设有二次回路,依靠油泵、空气压缩机、储能电机来为操动机构储能。当操作机构能量不足时,自动储能。如操动机构能量进一步降低,则闭锁重合闸、闭锁分合闸回路。

(一)气动操动机构

1. 气动操动机构工作原理

(1)二次回路工作原理。如图 13-8 所示,当操动机构空气压力降低至打压压力时,63AG 空气压力开关动作,63AG 触点闭合,启动 88ACM 交流接触器(热耦继电器 49M 动断触点正常闭合),88ACM 动合触点闭合启动空气压缩机,机构开始打压,当压力上升至解除打压压力时,63AG 空气压力开关返回,打压停止。

88ACM 交流接触器动作后同时发出"电动机运转"信号。电动机回路接通后启动 ST 时间继电器,如长时间无法建立压力,时间继电器延时闭合动合触点闭合,发出"打压超时"信号,但仍继续打压。如电动机存在故障或打压时间过长,49M 热耦继电器动作,49M 动断触点断开,88ACM 交流接触器返回,切断打压回路。

63AZ 为强制打压按钮,当 63AG 空气压力开关故障,应打压而未打压时,可以按下该按钮进行手动打压。

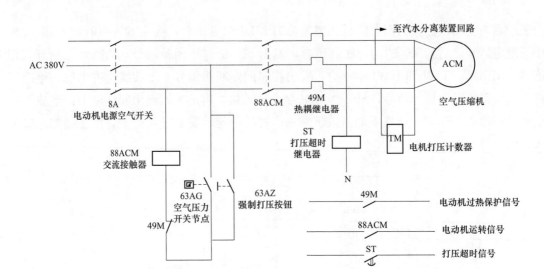

图 13-8　气动机构二次回路

（2）操动机构工作原理。当机构压力到达 1.45MPa 时，压力接点动作，启动电动机带动空气压缩机进行打压，如图 13-9 所示，空气经过压缩后经过两个汽水分离装置，再经过单向逆止阀进入储气罐，储气罐中的空气通过管道连接开关三相，为开关机构提供分闸动力。当压力达到 1.55MPa 时，空气压缩机停止。当压力大于 1.7～1.8MPa 时，安全阀动作释放压力，压力降低至 1.45～1.55MPa 时，安全阀复位。

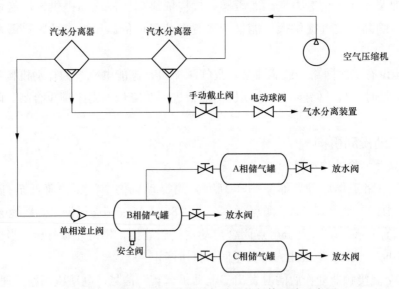

图 13-9　带气水分离装置的气动机构气体回路示意图

运行中当压力降低至 1.43MPa 时闭锁重合闸，当压力升至 1.46MPa 时，解除闭锁重合闸；当压力降低至 1.2MPa 时闭锁操作，当压力升至 1.3MPa 时，解除闭锁操作。

机构内各元件如图 13-10 所示。

储气罐　　　　　空气压力表

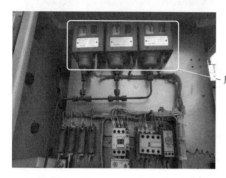

压力节点

逆止阀　安全阀

空压机　　　电动机

图 13-10　气动机构内各元件图

（3）汽水分离装置原理。汽水分离装置分为两个不锈钢容器对空气进行分离脱水，如图 13-11 所示。电动球阀装在汽水分离装置底部，正常运行时阀处于打开状态，其电源取自电动机电源回路单相 220V 电源，接在 88ACM 动合触点后，当 88ACM 继电器动作，电动机启动后电动球阀延时 5s 左右关闭，关闭前汽水分离装置有排气声音，完成吹掉材料内部水分任务。当压缩机停止运行时，逆止阀可靠逆止，电动球阀延时 5s 左右打开，汽水分离装置有排气声音，将管路中分离出的油及水经排气口排出，完成排污程序。

汽水分离器

手动截止阀　　　电动球阀

图 13-11　气水分离装置

2. 气动操动机构异常处理

（1）打压超时。对于气动机构，当发出打压超时信号时，应立即到现场检查断路器实际操作压力，有无明显漏气声等现象。气动机构打压超时主要是因为气动回路存在漏气部位，造成长时间无法建压。

1）汽水分离装置电动球阀无法关闭。当压力降到 1.45MPa 压缩机启动后，延时 5s 左右电动球阀不能关闭，此时压缩机启动，但是压缩空气会通过汽水分离装置电动球阀排出，气罐中压力上升特别慢，压缩机一直启动，造成打压超时。

现象：电动机一直打压，无法建压，电动球阀处漏气声音很大。

处理：将汽水分离装置的手动截止阀关闭，气罐中压力会逐渐升到1.55MPa，压缩机停止。上报缺陷，更换电动球阀。

2）逆止阀不能可靠逆止。当压力降到1.45MPa压缩机启动后，延时5s左右电动球阀关闭，气罐中压力到1.55MPa后，压缩机停止，电动球阀延时5s左右自动打开，此时由于逆止阀不能逆止，气罐中的压缩空气会通过汽水分离装置电动球阀排出。当压力降到1.45MPa后，压缩机又启动，延时5s后电动球阀会自动关闭，重新建压，但打压完成后又重复上述现象。

3）安全阀漏气。空气压缩机回路上设有安全阀，以防止机构压力过高。实际运行中因安全阀安装制造质量不良，存在漏气，造成打压超时时有发生。当安全阀故障漏气时，现场人员应断开电动机电源，临时使用胶带等工具进行堵漏，然后重新打压，并尽快维修。

4）空气压缩机故障，无法有效建压。

5）因天气寒冷，建压时间较长，超过打压超时继电器整定时间值。现场检查时应观察压力表是否在缓慢上升，如不存在漏气，则让电动机继续打压至停止值即可。

（2）电动机过热保护动作。如图13-8所示，当电动机热耦继电器49M动作时，自动切断电动机回路，并发出告警信号。此时应现场检查热耦继电器动作情况，确认热耦继电器动作后，测量三相电压是否正常，是否因缺相引起热耦继电器动作。检查电动机是否有明显异常，如检查无异常可以按下热耦继电器复归按钮，重新打压。如热耦继电器再次动作，说明电动机可能存在故障，应尽快上报处理。

（3）电源回路失电。电源回路失电后，当压力开关接点63AG闭合，无法启动88ACM，电动机不能打压，也无法发出任何信号，直到压力进一步降低，闭锁重合闸压力开关动作，发出闭锁重合闸信号，才能发现。此时应逐级检查端子箱、动力箱电源空气开关是否跳闸，尽快排除电源回路失电原因。

3. 气动机构压力异常案例

（1）事件简要经过。2017年3月1日，某一变电站监控机报"5031断路器压力低禁止重合"信号，省调监控通知变电站进行检查。运维人员还未来得及检查，省监控又再次转网调命令"5031断路器由运行转热备用"。随后运维人员拉开5031断路器，造成5031断路器紧急停电。

随后运维人员进行现场检查，发现5031断路器机构空气压力为1.3MPa，电动机未打压（电动机启动压力1.45MPa，电动机停止压力1.55MPa，重合闸闭锁压力1.43MPa，额定压力1.5MPa）。检查发现端子箱内的机构电动机电源小空气开关跳闸，手动合上后5031断路器打压至1.55MPa后停止。现场检查无其他异常。

（2）事件原因分析。

1）直接原因。造成此次事件的直接原因为5031断路器机构电源空气开关跳闸。当断路器机构压力降低到电机启动压力时，电机不能启动打压，机构压力继续降低到闭锁重合闸时，发出告警信号。调度为避免压力进一步降低到闭锁分闸，直接下令拉开了断路器。

2）机构电源空气开关跳闸原因。对跳闸空气开关外观进行检查，发现跳闸空气开关上口 A 相接线有烧损痕迹，对空气开关进行测温发现 A 相接线端子发热，温度为 104℃。判断为 A 相接线端子接触不良，接触电阻升高，造成发热，热量传导至空气开关内部，导致空气开关脱扣跳闸。

3）空气开关跳闸后断路器不打压，未能及时发现问题。

（3）暴露问题。

1）小空气开关跳闸后无任何信号，不能第一时间发现空气开关跳闸。端子箱内的小空气开关无辅助触点，无报警信号。汇控柜内电动机电源空气开关有辅助触点，但只有当空气开关拉开后才能发告警信号，而非电压继电器信号。电动机电源回路也无其他任何电压监视元件，故当端子箱内小空气开关跳闸后监控机内无信号。

2）监控机内"交流电动机运转信号"由电动机电源回路内的"88ACM"接触器的动合触点发出，而非由开关机构自身的"电动机启动"压力开关 66AG 直接发出，故当电动机电源失电时，"交流电机运转"信号也无法发出。"打压超时"时间继电器也接在电动机电源回路内，由于回路无电，也不能发出超时信号。因此直到压力降低到闭锁重合闸，发"压力低禁止重合"信号时才能发现。

3）端子箱测温工作安排时间不合理，端子箱测温工作安排在每年 6 月进行，此时机构内的加热器一般不投，机构电源空气开关基本未带负荷，因此不能发现其接线端子接触不良的问题。

（4）整改防范措施。

1）建议加装电源完好性监视功能。鉴于断路器机构电动机电源的重要性，应当参照主变压器风冷回路，电动机电源回路加装低电压监视继电器，当机构电源出现失电或缺相时，能够第一时间发出报警信号，或者电动机回路所有空气开关均采用带辅助触点的空气开关，一旦空气开关跳闸，则发出报警信号。

2）建议在重合闸闭锁前再设置一个低气压报警信号。目前空气压力开关共有个 4 个，电动机启动停止压力开关 63AG（1.45MPa 启动）、重合闸闭锁压力开关 63AR（1.43MPa 启动）、空气低气压报警压力开关 63AA（1.3MPa 启动）、空气低气压闭锁压力开关 63AL（1.2MPa 启动）。低气压报警压力开关 63AA 作用不明显，应当将其压力值调整到闭锁重合闸前。

3）每年迎峰度冬期间增加一次端子箱内测温工作，从而及时发现发热缺陷。

（二）液压操动机构

1. 液压操动机构二次回路

以平高 LW10-252 断路器操动机构为例进行说明，二次回路如图 13-12 所示。

（1）工作原理：当操动机构液压压力降低至打压压力时，KP5 压力开关动作，KP5 动断触点闭合，回路 A→QF1（1-2）→KT 时间继电器动断触点→KM 热耦继电器动断触点→KM 线圈→KP5 动断触点→QF1（3-4）→N 接通，KM 接触器励磁，动合触点闭合，电动机开始打压。当压力上升到停止压力时，KP5 动断触点断开，KM 接触器失磁，电动机停止打压。

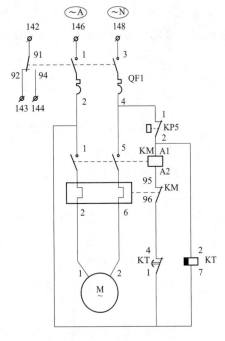

图 13-12　平高 LW10-252
断路器液压机构二次回路
M—油泵电机；QF1—电机电源空开；
KP5—液压压力开关接点；KM—交流
接触器；KT—打压超时继电器

KP5 动断触点闭合时，KT 时间继电器励磁，如长时间无法建立压力，达到时间定值后 KT 动断触点断开，KM 接触器失磁，电动机停止打压，同时发出"打压超时"信号。

如电动机存在故障，KM 热耦继电器动作，其动断触点断开，KM 接触器失磁，电动机停止打压，此时因压力触点 KP5 未返回，时间继电器 KT 线圈一直励磁，达到时间定值后 KT 动断触点断开，并再次发出"打压超时"信号。

由此可见，该类型机构打压超时信号发出后有两种可能，一是各回路无故障，只是因环境（如气温较低等）等因素造成打压时间超过设定时间，二是电动机、热耦继电器、二次回路存在异常，造成机构压力无法建立。

（2）二次回路异常处理。

1）打压超时。液压机构发出打压超时信号时，应立即到现场检查断路器实际操作压力，检查液压回路有无漏油，油泵电机有无异常等。此时，时间继电器保持励磁状态，KT 动断触点打开，断开电动机控制回路。如断路器机构检查无明显异常，热耦继电器未动作，则可以拉开电动机控制电源 QF1，时间继电器 KT 失电复归，KT 动断触点闭合，然后重新合上 QF1，电动机开始打压，观察压力表是否缓慢上升。如还是无法建压，则上报缺陷处理。

2）热耦继电器动作。检查外部无明显异常可以复归热耦继电器，拉开 QF1 复归时间继电器后，重新打压一次。如热耦继电器再次动作，则上报缺陷处理。

3）交流接触器或电动机损坏。如电动机电源回路正常，热耦继电器未动作，拉合 QF1 后电机还是不打压，则有可能为交流接触器 KM 故障，此时可观察交流接触器是否吸合，如未吸合则可能损坏，通过测量线圈接线端子对地电压来进一步证实。如交流接触器正常吸合，则可能为电动机故障，上报缺陷处理。

4）电源回路故障。电动机控制回路采用交流电源的，一旦电源回路故障，则"电动机运转"或"打压超时"信号均无法发出，直至压力降低至重合闸闭锁压力时，发出信号。此时应立即到现场，检查端子箱、机构箱、动力箱各级电源空气开关是否跳闸，电动机电源回路无明显故障，恢复电源后，一般即可开始打压。

2. 液压碟簧机构二次回路

以 ABB 液压碟簧断路器操动机构为例进行说明，二次回路如图 13-13 所示。

（1）工作原理：以 A 相机构为例，当操动机构液压压力降低，碟簧压缩量释放，行程

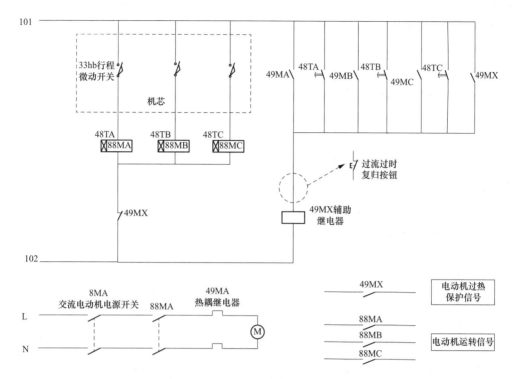

图 13-13 ABB 液压碟簧机构二次回路

开关 33hb 动作，动合触点闭合，则 101 正电→33hb 行程开关动合触点→88MA 线圈（同时启动时间继电器 48TA)→49MX 辅助继电器动断触点→102 负电，回路导通，88MA 线圈带电，其动合触点闭合，接通电动机回路，电动机运转开始打压。当打压至行程开关返回时，动合触点打开，88MA 线圈失电返回，电动机停止打压。

当电动机启动打压时，48TA 时间继电器启动，开始计时，如电动机长时间运转未能建立压力，达到时间继电器整定定值时，48TA 延时闭合的动合触点闭合，启动 49MX 辅助继电器，49MX 继电器动断触点打开，88MA 线圈失电返回，电动机停止打压。同时，49MX 的动合触点闭合，与自身线圈串联形成自保持回路，确保电动机回路不会再启动。

当电动机过热时，49MA 热继电器动作，其动合触点闭合，启动 49MX 辅助继电器，同时切断电动机启动回路，电动机停止打压。

49MX 动作后，发出电动机过热保护信号，反映电动机过电流、过时、过热等异常。

（2）二次回路异常处理。

1）电动机电源回路故障。当电动机电源回路无电时，88MA 虽然闭合，但启动不了电动机，48TA 经整定延时启动 49MX，49MX 动断触点断开控制回路，88MA 失磁，动合触点断开电动机回路。同时 49MX 发出电机过热信号。现场应首先检查电机电源回路是否因故失电。

2）电动机故障。电动机因碳刷脏污、绕组故障等原因无法启动，48TA 经整定延时启动 49MX，发出电动机过热信号。

3）热耦继电器动作。49MA 动合触点闭合，启动 49MX，发出电动机过热信号。此时可手动复归热耦继电器。

与交流控制回路不同，该机构控制回路使用直流电源，并且接在断路器第一组控制回路内。49MX 动作后自保持，电动机电源回路故障、热耦继电器动作等故障排除后需要解除自保持回路才能再次启动电机打压。想要解除自保持，只能拉开第一组控制电源，但由于断路器第一组控制回路非常重要，断开控制电源会造成很大影响，故现场可以采取拆除 49MX 自保持回路某一端接线的方法。为解决这一问题，后期厂家对电动机控制回路进行了改进，在自保持回路内串联了一个手动复归按钮，如图 13-13 所示，从而能够方便安全的断开自保持回路，让机构再次打压。

（三）弹簧操动机构

1. 弹簧操动机构工作原理

（1）机构工作原理。弹簧操动机构是靠合闸弹簧和分闸弹簧提供能量，进行分合闸操作。合闸弹簧和分闸弹簧是独立的，储能机构只给合闸弹簧储能，而分闸弹簧是靠断路器合闸动作来储能。故弹簧机构在合闸后进行储能。

断路器正常运行时，合闸弹簧、分闸弹簧均已储能。当有故障开关跳闸时，分闸弹簧释放能量，断路器接到重合闸命令时进行重合，合闸后合闸弹簧释放能量，储能限位接点动作开始储能，合闸过程中分闸弹簧再次储能，如合于故障，断路器再次跳闸，分闸弹簧能量释放。合闸弹簧经一定时间储能完毕，从而准备好下次合闸。

（2）二次回路工作原理。二次回路接线图如图 13-14 所示。

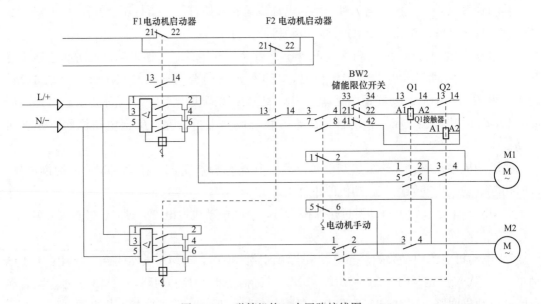

图 13-14　弹簧机构二次回路接线图

M1、M2—电动机；F1、F2—电动机保护空气开关；BW2—储能限位开关；Q1、Q2—接触器

储能过程：合闸弹簧能量释放后，储能限位开关动断触点动作，此时 L/＋→F1（1-2、

3-4)→F2 动合触点（13-14）→电动机手动自动切换开关（3-4）→储能限位开关动断触点（21-22）→Q1、Q2 接触器线圈→储能限位开关动断触点（41-42）→电动机手动自动切换开关（7-8）→F1 动合触点（6-5）→N/－，回路导通。Q1、Q2 接触器动合触点闭合。接通电动机回路，电动机开始打压给合闸弹簧储能。弹簧储能完毕时，储能限位开关动断触点打开，Q1、Q2 接触器失电返回，电动机停止打压。

电动机手动自动切换开关作用：当电动机二次回路故障不能进行电动储能时，此时机构可以通过专用工具手动对弹簧进行储能，为防止在手动储能过程中电动机突然带电运转，从而设计了保护回路，当手动自动切换开关切换到手动位置时，动合触点 3-4、7-8 断开启动回路，同时动断触点 1-2、5-6 将电动机短接，从而防止电动机突然带电，威胁人身安全。

F1、F2 为电动机用保护空气开关，带过载、短路跳闸功能，可以作为电动机过热和二次回路短路保护，跳闸后通过动断辅助触点 21-22 发出故障信号。

2. 弹簧机构二次回路异常处理

断路器合闸后发"合闸弹簧未储能"信号（该信号为合闸弹簧 BW1 行程开关发出），应首先到现场检查合闸弹簧储能指示，如现场指示未储能，则检查电源回路，如交流电源无电，则恢复其电源后即可打压。如电动机保护空气开关 F1、F2 跳闸，检查电动机回路无明显异常，合闸弹簧无明显异常，可以试合一次，再跳不得再送，查明原因处理。

第二节　高压隔离开关二次异常分析及处理

一、隔离开关控制回路

电动操作机构隔离开关二次控制回路如图 13-15 所示。

图 13-15 为 500kV 分相操作隔离开关典型原理接线图。可以三相联动操作，也可以单相独立操作，可以就地操作，也可以远方操作。联动操作一般装设在 B 相机构箱内，下面对其基本控制原理进行介绍。

1. 隔离开关控制回路基本原理

（1）主要元件功能说明。

1）M——交流电动机；

2）KM1、KM2——合闸、分闸交流接触器，正常时在失电状态；

3）SA、S——交流电源小空开；

4）EHD——加热器；

5）SBT1——三相联动/单相操作选择开关，三相联动位置动合触点接通，单相操作位置动断触点接通；

6）SBT2——远方/就地切换把手，远方位置动合触点接通，就地位置动断触点接通。

7）SL1——合闸限位开关（只有隔离开关合闸到位时，其动断触点才断开，隔离开关在分位以及中间位置时，其动断触点都接通）；

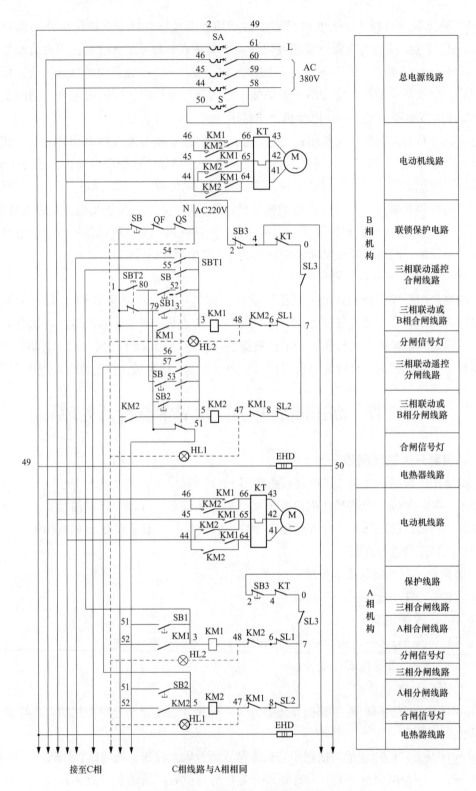

图 13-15　隔离开关二次控制回路

8）SL2——分闸限位开关（只有隔离开关分闸到位时，其动断触点才断开，隔离开关在合位以及中间位置时，其动断触点都接通）；

9）SL3——手动操作闭锁开关（隔离开关手动操作时，其动断触点断开，闭锁电动操作回路，防止手动操作过程中电动机运转伤人）；

10）SB1、SB2、SB3——就地合闸、就地分闸、就地停止按钮；

11）SB——远方遥控按钮；

12）KT——电动机热继电器；

13）QF、QS——断路器、隔离开关联锁触点，此为电气联锁回路，实际未使用。

（2）隔离开关"就地/远控"分闸操作动作过程。

1）就地分闸操作动作过程。如图 13-15 所示，SBT1 切至三相联动位置，SBT2 切至就地位置，按下分闸按钮 SB2，控制电源 L→SA→SB3→热继电器 KT 动断触点→SL3→SL2→KM1 动断触点→KM2 线圈→SB2 按钮→SBT2 动断触点（79）→SB（急停按钮）→QF（电气闭锁触点）→QS（电气闭锁触点）→N，回路导通，接触器 KM2 线圈带电。KM2 主触点闭合，接通电动机回路，隔离开关进行分闸。

KM2 一副动合触点闭合，起到自保持的作用，按钮松开后回路依然导通，从而保证分闸过程中，KM2 线圈可靠带电，直到分闸到位，SL2 动断触点断开，切断分闸回路。一副动断触点打开，闭锁合闸回路，保证分闸时，合闸回路可靠断开。

由于 SBT1 切至三相联动位置，按下就地分闸按钮 SB2 后，控制电源 L→SA→B 相 SB3→A、C 相 SB3→A、C 相热继电器动断触点 KT→A、C 相 SL3→A、C 相 SL2→A、C 相 KM1 动断触点→A、C 相 KM2 线圈→SBT1 动合触点（56-57）→SB2 按钮→SBT2 动断触点（79）→SB（急停按钮）→QF（电气闭锁触点）→QS（电气闭锁触点）→N，回路导通，A、C 相接触器 KM2 线圈带电并自保持，其动合触点接通电动机回路，从而实现和 B 相同时联动分闸。如有问题，在 B 相机构箱处按急停 SB3 按钮，则三相同时停止。当 SBT1 切至单相位置时，SBT1 动合触点（56-57）断开，动断触点（51）接通，从而各相只能在本机构就地操作。

2）远控分闸操作动作过程。如图 13-15 所示，SBT1 切至三相联动位置，SBT2 切至远方位置，按下远控分闸按钮 SB，控制电源 L→SA→SB3→热继电器动断触点 KT→SL3→SL2→KM1 动断触点→KM2 线圈→SBT1（53）（同时通过 SBT1 56-57 动合触点启动 A、C 相）→远控分按钮 SB→SBT2 动合触点（80）→SB（急停按钮）→QF（电气闭锁触点）→QS（电气闭锁触点）→N，回路导通，接触器 KM2 线圈带电，其余动作过程同就地分闸操作。

（3）隔离开关远控合闸、就地合闸操作原理与分闸操作相同。

2. 隔离开关控制回路异常分析

（1）分合闸操作时，按下分合闸按钮后三相无任何反应，电动机不转。对照图 13-15 分析，可能的原因有以下 4 种情况。

1）电源回路问题。机构箱内电动机控制电源、电动机电源空气开关未合闸。这种情况多见于设备检修后，可能来电侧隔离开关断开电动机电源后忘记恢复电源，在送电时出现合闸后无反应。如电动机电源空气开关均在合位，则用万用表测量控制电源和电动机电源是否正常，并查找上级空气开关解决电源回路无电的问题。

2）分合闸按钮接触不良。由于长期运行，分合闸按钮出现故障的概率也较高，按下分合闸按钮后测量按钮接线端子对地电压，可验证是否为分合闸按钮故障。

3）急停按钮未复位。B相机构总回路内的SB3急停按钮未复位，还处于断开状态，造成操作时三相均不动作。

4）分合闸操作时，按下分合闸按钮后三相中只有某相隔离开关未动作，其他相动作，则电源回路问题概率较小，一般为该相隔离开关控制回路问题。现场最常见的原因为限位开关接触不良造成，不带电的情况下多次按动分合闸限位开关、手动操作闭锁限位开关，如图13-16、图13-17所示，一般可以解决该问题。如无法解决，可以断开电源，使用摇把手动拉开。

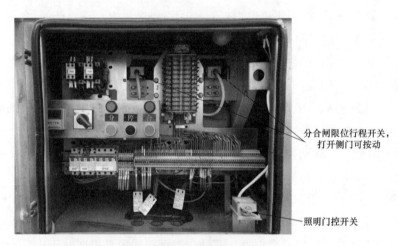

图 13-16 机构箱内部限位开关位置

图 13-17 机构箱内部手动操作位置

（2）分合闸操作时，某相电机运转声响不正常，热继电器动作，切断控制回路。这种情况大都为电动机缺相运行，原因可能为接触器触点接触不良或者电源回路接触不良。排除缺相故障后，复归热继电器后再次操作。另外也可能为机械部分卡涩，造成电动机热继电器动作，此时应仔细检查是否存在卡涩，不要盲目操作，必要时由专业人员检查处理。

（3）其他二次回路故障。如远方就地切换把手切换不良，分合闸接触器线圈损坏或线圈带电但触点卡滞，回路中接线端子松动或接触不良，电脑钥匙未插好，接触不良（电编码锁）等。

二、双母线接线隔离开关辅助触点切换不良

1. 双母线接线方式下，母线侧隔离开关位置对各保护的影响

（1）母差保护小差电流计算，需确定支路上哪条母线运行。母差保护、断路器失灵保护跳Ⅰ母、跳Ⅱ母出口时，需确定所要跳闸的支路。如果隔离开关位置不正确，可能对保护的正确动作产生影响。

（2）线路保护、主变压器保护所用的电压取自Ⅰ母还是Ⅱ母，需要通过母线隔离开关进行电压切换。如果切换不正确，可能造成保护装置失去交流电压，使部分保护功能被闭锁。

（3）各线路、主变压器中压侧计量回路用电压也需要通过母线隔离开关进行电压切换。如果切换不正确，会造成电能表失压，影响计量。

2. 电压切换回路原理

以北京四方 JFZ30Q 电压切换箱为例，说明电压切换原理。

电压切换箱接线如图 13-18 所示。1G、2G 为隔离开关辅助触点，1YQJ1～1YQJ3、2YQJ1～2YQJ3 为双位置电压切换继电器（磁保持继电器，带电后保持，另一线圈带电后解除保持返回）。L1YQJ、L2YQJ 为隔离开关位置指示灯。

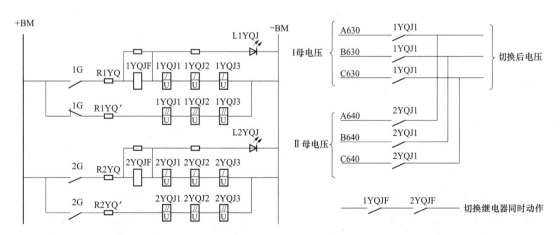

图 13-18　北京四方 JFZ30Q 电压切换箱原理图

当断路器处于冷备用状态，1G、2G 隔离开关均在分位，此时，1G、2G 动断辅助触点闭合，接通 1YQJ1～1YQJ3、2YQJ1～2YQJ3 返回线圈，继电器返回，其动合触点打开，

没有电压接至保护装置。

当合上 1G 隔离开关，1G 动合触点闭合，动断触点打开，1YQJF、1YQJ1～1YQJ3 线圈带电，1YQJ1 动合触点闭合，将Ⅰ母电压接入保护装置。合上 2G 隔离开关同理。运行中如 1G 隔离开关动合辅助触点因接触不良断开，由于磁保持继电器已自保持，只有 1G 动断触点闭合后才能解除保持，故保护装置不会失压。操作箱上 L1YQJ 灯灭。这就是双位置继电器设置的初衷，提高保护用电压的可靠性，但是双位置继电器也给运行带来较大隐患，下文详述。

倒母线操作时，1G、2G 隔离开关均合上，此时 1YQJ1、2YQJ1 继电器均动作，1YQJ1、2YQJ1 动合触点闭合，将Ⅰ母电压、Ⅱ母电压并列。同时，1YQJF、2YQJF 继电器带电，动合触点闭合，发出"切换继电器同时动作"信号。当拉开 1G 隔离开关时，其动断触点闭合，接通返回线圈，解除磁保持回路，1YQJ1 动合触点打开，电压切换至Ⅱ母线。

3. 隔离开关辅助触点切换不良的影响

(1) 断路器由冷备用转热备用送电时，当 1G 隔离开关辅助开关切换不良，1G 动合触点未闭合，操作箱上 L1YQJ 灯不亮，保护装置没有交流电压，TV 断线信号不复归。此时可以通过再次拉合隔离开关，查看是否能切换到位，如无效则上报缺陷处理。

(2) 倒母线操作时，当合上 2G 隔离开关后，2G 动合触点未闭合，操作箱上 L2YQJ 指示灯不亮，保护装置仍然使用Ⅰ母电压。此时可通过再次拉合隔离开关，查看是否能切换到位，如无效则上报缺陷处理。如此时检查不认真，在 2G 隔离开关未切换良好的情况下，拉开了 1G 隔离开关，1G 隔离开关动断触点闭合，1YQJ1 返回，则保护装置就会在运行中失去交流电压，影响距离、零序方向等保护。

(3) 倒母线操作时，当合上 2G 隔离开关，切换良好，拉开 1G 隔离开关，1G 动合触点打开，而 1G 隔离开关动断触点未闭合，此时，1YQJ1 继电器仍然自保持不返回，1YQJ1、2YQJ1 动合触点闭合，将Ⅰ、Ⅱ母电压并列。此时，因 1G 隔离开关动合触点打开，1YQJF 继电器失电，"切换继电器同时动作"信号复归，L1YQJ 指示灯也熄灭，以上现象和正常切换到位没有区别，故运维人员无法发现。如果此时进行母线停电操作，则在倒空母线，拉开母联断路器时，因 TV 二次并列，运行母线 TV 二次向停电母线 TV 反充电，会造成运行母线 TV 二次空气开关跳闸，所有线路、母线、主变压器保护交流失压。如果此时进行母线送电操作，则根本无法发现这一问题，造成 TV 二次长期并列运行。

对于电压切换回路，《国家电网公司十八项电网重大反事故措施》15.1.5 条目有明确规定："当保护采用双重化配置时，其电压切换箱（回路）隔离开关辅助触点应采用单位置输入方式。单套配置保护的电压切换箱（回路）隔离开关辅助触点应采用双位置输入方式。电压切换直流电源与对应保护装置直流电源取自同一段直流母线且共用直流空气开关。"

4. 故障案例

某变电站因电压切换回路问题在发生故障时造成全站停电。

(1) 事故情况：2013 年，某一 220kV 变电站，正常运行方式为双母线单分段，220kV

Ⅰ、Ⅱ、Ⅲ母线并列运行。220kVⅠ、Ⅲ母线分段断路器间隔电流互感器爆炸，母差保护正确动作切除Ⅰ、Ⅲ母线；因运行在Ⅰ母线的220kV甲乙线电压切换箱（北四方产品，型号JFZ30Q）内Ⅱ母隔离开关分位电阻开路，如图13-19所示，相应电压切换继电器未能复归，使得Ⅰ、Ⅱ母线电压切换回路二次误并列，造成Ⅱ母电压互感器对Ⅰ母电压互感器二次反充电，Ⅱ母电压互感器二次总空气开关跳闸，使得已进入故障处理程序的运行在220kVⅡ母线上的220kV甲丙线、甲丁线线路保护距离Ⅲ段动作，造成全站失压。故障导致两座220kV变电站、一座110kV变电站失压，损失负荷2.8万kW。

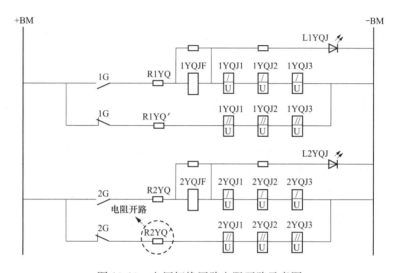

图 13-19　电压切换回路电阻开路示意图

（2）事故原因分析。

1）电压切换回路设计不合理。电压切换回路采用双位置继电器，二次电压并列告警信号采用单位置继电器，两者不一致造成二次电压并列告警信号不能真实反映二次电压切换状态，导致运行中无法及时发现二次电压异常并列的情况。

2）公司企业标准执行不到位。国家电网有限公司企业标准《线路保护及辅助装置标准化设计规范》（Q/GDW 161—2007）中明确要求"电压切换主要回路采用单位置启动方式"，该变电站的建设中未严格执行公司企业标准，采用双位置继电器进行电压切换，且未能完善相关回路监视信号，导致事故范围扩大。

（3）整改要求。规范电压切换回路设计，严格执行公司企业标准。

1）对于新建、扩建、改造常规变电站，应严格按照相关要求，采用单位置继电器，电压切换与相应的保护装置共用电源（空气开关）。

2）对电压切换装置已按照双位置继电器订货但尚未投运的工程，应立即将双位置继电器更换成单位置继电器。

3）各单位应对现有电压切换回路进行普查，确保不存在二次电压异常并列现象。对已采用双位置继电器的电压切换装置进行告警回路检查整改，确保在二次电压并列时告警发信，告警信号如实反映切换回路和继电器实际工作状态。

第三节　变压器二次异常分析及处理

　　500kV 变压器常用冷却方式有普通的强迫油循环风冷（ODAF）、片散式的强迫油循环风冷 ONAN/ONAF/ODAF、油浸风冷 ONAN/ONAF。其中 ODAF 冷却方式，主变压器运行时在任何情况下必须有冷却器工作；ODAF/ONAN/ONAF 冷却方式，低于 60％额定负荷主变压器处于自然冷却（ONAN），60％～80％额定负荷风扇启动（ONAF），超过 80％额定负荷风扇、油泵均启动（ODAF）；ONAN/ONAF 冷却方式，低于 80％额定负荷主变压器处于自然冷却（ONAN），超过 80％额定负荷风扇启动（ONAF）。无论哪种冷却方式，风冷系统的基本控制原理都是类似的。

　　变压器冷却器控制回路的基本要求：

　　（1）采用两路三相电源供电，一路工作，一路备用，工作电源故障后，备用电源自动投入。

　　（2）变压器顶层油温或负荷达到规定值时，冷却器应能自动投入。

　　（3）冷却器除能自动投入外，还应可以手动投入。

　　（4）当冷却器系统相关风扇、油泵发生故障时应能在风冷控制箱、监控机发出信号。

一、ODAF 冷却系统

　　1．ODAF 冷却系统工作原理

　　（1）冷却装置运行说明。冷却装置控制回路如图 13-20 所示。

　　1）冷却装置的组成：每相变压器共三组冷却器，每组冷却器由散热器、风扇、油泵、油流指示器和控制回路组成。冷却装置由电源Ⅰ、Ⅱ两路独立电源供电，一路运行另一路备用，每月轮换一次。

　　2）三组冷却器，除正常投入于"工作""备用""辅助"状态外，还有"停止"状态。冷却器按"工作""辅助""备用"的使用每十日进行一次轮换操作。

　　3）Ⅰ、Ⅱ路电源切换开关 SAM1、全停试验开关 SAM2、冷却器工作状况监视开关 SAM5 均投入工作位置。温度控制加热器回路开关 SAM4 按需要切换到加热或停止位置。三组冷却器控制开关 SA1、SA2、SA3 分别按需要投入"工作""辅助""备用"位置。

　　4）冷却方式分为"手动""自动""停止"三种状态，正常时切至"自动"位置。

　　5）变压器运行时，两组及以上冷却器不允许同时启动，最多同时运转两组。两组及以上冷却器同时启动，有可能造成变压器油涌流过大，导致重瓦斯保护误动作。

　　6）环境温度为 40℃时，全部冷却器退出运行后，变压器允许满载运行 20min。在顶层油温不超过 75℃的情况下，主变压器运行最长时间不得超过 1h。一般情况下，处于"工作"状态的冷却器组必须随着主变压器的运行而投入运行，不允许全部冷却器停用，原因是强油风冷变压器的冷却效率与油流速度有关，尤其是强油导向冷却变压器的油流路径是导向的，若无油泵送油，不能将变压器内部的热量散发出来。辅助、备用冷却器根据条件投入运行。

（2）电源控制回路工作原理。

1）主变压器三侧断路器停电后自动停止风冷系统。如图 13-20 所示，当变压器三侧断路器在分位时，三侧断路器动断辅助触点 QF1、QF2、QF3 闭合，全停试验开关 SAM2 把手在工作位置，1-2 触点接通，启动 K5 继电器，K5 继电器励磁后，其动断触点 K5 断开，切断图中Ⅰ电源、Ⅱ电源自动控制回路和信号回路。这样设计的原因是，当主变压器故障跳闸后，应立即停止油泵运行，防止将内部故障产生的分解物、金属颗粒等扩散到整个油箱内。

当变压器停电后，为了可以正常进行冷却器试验检修工作，将全停试验开关 SAM2 切至试验位置，1-2 触点断开，K5 继电器失电，其动断触点闭合，接通变压器冷却器电源控制回路及信号回路，从而可以进行主变压器冷却器试验检修工作。

当变压器投入运行时，合上任一侧断路器，其动断辅助触点断开，则 K5 继电器失电，其动断触点闭合，接通变压器冷却器电源控制回路及信号回路，冷却系统也随之投入。

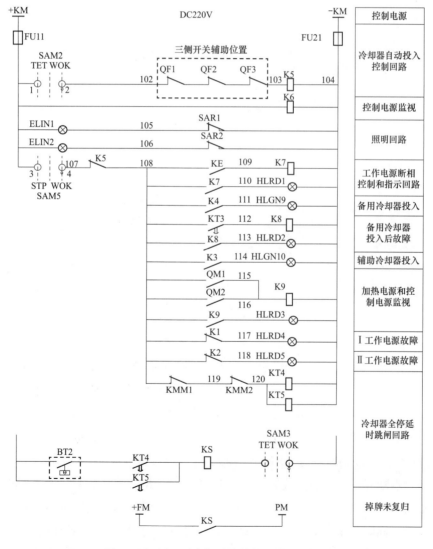

图 13-20　ODAF 冷却系统控制回路图（一）

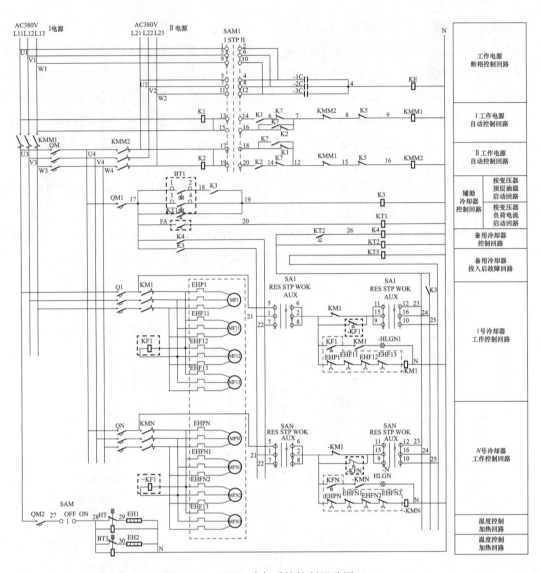

图 13-20 ODAF冷却系统控制回路图（二）

2）工作电源控制过程。如图 13-20 所示，两路电源都正常时，电源电压监视继电器 K1、K2 励磁，动合触点闭合，动断触点断开，SAM1 电源切换开关切至"Ⅰ电源"位置时，触点 1-2、5-6、9-10、13-14、17-18 接通。变压器断路器合闸后，K5 继电器失电，其动断触点闭合，当Ⅰ电源正常时，断相监视继电器 KE 不动作，其动合触点打开，K7 继电器失电，其动断触点闭合，则通过 L13→SAM1 13-14→K1 动合触点→K7 动断触点→KMM2 动断触点→K5 动断触点→KMM1 线圈→N，回路导通，KMM1 带电，其动合触点接通，动断触点断开。动合触点接通后，L11、L12、L13 可送电至 U3、V3、W3，由于联络开关 QM 在合位，使 U3、V3、W3 和 U4、V4、W4 所在母线同时带电，从而使Ⅰ电源带冷却器运行。同时，Ⅰ、Ⅱ电源工作回路内分别串接了 KMM1、KMM2 接触器动断触点，Ⅰ电源工作时切断Ⅱ电源控制回路，Ⅱ电源工作时切断Ⅰ电源控制回路，起到相互闭

182

锁的作用，以防止交流两路电源意外并列。

3）工作电源自动切换过程。正常运行时，当工作电源出现故障，另一路备用电源自动投入。下面以电源Ⅰ工作，电源Ⅱ备用为例进行说明。

当电源Ⅰ回路 A、B、C 任一相断线时，1C、2C、3C 电容三相不平衡，KE 继电器带电，＋KM→SAM5 3-4（工作位置接通）→K5 动断触点→KE 动合触点闭合→K7 继电器线圈→KM 回路导通；K7 继电器带电，其动合触点闭合，动断触点断开，KMM1 线圈回路断电，KMM1 动断触点闭合。由 L21→SAM1 17-18→K7 动合触点→KMM1 动断触点→K5 动断触点→KMM2 线圈→N 回路导通；KMM2 带电，其动合触点接通，动断触点断开。动合触点接通后，L21、L22、L23 可送电至 U4、V4、W4，由于联络开关 QM 在合位，使 U3、V3、W3 和 U4、V4、W4 所在母线同时带电，从而将冷却器电源切至Ⅱ电源运行。同时，K7 动合触点闭合后，接通信号回路，工作电源断相指示灯点亮。

当电源Ⅰ回路 A、C 任一相断线或三相失电时，K1 继电器失电，其动合触点断开，动断触点闭合，动合触点断开后 KMM1 线圈回路断电，KMM1 动断触点闭合。由 L21→SAM1 17-18→K1 动断触点→KMM1 动断触点→K5 动断触点→KMM2 线圈→N 回路导通；KMM2 带电，其动合触点接通，动断触点断开。动合触点接通后，将冷却器电源切至Ⅱ电源运行。同时，K1 动合触点闭合后，接通信号回路，Ⅰ电源故障指示灯点亮。

SAM1 电源切换开关切至"Ⅱ电源"位置时，触点 3-4、7-8、11-12、15-16、19-20 接通。Ⅱ电源故障时切换原理相同，不再详述。

（3）冷却器控制回路工作原理。该类型冷却系统每相变压器三组冷却器，每组冷却器包括 1 台油泵和 3 个风扇，如图 13-21 所示。每组冷却器的油泵、风扇同时投入运行，每一组有"工作""辅助""备用""停止"四种状态可供选择，一般情况下，每相主变压器的三组冷却器通过三个状态切换开关 SAN（N：1，2，3）可使其分别处于"工作""辅助""备用"状态，三组切换开关在每相主变压器冷却器控制箱内，如图 13-22 和图 13-23 所示。

图 13-21　ODAF 型冷却器

图 13-22　ODAF 型冷却器控制箱正面

假设三组冷却器状态分别设为第一组工作，第二组辅助，第三组备用。

1）第一组冷却器切换开关 SA1 切至"工作"位置时，触点 5-6、11-12 接通，由 U3→

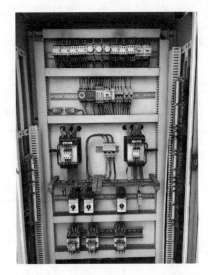

图 13-23　ODAF 型冷却器
控制箱背面

Q1→SA1 5-6→EHP1（油泵热继电器动断触点）→EHF11→EHF12→EHF13（风扇热继电器动断触点）→KM1 线圈→N 回路导通，KM1 接触器励磁，其动合触点闭合，从而启动第一组冷却器。油泵运转正常后，油流继电器 KF1 动作，动合触点闭合，KM1 动合触点与油流继电器动合触点 KF1 串联，点亮冷却器工作信号指示灯。

2）当工作冷却器故障时，如油泵或风扇热继电器动作，其动断触点断开，KM1 接触器线圈失电，KM1 动断触点闭合，由 U3→Q1→SA1 5-6→KM1 动断触点→SA1 11-12→KT2 线圈→N 回路导通，KT2 时间继电器励磁，其延时闭合的动合触点闭合，启动 K4 继电器，其动合触点闭合，由 U4→-QM1→-K4 动合触点→SA3 7-8→EHP3（油泵热继电器动断触点）→EHF31→EHF32→EHF33（风扇热继电器动断触点）→KM3 线圈→N 回路导通，KM3 接触器励磁，其动合触点闭合，从而启动第三组备用冷却器。同理，当第一组冷却器油流继电器返回时，其动断触点闭合，通过上述回路启动备用冷却器，但不能停止第一组冷却器运行，此时会出现工作冷却器和备用冷却器同时工作的情况。K4 继电器动作后，其动合触点接通信号回路，发出"备用冷却器投入"信号。

当备用冷却器投入后再发生故障，油泵或风扇热继电器动作，KM3 继电器失电，由 U4→QM1→K4 动合触点→SA3 7-8→KM3 动断触点→SA3 9-10→KT3 线圈→N 回路导通，KT3 时间继电器励磁，其动合触点延时闭合，启动信号回路，发出"备用冷却器投入后故障"信号。

3）辅助冷却器的作用是当一组冷却器工作不能满足主变压器散热，油温进一步升高时，或主变压器负荷较大，需要加快散热时投入。一般负荷超过额定值的 70% 或顶层油温达到 55℃ 时，应自动投入辅助冷却器，当负荷降低到 70% 以下或顶层油温降至 45℃ 时辅助冷却器停运。以下详述辅助冷却器启动过程。

第二组冷却器切换开关 SA2 切至辅助位置时，触点 1-2、15-16 接通，如达到负荷启动值时，FA 动合触点闭合，由 U4→QM1→FA 动合触点→KT1 线圈→N 回路导通，KT1 继电器启动，经延时其动合触点闭合，启动 K3 继电器，K3 动合触点闭合，由 U4→QM1→K3 动合触点→SA2 1-2→EHP2（油泵热继电器动断触点）→EHF21→EHF22→EHF23（风扇热继电器动断触点）→KM2 线圈→N 回路导通，KM2 接触器励磁，其动合触点闭合，从而启动第二组辅助冷却器。

当油温上升到 45℃ 时，BT1 油温表触点 1-2 闭合，但由于 K3 动合触点打开，这时辅助冷却器不能启动，当顶层油温上升到 55℃ 时，BT1 油温表触点 3-4 闭合，启动 K3 继电器，K3 动合触点闭合，与 BT1 油温表触点 1-2 串联后形成自保持回路，直到变压器油温降低到 45℃ 以下时，才停止辅助冷却器运行，从而实现辅助冷却器 55℃ 启动，45℃ 返回。

油温启停辅助冷却器有 10℃ 温差，以及负荷启动冷却器使用时间继电器延时闭合触点，都是为了防止辅助冷却器达到启动条件时频繁启停。

辅助冷却器投入后发生故障同样启动备用冷却器，原理与工作冷却器故障启动备用冷却器类似，这里不再详述。

2. ODAF 冷却系统故障分析处理

（1）工作电源故障。工作电源故障信号回路如图 13-24 所示。

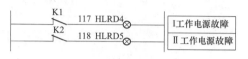

图 13-24　工作电源故障信号回路

以电源 Ⅰ 故障为例，发出"Ⅰ 工作电源故障"报警，现场 HLRD4 灯点亮，说明 K1 动断触点返回闭合，那么 K1 线圈可能失电。检查冷却器电源已切换到 Ⅱ 电源工作，用万用表检查电源 Ⅰ 三相电压是否正常，如无电，则检查上级电源是否正常。如电源正常，则可能为 K1 继电器故障或回路接线松动，上报缺陷处理。

当两路电源全停时，由于强迫油循环风冷变压器不能无冷却器运行，此时应立即采取措施，通过接临时电源的方式恢复主变压器冷却器运行。

（2）工作电源断相故障。发出"工作电源断相故障"报警，现场 HLRD1 灯点亮，说明 KE 断相继电器动合触点闭合，使 K7 继电器线圈通电，K7 动合触点闭合。此时如果工作电源故障信号同时发出，则可能为工作电源 A、C 相缺相，如果只有断相信号，则可能为工作电源 B 相缺相。用万用表检查电源 Ⅰ 三相电压是否正常。如电压正常，则可能为 KE 继电器故障，上报缺陷处理。

（3）备用冷却器投入。发出"备用冷却器投入"报警，现场 HLRD9 灯点亮，说明 K4 继电器动合触点闭合。此信号发出后，说明"工作"状态的冷却器发生故障。现场检查工作冷却器是否停止运转，备用冷却器是否投入运行。

1）若工作冷却器已停，检查热继电器是否动作，如热继电器动作，应检查风扇、油泵有无明显异常，回路有无明显过热痕迹等，未见明显异常，可以复归热继电器，如图 13-25 所示，复归后工作冷却器重新启动。如热继电器再次动作，则上报缺陷处理。

2）若检查发现工作冷却器和备用冷却器同时运行，则为工作冷却器油流继电器故障，如图 13-26 所示，KFN 动合触点打开，动断触点闭合，启动了备用冷却器，应上报缺陷处理。

（4）备用冷却器投入后故障。发出"备用冷却器投入后故障"报警，现场 HLGNN 灯熄灭，HLRD2 灯点亮，说明信号回路中 K8 线圈通电，即 KT3 继电器动作。

检查备用冷却器是否正常，如备用冷却器停运，此时变压器冷却器全停，首先应将辅助冷却器切至工作位置，保证变压器一组冷却器运行，然后检查备用冷却器热继电器是否动作，可复归一次。如备用冷却器无法恢复，应上报缺陷处理。

若备用冷却器并未停运，说明故障原因和油流继电器触点有直接关系。

热继电器动作后，该绿色指示弹出，按动蓝色按钮可复归

图 13-25　冷却装置控制箱热继电器位置

图 13-26　油流继电器

（5）冷却器全停延时跳闸回路。电源Ⅰ、Ⅱ全部失电的情况下，KMM1、KMM2接触器全部失电，其动断触点闭合，电压继电器K1、K2均返回，发Ⅰ、Ⅱ工作电源故障信号，同时启动时间继电器KT4、KT5。当变压器温度低于75℃时，经过60min至发变压器保护跳闸，当变压器温度达到或超过75℃时，经过20min至发变压器保护跳闸。一般500kV主变压器冷却器全停延时跳闸投信号，未投跳闸，具体看现场规定。

二、ODAF/ONAF/ONAN 冷却系统

1. ODAF/ONAF/ONAN 冷却系统工作原理

（1）冷却装置运行说明。冷却装置控制回路如图13-27和图13-28所示。

1）冷却装置的组成：每相主变压器的冷却装置由散热器、风扇、油泵、油流指示器和控制回路组成，如图13-29所示。冷却装置由电源Ⅰ、Ⅱ两路独立电源供电，一路运行另一路备用，每月轮换一次。

2）每相主变压器共7台风扇、4台油泵，顶层油温达到50℃（55℃）或主变压器负荷达到风扇启动值时1～5号风扇启动，延时30s后6、7号风扇启动，如油温达到60℃（65℃）或主变压器负荷达到油泵启动值时1、2号油泵启动，延时20s后3、4号油泵启动。

3）在60%额定负荷下主变压器处于自然冷却（ONAN），60%～80%额定负荷下风扇启动（ONAF），80%～100%额定负荷下风扇、油泵均启动（ODAF）。

4）Ⅰ、Ⅱ路电源切换开关SA1根据周期工作切至"Ⅰ电源"或"Ⅱ电源"位置，工作电源自动投入控制开关SA4切至工作位置，温度控制加热器回路开关SA2按需要切换到加热或停止位置。

5）冷却方式选择开关SA3可选择"手动""自动""停止"三种状态，正常时切至"自动"位置。

6）冷却装置在就地控制箱内、主变压器控制屏、微机监控机内同时发出以下工作异常信号：启动加热故障、风扇电动机故障、油泵电动机故障、Ⅰ电源故障、Ⅱ电源故障、工作电源断相故障、冷却器全停，如图13-30所示。

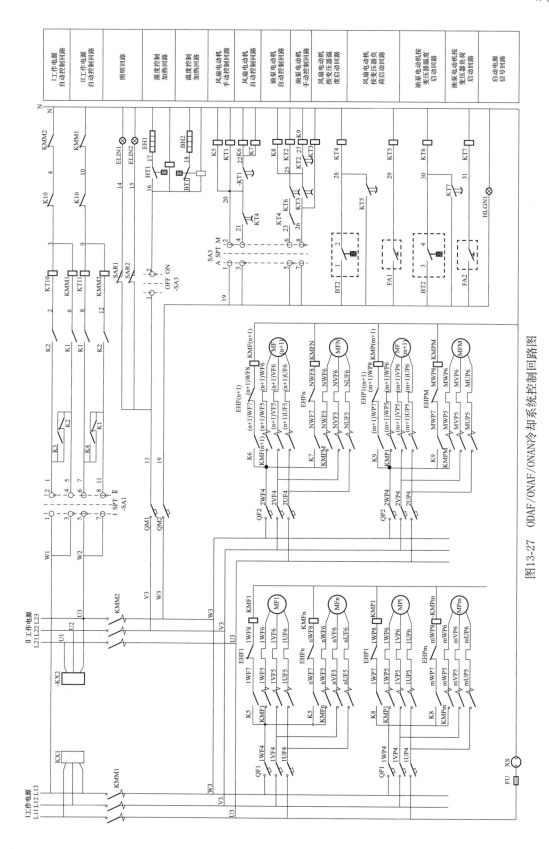

图13-27　ODAF/ONAF/ONAN冷却系统控制回路图

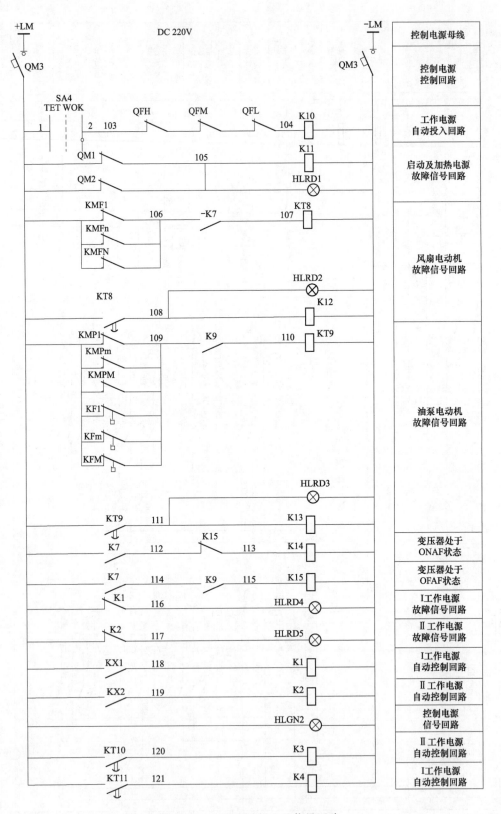

图 13-28　电源自动投入及信号回路

图 13-29　ODAF/ONAF/ONAN 冷却装置

图 13-30　风冷控制箱内切换开关及信号灯

（2）电源回路工作原理。如图 13-27 和图 13-28 所示，首先接通"电源Ⅰ"和"电源Ⅱ"，KX1 和 KX2 分别为"电源Ⅰ"和"电源Ⅱ"的断相保护装置，具有断相、相序错误、过电压、欠电压保护功能。如果电源Ⅰ和电源Ⅱ工作正常，则 KX1 和 KX2 动作，其动合触点分别启动Ⅰ工作电源和Ⅱ工作电源自动控制回路继电器 K1 和 K2，K1 和 K2 动作后其触点（两对动合和一对动断）分别为工作电源自动投入提供条件。

两路电源由切换开关 SA1 控制其工作状态。当 SA1 置于"电源Ⅰ工作"位置时，电源Ⅰ工作，电源Ⅱ备用；当 SA1 置于"电源Ⅱ工作"位置时，电源Ⅱ工作，电源Ⅰ备用；当 SA1 置于"停止"位置时，两路电源全部停止工作。下面以"电源Ⅰ工作"为例进行分析。

1）工作电源自动投入过程。

SA1 置于"电源Ⅰ工作"位置时，SA1 触点 1-2 和 7-8 断开，3-4 和 5-6 接通。当工作电源自动投入回路切换开关 SA4 置于"工作 WORK"位置时，其触点 1-2 接通，工作电源自动投入回路由变压器三侧断路器动断辅助触点串联控制冷却器的工作状态，当变压器投入运行时，其三侧任一断路器动断辅助触点断开，K10 失电返回，冷却器电源自动投入工作；当变压器退出运行时，其三侧断路器动断辅助触点均接通，启动继电器 K10，K10 动作后其动断触点断开Ⅰ工作电源和Ⅱ工作电源自动控制回路，冷却器电源停止工作。其动作过程为：＋LM→控制电源空气开关 QM3→SA4 1-2→QFH 动断触点→QFM 动断触点→QFL 动断触点→K10 线圈→QM3→-LM，回路导通。当 SA4 置于"试验 TEL"位置时，其触点 1-2 断开，电源自动投入回路继电器 K10 失电返回，冷却器电源投入工作，可以进行主变压器冷却器试验检修工作。

2）工作电源启动过程。满足工作电源投入条件后，工作电源Ⅰ的 L13→SA1 3-4→K1 动合触点→工作电源Ⅰ接触器 KMM1 线圈→K10 动断触点→KMM2 动断触点→零线 N 回路接通，KMM1 线圈带电动作，其三对主触点接通工作电源。

3）两路工作电源自动投切过程。

a. 电源Ⅰ失电或断相时电源Ⅱ投入过程。当电源Ⅰ失电或断相后，KX1 返回使 K1 失电返回，K1 动合触点断开 KMM1 线圈回路，使 KMM1 返回，断开电源Ⅰ。同时，K1 和 KMM1 动断触点闭合，L23→SA1 5-6→K1 动断触点→K2 动合触点→工作电源Ⅱ接触器

KMM2 线圈→K10 动断触点→KMM1 动断触点→N 回路接通，KMM2 线圈带电动作，其三对主触点闭合接通电源Ⅱ。

b. 当电源Ⅰ恢复正常时，能够自动切换回电源Ⅰ供电。电源Ⅰ恢复正常，KX1 启动，K1 继电器动作，其动断触点断开电源Ⅱ接触器 KMM2 线圈，KMM2 失电返回，Ⅱ工作电源停止供电；同时，KMM2 动断触点接通电源Ⅰ接触器 KMM1 线圈，KMM1 动作，由电源Ⅰ供电。

c. 电源Ⅰ正常但接触器未启动时电源Ⅱ同样能自动投入，当 KMM1 动作失败，其动断触点接通，L23→SA1 5-6→K1 动合触点→时间继电器 KT11 线圈→K10 动断触点→KMM1 动断触点→N 回路接通，经 KT11 延时后启动 K4 继电器，K4 动合触点闭合，L23→SA1 5-6→K4 动合触点→K2 动合触点→KMM2 线圈→K10 动断触点→KMM1 动断触点→N 回路接通，KMM2 动作，由电源Ⅱ供电。

（3）冷却器回路工作原理。如图 13-27 所示，变压器冷却系统中的风扇电动机和油泵电动机的启动有手动和自动两种运行方式。当切换开关 SA3 切至"自动 A"位置时，风扇和油泵电动机可根据变压器上层油温和负荷电流的状况自动投入或退出工作；当 SA3 切至"手动 M"位置时，风扇和油泵电动机可根据各组风扇、油泵电动机电源的投入情况工作或退出；当 SA3 切至"停止 STP"位置时，风扇和油泵电动机停止工作。

1）冷却器手动启动过程。

a. 风扇电动机手动启动过程。切换开关 SA3 切至"手动 M"位置时，SA3 1-2、7-8 触点接通，1-2 接通，继电器 K5 带电，其动合触点闭合，启动 1～5 号风扇电动机交流接触器，1～5 号风扇运转；同时，SA3 1-2 接通，启动时间继电器 KT1，经延时其动合触点闭合，启动继电器 K6 和 K7，K6 和 K7 动合触点闭合，启动 6、7 号风扇电动机交流接触器，6、7 号风扇运转。

b. 油泵电动机手动启动过程。为防止冷却装置的潜油泵同时启动，造成变压器内部油流冲击而使瓦斯保护误动，在冷却装置控制回路设置了分组启动电路。潜油泵控制回路分为两组，1、2 号油泵一组，3、4 号油泵一组，第一组潜油泵启动后，经 20s 延时启动第二组潜油泵。

切换开关 SA3 切至"手动 M"位置时，SA3 1-2、7-8 触点接通，7-8 触点接通，W3→QM2→SA3 7-8→KT3 线圈→N 回路接通，时间继电器 KT3 动作，经延时动合触点闭合，W3→QM2→SA3 7-8→KT3 延时闭合动合触点→K8 和 KT2 线圈（并联）→N 回路接通，启动 K8 和 KT2。

K8 动作，1WP4→K8 动合触点→EHP1（EHP2）动断触点→KMP1（KMP2）线圈→N 回路接通，启动油泵电动机 MP1、MP2 接触器，使油泵电动机 MP1、MP2 投入运转。

KT2 动作，经延时 KT2 动合触点闭合，W3→QM2→SA3 7-8→KT3 延时闭合动合触点→KT2 延时闭合动合触点→K9 线圈→N 回路接通，启动 K9，2WP4→K9 动合触点→EHP3（EHP4）动断触点→KMP3（KMP4）线圈→N 回路接通，启动油泵电动机 MP3、MP4 交流接触器，使油泵电动机 MP3、MP4 投入运转。

2）冷却器自动启动过程。

a. 变压器负荷电流自动启动冷却器过程。切换开关 SA3 切至"自动 A"位置时，3-4 和 5-6 触点接通。当变压器的负荷电流达到 FA1（启动风扇）电流继电器的定值时，FA1 动合触点闭合，W3→QM2→FA1 动合触点→KT5 线圈→N 回路接通，时间继电器 KT5 动作，其动合触点经延时闭合，W3→QM2→KT5 延时闭合动合触点→KT4 线圈→N 回路接通，时间继电器 KT4 动作，W3→QM2→SA3 3-4→KT4（瞬时闭合延时打开动合触点）→K5 和 KT1 线圈→N 回路接通，K5 和 KT1 动作，启动风扇电动机。

当变压器的负荷电流达到 FA2（启动油泵）电流继电器的定值时，FA2 的动合触点闭合，时间继电器 KT7 动作，动合触点经延时（约 20s）闭合，时间继电器 KT6 动作，W3→QM2→SA3 5-6→KT4 动合触点→KT6（瞬时闭合延时打开动合触点）→K8 和 KT2 线圈→N 回路接通，K8 和 KT2 动作，启动油泵电动机。

b. 变压器温度自动启动冷却器过程。当变压器的上层油温达到 BT2 触点 1-2 设定温度（启动风扇）时，触点闭合，时间继电器 KT4 动作，启动风扇电动机。

当变压器的上层油温达到 BT2 触点 3-4 设定温度（启动油泵）时，触点闭合，时间继电器 KT6 动作，启动油泵电动机。

2. ODAF/ONAF/ONAN 冷却系统故障分析处理

（1）启动及加热电源故障告警。当加热照明回路空气开关 QM1 或冷却器启动回路空气开关 QM2 跳闸后，其动断辅助触点闭合，在就地控制箱点亮红色指示灯 HLRD1 发出"启动及加热电源故障"指示信号，同时＋LM→QM3→QM1、QM2 动断触点并联→K11 线圈→QM3→ -LM 回路接通，启动中间继电器 K11，通过其动合触点发出告警信号。发出此告警后，应检查 QM1、QM2 空气开关是否跳闸，若跳闸可试送一次，再跳应查明短路原因。

（2）控制电源故障告警。当控制电源空气开关 QM3 跳闸后，其动断辅助触点闭合，发出告警信号。

（3）Ⅰ工作电源故障告警。冷却器控制箱 HLRD4 灯点亮，说明 KX1 断相继电器线圈失电，动合触点打开，K1 继电器线圈失电，K1 动断触点闭合。

KX1、KX2 继电器为电源电压监视继电器，具有断相、相序错误、过电压、欠电压保护功能。当发出电源故障信号时，首先测量工作电源电压是否正常，如电压正常，则检查该继电器工作是否正常，该继电器上有报警指示灯，指示过电压、欠电压等，如指示过电压报警，而实际电压不高，则说明该继电器故障。该继电器电压检测值可调，可将过电压报警定值进行调整，暂时恢复工作电源，上报缺陷处理该继电器故障。

在实际生产工作中，因该继电器故障造成的冷却器电源故障告警占比较高，因此，当冷却器电源故障时，重点检查该继电器，如图 13-31 所示。

（4）两路电源故障全停告警。当两路电源接触器 KMM1 和 KMM2 同时失电返回，其动断触点串联后发出告警。发出此告警后，冷却器已无法工作，应立即检查处理，必要时接临时电源。

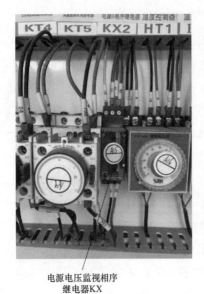

电源电压监视相序
继电器KX

电源电压监视相序
继电器KX

图 13-31　KX 继电器实物图

（5）风扇电动机故障告警。每相主变压器的风扇分为两大组运行，该类缺陷可分为整组风扇不能启动及某组中单台风扇不能启动的情况。

1）整组风扇不能启动的情况。

a. 运行中第一大组风扇因故障停转，发出"风扇电动机故障信号回路"告警，冷却器控制箱 HLRD2 灯点亮，说明 KT8 继电器动作，KT8 动作的原因是由于 KMF1～KMFn 继电器线圈失电，动断触点闭合。因此，可首先检查第一组风扇电源开关 QF1 是否跳闸，如电源正常，则对 KMF1～KMFn 继电器线圈回路上的 K5 继电器进行检查，看其通电后是否闭合，若 K5 继电器通电后，动合触点拒动（不闭合），则说明 K5 继电器已损坏，需进行更换。

若运行中第一大组风扇因故障停转，HLRD2 灯亮后又熄灭，除应按上述方法检查外，还应检查 K7 继电器通电后，其动合触点 K7 是否动作正常。

b. 运行中第二大组风扇因故障停转，发出"风扇电动机故障信号回路"告警，冷却器控制箱 HLRD2 灯点亮，检查第二组风扇电源开关 QF2 是否跳闸，检查 K6 继电器、K7 继电器、KT1 继电器工作情况。

2）单台风扇不能正常工作。

a. 若启动风冷系统后，某台风扇一直未启动，检查单台风扇电源回路中的 KMFN 继电器是否正常。

b. 若启动风冷系统后，某台风扇启动后很快就跳闸了，检查热耦继电器是否动作，风扇电机有无异常。如果控制回路及控制元器件无故障，则可能为电动机故障。

（6）油泵电动机故障报警。

1）整组不能正常启动。如第一组油泵不能启动，检查油泵空气开关 QP1 是否跳闸，检查 K8 继电器线圈电压及触点动作是否正常；如第二组不能正常启动，检查 QP2 空气开关是否跳闸，K9 继电器线圈电压及触点动作是否正常。若第二组油泵不能正常启动，但也不报警，则 K9 或 KT9 继电器可能损坏。

2）单台不能正常启动。检查相应 KMP 继电器及热耦继电器。

控制回路元器件中，因动作频繁，接触器、热继电器经常出现故障，而空气开关、时间继电器等元件发生故障的情况相对较少。

一般在处理故障时，可首先检查工作电源是否正常，电压过高、过低、缺相都可能烧毁电动机，或者导致热继电器动作。然后判断过电流控制元件（热继电器等）是否有问题，检查热继电器、交流接触器、空气开关是否完好，从而初步判断故障部位。

第四节　电压互感器二次异常分析及处理

一、电压互感器二次回路的基本要求

（1）所有二次绕组的 N 线自 TV 端子箱引至保护室电压转接屏后一点接地。双母线接线方式电压互感器两条母线上的电压互感器二次在电压转接屏一点接地。

（2）未在开关场接地的电压互感器二次回路宜在电压互感器端子箱处将每组二次回路中性点分别经放电间隙或氧化锌阀片接地，其击穿电压峰值应大于 $30I_{max}$ V（I_{max} 为电网接地故障时通过变电站的可能最大接地电流有效值，单位为 kA）。应定期检查放电间隙或氧化锌阀片，防止造成电压二次回路出现多点接地。为保证接地可靠，各电压互感器的中性线不得接有可能断开的开关或熔断器等。

（3）保护装置采用自产 3U0，电压互感器的开口三角电压一般供录波使用。

（4）双套配置的线路保护，电压取自不同的二次线圈。

（5）二次回路采用分相跳闸空气开关。

（6）电压互感器的隔离开关辅助触点应串在二次回路内，隔离开关拉开后，切断二次回路，防止二次反送电。

电压互感器二次回路典型接线如图 13-32 和图 13-33 所示。

二、电压互感器二次回路断线异常处理

保护装置在正常运行或者倒闸操作过程中，发出"交流电压断线"告警信号，应根据异常现象进行相应的检查处理。

1. 单间隔二次交流电压回路断线

（1）在倒母线操作过程中，某一间隔发出"交流电压断线"信号，应检查本间隔母线侧隔离开关辅助触点切换是否到位，若属隔离开关辅助触点切换不到位，可重新分合一次隔离开关，若属隔离开关本身辅助触点行程问题，应请专业人员对辅助触点进行调整或更换。在倒母线的过程中，若发现"交流电压断线"信号，在未查明原因之前，不应继续操作，应停止操作，查明原因。

（2）某一保护装置正常运行时，发出"交流电压断线"信号，运维人员应检查保护屏后的电压空气开关是否跳闸，电压切换指示灯是否熄灭，电压切换箱至电压转接屏的二次

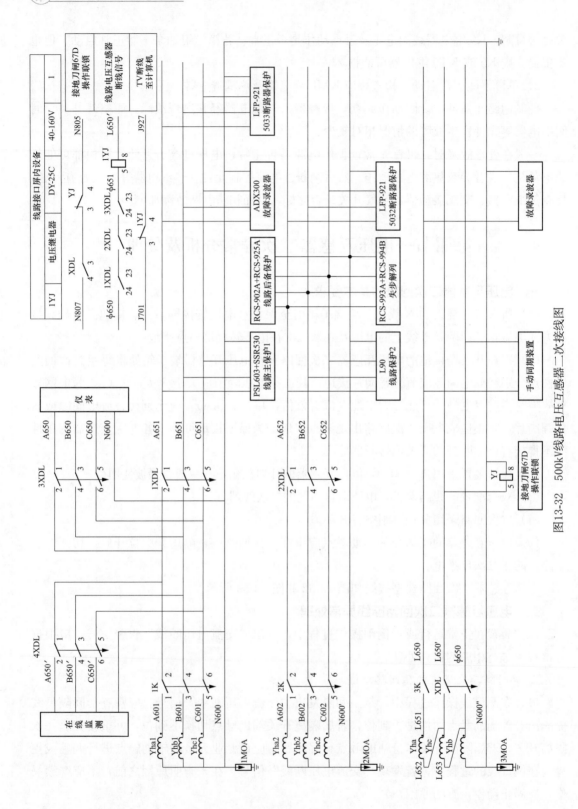

图13-32 500kV线路电压互感器二次接线图

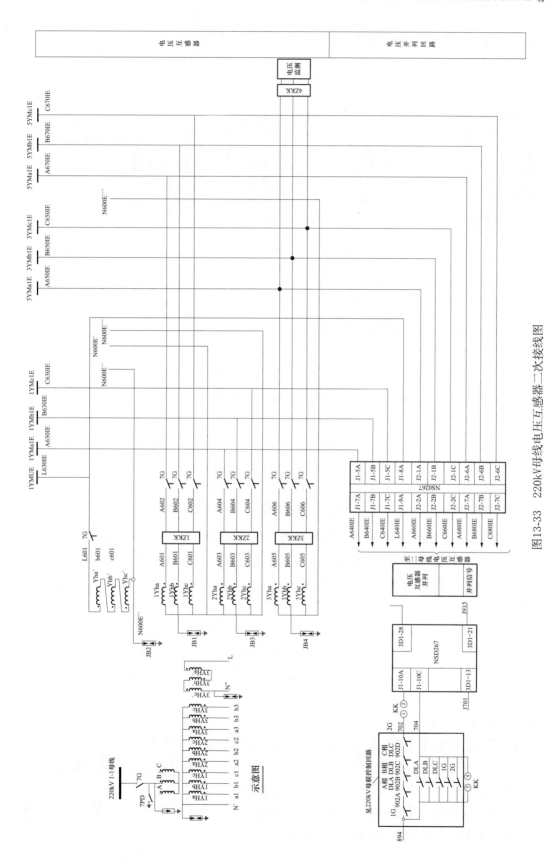

图13-33 220kV母线电压互感器二次接线图

回路是否存在端子松动现象，测量二次空气开关上口、下口电压是否正常，检查隔离开关辅助触点是否切换到位，并进行相应处理。图 13-34 为某一间隔设备二次电压连接示意图。若运维人员没有发现明显异常，应汇报值班调控人员，通知专业人员进行处理。

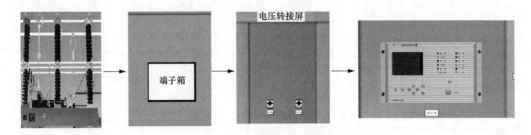

图 13-34 二次电压连接示意图

（3）交流电压回路断线，运维人员未查出明显的故障点，按以下方法处理：

1）向值班调控人员汇报；

2）停用失压后会误动的保护及自动装置；

3）通知专业人员进行处理；

4）故障处理完毕后，申请值班调控人员投入已停用的保护及自动装置。

处理时应注意防止交流电压回路短路。若发现接线端子接触不良，可自行处理；隔离开关辅助触点接触不良，不可采用晃动隔离开关操动机构的方法使其接触良好，以防带负荷拉隔离开关，造成母线短路或人身事故。

（4）500kV 某线路间隔发"交流电压断线"信号，但所有保护装置无异常，监控机内显示线路电压正常。此种情况大多为线路 TV 端子箱内 TV 断线继电器故障引起。

如图 13-35 所示，1YJ 为 TV 断线监视继电器，1XDL、2XDL、3XDL 为 TV 二次空气开关辅助触点，该回路接在开口三角绕组回路，使用 L650′、φ650（$\dot{U}_A + \dot{U}_B$）作为电源。正常情况下 1YJ 励磁，当 TV 二次回路某一空气开关跳闸，则空气开关常开辅助触点打开，1YJ 线圈失电，1YJ 动断触点闭合，发出 TV 断线信号。同时，该回路还监视 TV 开口三角绕组抽取电压（用于同期检测等）空气开关是否跳闸，如空气开关在分位，则 L650′、φ650 无电，1YJ 线圈失电发出 TV 断线信号。但由于该继电器长期带电运行，且处于户外运行条件下，故障率较高，经常出现线圈故障造成误发 TV 断线信号，如图 13-36 所示。现场检查时如 TV 二次所有空气开关均在合位，该继电器两端电压正常，则为该继电器线圈损坏，上报缺陷处理即可。

2. 公共二次回路交流电压回路断线

（1）将可能误动的保护和自动装置退出，根据现象分析判断故障情况。

（2）在电压互感器二次熔断器或二次小空气开关两端，分别测量相电压和线电压，互感器二次串有一次隔离开关的辅助触点，还应在触点两侧分别测量电压。

（3）若二次熔断器或端子接头接触不良，可拨动底座夹片使熔断器接触良好，或上紧端子螺丝，装上熔断器后投入所退出的保护及自动装置。

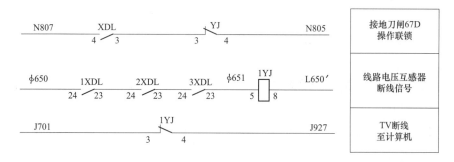

图 13-35　端子箱 TV 断线信号原理图

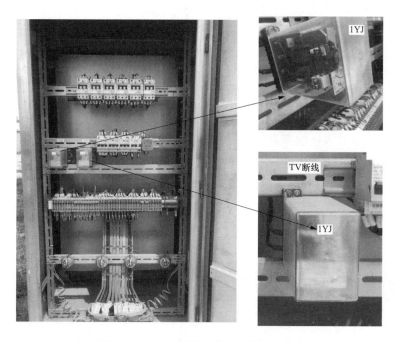

图 13-36　TV 断线信号继电器实物图

（4）若二次熔断器熔断（或二次小开关跳闸），应检查二次回路中有无短路、接地故障点，更换同规格熔断器，重新投入试送一次，成功后投入所退出的保护及自动装置；若再次熔断且不易查找时，汇报值班调控人员，由专业人员查找处理。

（5）若高压熔断器熔断，应检查电压互感器有无异常，无异常时断开二次电压空气开关，拉开一次隔离开关，更换同规格熔断器后试送一次。试送正常，投入所退出的保护及自动装置。若再次熔断，说明电压互感器内部故障，将其停电检修。

（6）若是一次隔离开关辅助触点切换不到位，可汇报调控人员，先将一次母线并列后，合上电压互感器二次回路并列开关，再进行处理。

（7）若是一次隔离开关自分，应手动合上电压互感器一次侧隔离开关，经检查无误后，再投入已退出的保护及自动装置。

第五节　电流互感器二次异常分析及处理

一、TA二次回路开路分析及处理

1. 异常现象

运行中由于TA二次回路接触不良、接线错误等原因，可能造成TA二次回路开路。主要现象：

(1) 监控系统发出告警信息，相关电流、功率指示降低或为零。

(2) 相关继电保护装置发出"TA断线"告警信息。

(3) 电流互感器本体发出较大噪声，开路处有放电现象。

2. 异常处理

TA二次回路开路后，可能引起继电保护闭锁，并且开路点处放电打火，可能造成元器件损坏或引发火灾事故，因此必须立即处理。

(1) 检查当地监控系统告警信息，相关电流、功率指示。

(2) 检查相关电流表、功率表、电能表指示有无异常。

(3) 检查本体有无异常声响、有无异常振动。

(4) 检查二次回路有无放电打火、开路现象，查找开路点。

(5) 检查相关继电保护及自动装置有无异常，必要时申请停用有关保护。

(6) 二次回路开路，应申请降低负荷；如不能消除，应立即汇报值班调控人员申请停运处理。

(7) 查找电流互感器二次开路点时应注意安全，穿绝缘靴，戴绝缘手套，至少两人一起。禁止用导线缠绕的方式消除电流互感器二次回路开路。

3. 案例分析

某500kV变电站GIS设备内部TA二次回路断线。该站500kV主接线如图13-37所示。

(1) 故障过程简述。2012年8月3日，某公司继电保护专业人员在进行专业巡视时，发现500kV 1号母线RCS-915E型母线保护装置中，5031断路器B、C相电流为0.03A，A相电流为0，A相差流0.03A，检查5031断路器CSC-121A保护装置，其A相电流为0.03A。进一步检查发现5031断路器A相2号主变压器侧的TA线圈TA14开路（该线圈用于母差回路，监控无法显示），开路位置为TA气室内部的二次接线。

该TA变比为4000/1A，查阅监控机，5031断路器一次电流123A，5032断路器一次电流130A，主变压器负荷230MW。RCS-915E型母线保护定值，TA异常报警定值0.06A，TA断线电流0.1A，当主变压器负荷在230MW左右时，母线保护达不到报警定值。经查阅，2010年10月14日至2012年8月3日，没有母线保护的异常报告记录。2012年6月19日，5031断路器一次电流值192.3A，为历史最大值，折合二次电流0.048A，也未达到母线保护告警值。

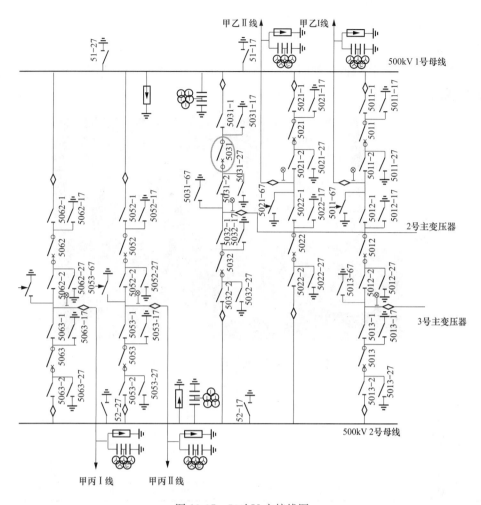

图 13-37　500kV 主接线图

将 5031 断路器转检修，打开 5031 断路器 A 相 2 号主变压器侧 TA 二次接线端子的金属压接法兰，检查气室内部 TA 二次接线盒处接线以及 TA 本体处的二次接线。

（2）设备基本情况。5031 间隔 HGIS 设备结构如图 13-38 所示。

1）HGIS 设备情况。

生产厂家：西安西开高压电气股份有限公司

设备型号：ZHW-550 型 HGIS 设备

额定电流：4000A

投运日期：2010 年 10 月

2）TA 设备情况。

生产厂家：西安西开高压电气股份有限公司

设备型号：LMZH-550

型式：内置式，环氧树脂浇注

次级电流：1A

热稳定电流：63kA

投运日期：2010 年 10 月

该 TA 共有 4 个二次线圈，如图 13-39 所示，每个线圈参数见表 13-1，其中 TA14 为发生开路的线圈。

图 13-38　5031 间隔 HGIS 设备结构

表 13-1　　　　　　　　　　**5031 断路器 A 相 2 号主变压器侧 TA 线圈参数**

编号	变比	准确级	容量
TA14	2500-4000/1	TPY	15VA
TA15	2500-4000/1	TPY	15VA
TA16	1250-2500-4000/1	0.2	10/10/15VA
TA17	1250-2500-4000/1	0.2S	10/10/15VA

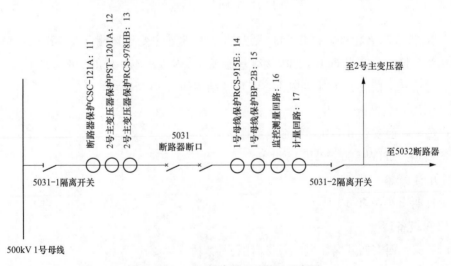

图 13-39　5031 断路器 TA 设置示意图

3）检修试验情况。该间隔自投运以来，未进行过停电检修及例行试验。2012 年上半年，分别对该站 HGIS 设备进行过带电检测，未发现异常情况。

（3）现场检查情况。发现异常后，专业人员对汇控柜至保护屏的二次线及回路正确性进行了检查，未发现异常。5031 断路器转检修后，如图 13-40 所示，测试 TA 本体二次接线盒内 4S1-4S3 之间及 4S1-4S2 之间直阻为无穷大，4S2-4S3 之间直阻值为 7.1Ω，其他线圈 S1-S3 之间直阻正常，测试结果见表 13-2，说明 4S1 接线端子处存在开路，外部端子检查无异常，判断应为 TA 内部二次接线开路。另外，从 4S2-4S3 之间测量到开路电压约 550V。

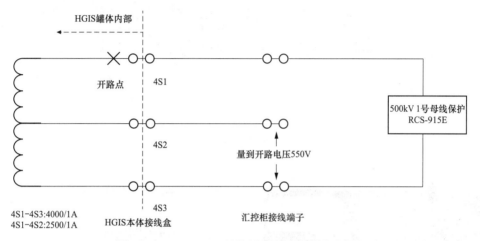

图 13-40　RCS-915E 母差用 TA 二次线圈示意图

表 13-2 直流电阻测量（单位：Ω；试验仪器：TA 参数测试仪）

二次绕组	2S1S2	2S1S3	3S1S2	3S1S3	4S1S2	4S2S3	4S1S3	5S1S2	5S1S3
A 相	10.001	15.010	9.912	14.960	—	7.1	—	9.872	15.023

查看交接试验报告，结果正常，排除了自投运以来该 TA 二次线圈持续开路的情况。

对 5031 断路器 A 相 SF_6 气体微水及组分测试，结果见表 13-3，未见异常。

表 13-3 5031 断路器 A 相 SF_6 气体微水及组分测试结果

测试项目	微水（单位 PPMS）（要求≤300）	分解物（单位 μL/L）			
		SO_2	H_2S	HF	CO
结果	90	0	0	0	0

（4）原因分析。结合现场检查及试验情况，初步分析 TA 开路原因为：

1）与 TA 气室外部的二次接线端子连接型式一样，气室内部的二次接线端子为螺栓连接，如图 13-41 和图 13-42 所示，怀疑 TA 气室内部二次接线端子处螺栓松动，导致二次接线脱落；

2）气室内部 TA 本体处的二次接线开路。

（5）采取的措施。

1）将 5031 断路器转检修后，断开了汇控柜内 5031 断路器 TA 二次线圈与运行回路间的接线。

2）针对 5032 断路器单带 2 号主变压器的情况，制定了相关预案及专项保电措施。

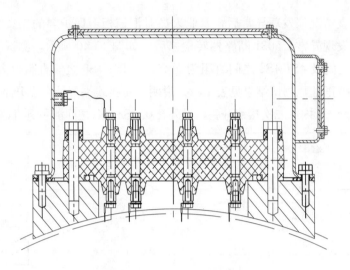

图 13-41　TA 二次接线端子结构

图 13-42　TA 气室外部的二次接线端子

3）对全站进行了排查，确保无相同问题存在。

二、和电流回路故障分析

1. 保护和电流回路

3/2 接线方式下保护装置用电流一般采用在外部以和电流接线方式接入保护装置，当一台断路器运行，一台断路器检修时，如果未对和电流回路采取正确措施，可能造成保护装置误动。和电流回路如图 13-43 所示，500kV 3/2 接线电流互感器配置如图 13-44 所示。

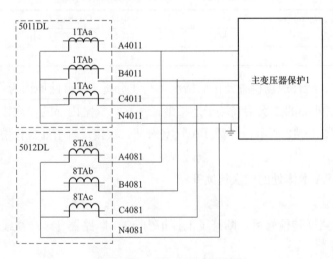

图 13-43　和电流回路接线图

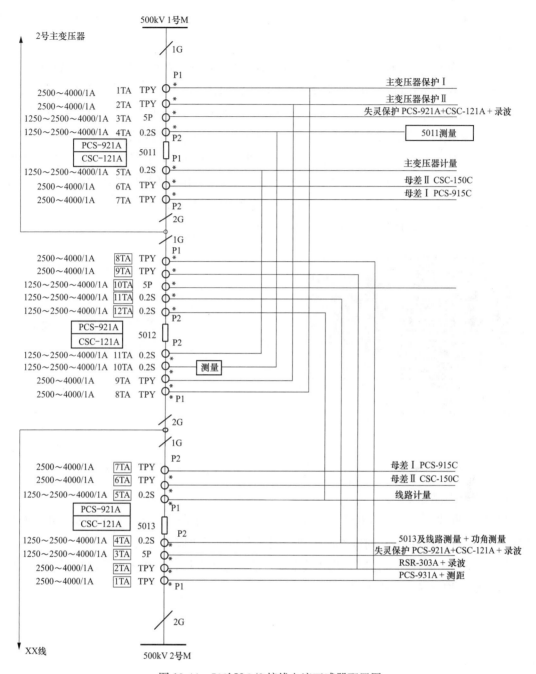

图 13-44 500kV 3/2 接线电流互感器配置图

2. 案例分析

（1）故障情况简述。某变电站 500kV 为 3/2 接线方式，500kV ×× 出线断路器为 5021、5022，当日 5021 断路器停电检修，5022 单断路器带线路运行。11：11：49，监控机报 ×× 线 PSL-603 型保护 A 相 TA 断线，11：11：54，事故喇叭响，监控机报 ×× 线 PSL-603 保护动作、PSL-603 型保护零序 Ⅳ 段动作，5022 断路器跳闸。当值值班员立即停止现场工作，保护现场。调取保护报告，发现只有 PSL603 保护的零序 Ⅳ 段出口，主保护未动作，且故障波形显示各相没有故障电流，只是 A 相电流突然变小，经现场设备检查发现端子排上有短路线，如图 13-45 所示。

（2）故障分析。500kV××线 PSL-603G 型线路保护的电流回路为 5022、5021 断路器的和回路。工作人员在进行 5021-1 隔离开关耐压试验时，需短封 5021 TA 回路，其在未断开 5021 TA 至线路保护电流回路的情况下，即直接短接 5021 TA 二次回路的 A 相，造成 5022 TA A 相电流通过短接线分流，如图 13-46 所示，使得流经线路保护 PSL-603G 的 A 相电流变小，造成保护装置三相电流不平衡而形成零序电流，且零序电流（$3I_0$）达到 0.165A（二次值），超过了零序Ⅳ段保护的定值（该段保护作为零序保护的最后一段，不带方向判别，不经电压闭锁，定值 0.12A），经整定时限 7s 后，发出"永跳"令，断路器保护 RCS-921A 发出"跟跳"令，5022 断路器跳闸。

图 13-45　短路线示意图

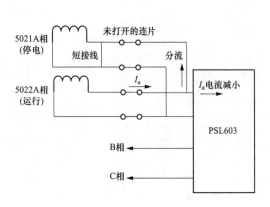

图 13-46　TA 接线示意图

（3）经验总结。

1）发生事故时如有工作班组在站内工作，首先应判明是否由于其工作造成，并做好现场保护，这样可以以最短的时间判明事故原因，有利于尽快恢复送电。

2）对于站内的任何工作都要清楚其工作目的、工作方法、工作中的危险因素，审核好其作业措施，把好最后一道关口。

第十四章

变电站继电保护动作行为分析

第一节　线路保护配置及动作行为分析

一、220kV 线路保护

1. 保护配置要求

220kV 线路保护按加强主保护、简化后备保护的基本原则配置和整定。

（1）加强主保护是指全线速动保护的双重化配置，同时，要求每一套全线速动保护的功能完整，对全线路内发生的各种类型故障，均能快速动作切除故障。对于要求实现单相重合闸的线路，每套全线速动保护应具有选相功能。

（2）简化后备保护是指在每一套全线速动保护功能完整的条件下，带延时的相间和接地Ⅱ、Ⅲ段保护（包括相间和接地距离保护、零序电流保护），允许与相邻线路和变压器的主保护配合，从而简化动作时间的配合整定。

2. 保护范围及动作结果

220kV 线路保护范围及动作结果见表 14-1。

表 14-1　　　　　　　　　　　220kV 线路保护范围及动作结果

类型	保护名称		保护范围	动作结果（以保护定值为准）
主保护	纵联电流差动保护		线路两侧 TA 以内	瞬时跳该线路开关；发动作信号
后备保护	相间距离保护	相间距离保护Ⅰ段	线路全长的 80%～85%	瞬时跳该线路开关；发动作信号
		相间距离保护Ⅱ段	线路全长及下一级线路的一部分	延时跳该线路开关；发动作信号
		相间距离保护Ⅲ段	线路全长及下一级线路全长并延伸至再下一级线路的一部分	延时跳该线路开关；发动作信号
	接地距离保护	接地距离保护Ⅰ段	线路全长的 80%～85%	瞬时跳该线路开关；发动作信号
		接地距离保护Ⅱ段	线路全长及下一级线路的一部分	延时跳该线路开关；发动作信号
		接地距离保护Ⅲ段	线路全长及下一级线路全长并延伸至再下一级线路的一部分	延时跳该线路开关；发动作信号
	零流保护	零序Ⅱ段	保护线路全长并延伸到相邻线路	延时跳该线路开关；发动作信号
		零序Ⅲ段	保护线路全长并延伸到相邻线路	延时跳该线路开关；发动作信号
		零序Ⅳ段	保护线路全长并延伸到相邻线路	延时跳该线路开关；发动作信号
		零序过电流加速段		延时跳该线路开关；发动作信号

3. 保护配置及动作行为分析

（1）保护配置：配置双套保护装置，每套保护装置主要功能包括纵联电流差动（分相差动和零序差动）、距离保护（相间距离和接地距离）、零序保护、重合闸，重要的告警功能包括 TV、TA 断线告警，另外还可以经纵联保护的通信通道传送远跳命令。

（2）保护动作过程：线路发生短路故障时，保护装置启动，根据故障类型相应保护功能出口动作，装置内部启动重合闸，出口继电器触点经跳闸出口压板接通断路器跳闸回路，跳开故障相或三相断路器。同时保护装置提供一对出口继电器触点，串联失灵启动压板后接入断路器失灵保护装置。

若满足重合闸动作条件，经延时，重合闸出口，装置内部闭锁重合闸，合闸出口继电器触点经合闸出口压板接通断路器合闸回路，使断路器合闸。若线路永久故障，保护再次出口跳闸，重合闸不再动作。

（3）跳闸后逻辑：保护装置的线路保护发出跳闸命令后，保护装置不断监视跳闸相电流，当跳闸相无电流后，保护装置则判断断路器跳开。如果保护发单跳令后，故障相持续 250ms 仍有电流，则表明断路器未断开，于是，保护发三跳令；若保护发三跳命令后，任一相持续 250ms 仍有电流，保护再发永跳（闭锁重合闸）命令；若断路器仍未断开，则 5s 后发"永跳失败"告警，并整组复归（不同厂家保护装置延时略有不同）。

（4）整组复归：保护装置所有的启动元件和故障测量元件都返回，并持续 5s，保护装置整组复归。

（5）远跳功能：线路保护装置设有远跳开入端子，用于传送母差、失灵等保护的动作信号。当本侧保护有此开入时，经延时确认后，向对侧传输信号，对侧保护收到此信号后，通过控制字"远跳受启动元件控制"选择是否经启动元件闭锁，满足该控制字条件后，驱动永跳。远跳命令功能受差动压板投退控制。

远跳信号的发出过程：当母差保护、断路器失灵等保护动作，启动断路器永跳继电器，永跳继电器的一对触点接入线路保护远跳开入端，线路保护通过纵联通道向对侧发远跳命令。

（6）TV 断线检测：仅在线路正常运行，启动元件不启动的情况下投入，一旦启动元件启动，TV 断线检测立即停止，等保护装置整组复归后才恢复。保护装置判断 TV 断线后，自动退出距离保护，同时继续监视 TV 电压，电压恢复正常后，距离保护将自动重新投入运行。

（7）TA 断线检测：保护装置判断 TA 断线后，可通过控制字选择闭锁或不闭锁差动保护。如果选择 TA 断线闭锁差动保护，则闭锁全部或部分差动保护（有的保护装置只闭锁零序差动和断线相差动保护）。

二、500kV 线路保护

1. 保护配置要求

（1）设置两套完整、独立的全线速动保护。

（2）两套全线速动保护的交流电流、电压回路及直流电源互相独立。

（3）每一套全线速动保护对全线路内发生的各种类型故障，均能快速动作切除故障。

（4）对要求实现单相重合闸的线路，两套全线速动保护应有选相功能，并能正确动作跳闸。

（5）每套全线速动保护应分别动作于断路器的一组跳闸线圈。

（6）每套全线速动保护应分别使用互相独立的远方信号传输设备。

（7）后备保护采用近后备方式，后备保护应能反应线路的各种类型故障，接地后备保护应保证有尽可能强的选相能力，并能正确动作跳闸。

（8）500kV线路双重化的每套主保护装置都具有完善的后备保护时，可不再另设后备保护，只要其中一套主保护装置不具有后备保护时，则必须再设一套完整、独立的后备保护。

（9）根据系统工频电压的要求，在500kV线路上装设过电压保护，并启动远方跳闸。

（10）过电压保护采用双重化配置。两套过电压及远跳装置的交直流、跳闸回路完全独立。

（11）远跳回路应加装就地判别。过电压保护发远跳命令不受本侧断路器位置信号闭锁。

（12）远跳应具有两路通道，采用"二取二"或"二取一"方式。

2．保护范围及动作结果

500kV线路保护范围及动作结果见表14-2。

表 14-2　　　　　　　　　　　500kV 线路保护范围及动作结果

类型	保护名称	保护范围	动作结果
差动保护	电流差动保护	线路两侧 TA 以内	瞬时跳该线路的两个开关；发动作信号
后备保护	相间距离Ⅰ段	线路全长的 80%～85%	瞬时跳该线路的两个开关；发动作信号
	相间距离Ⅱ段	线路全长及下一段线路的一部分	延时跳该线路的两个开关；发动作信号
	相间距离Ⅲ段	线路全长及下一段线路全长并延伸至再下一段线路的一部分	延时跳该线路的两个开关；发动作信号
	接地距离Ⅰ段	线路全长的 80%～85%	瞬时跳该线路的两个开关；发动作信号
	接地距离Ⅱ段	线路全长及下一段线路的一部分	延时跳该线路的两个开关；发动作信号
	接地距离Ⅲ段	线路全长及下一段线路全长并延伸至再下一段线路的一部分	延时跳该线路的两个开关；发动作信号
	零序Ⅲ段	保护线路全长并延伸到相邻线路	延时跳该线路的两个开关；发动作信号
	零序加速段		装置延时跳该线路的两个开关；发动作信号
过电压、远跳及就地判别	过电压	线路全长	延时跳该线路的两个开关，发远传；发动作信号
	远跳及就地判别		就地判别，满足条件经装置延时跳该线路的两个开关；发动作信号

3．保护配置及动作行为分析

（1）保护配置：配置双套线路保护装置和双套过电压保护及远方跳闸就地判别装置。每套线路保护装置主要功能包括纵联电流差动（分相差动和零序差动）、距离保护（相间距离和接地距离）、零序保护，重要的告警功能包括 TV、TA 断线告警，另外还可以经纵联保护的通信通道传送远跳命令。

（2）线路保护动作过程：线路发生短路故障时，保护装置启动，根据故障类型相应保护功能出口动作，出口继电器触点经跳闸出口压板接通断路器跳闸回路，跳开故障相或三相断路器。同时保护装置提供一对出口继电器触点，串联失灵启动压板后接入断路器失灵保护装置。

因500kV采用3/2接线，线路重合闸功能设置在断路器保护中，其动作条件及判别都在断路器保护中实现。500kV线路保护其他的动作过程与220kV线路保护基本相同。

第二节　母线保护配置及动作行为分析

一、220kV母线保护

1. 保护配置要求

（1）保护应能正确反应母线保护区内的各种类型故障，并动作于跳闸。

（2）对各种类型区外故障，母线保护不应由于短路电流中的非周期分量引起电流互感器的暂态饱和而误动作。

（3）保护不应因母线故障时流出母线的短路电流影响而拒动。

（4）母线保护应能适应被保护母线的各种运行方式：

1）应能在双母线分段运行时，有选择性地切除故障母线。

2）应能自动适应双母线连接元件运行位置的切换，切换过程中保护不应误动作，不应造成电流互感器的开路；切换过程中，母线发生故障，保护应能正确动作切除故障；切换过程中，区外发生故障，保护不应误动作。

3）充电合闸于有故障的母线时，母线保护应能正确动作切除故障母线。

（5）双母线接线的母线保护，应设有电压闭锁元件。

（6）双母线的母线保护，应保证：

1）母联与分段断路器的跳闸出口时间不应大于线路及变压器断路器的跳闸出口时间。

2）能可靠切除母联或分段断路器与电流互感器之间的故障。

（7）母线保护仅实现三相跳闸出口，且应允许接于本母线的断路器失灵保护共用其跳闸出口回路。

（8）母线保护动作后，对不带分支且有纵联保护的线路，应采取措施，使对侧断路器能速动跳闸。

（9）母线保护应允许使用不同变比的电流互感器。

（10）当交流电流回路不正常或断线时应闭锁母线差动保护，并发出告警信号，对3/2接线可以只发告警信号不闭锁母线差动保护。

2. 保护范围及动作结果

220kV母线保护范围及动作结果见表14-3。

表 14-3　　　　　　　　　　220kV 母线保护范围及动作结果（以 A 段母线为例）

类型	保护名称	保护范围	动作结果（以保护定值为准）	
差动保护	差动保护	母线开关 TA 以内	1A 母线	跳 1A 母线所有开关；发动作信号
			2A 母线	跳 2A 母线所有开关；发动作信号
失灵保护	断路器失灵保护	母线除母联断路器外所有断路器（包括分段断路器）	分段断路器 203 失灵	跳 1A 母线所有开关；启动 1B 母线失灵保护；发动作信号
			分段断路器 204 失灵	跳 2A 母线所有开关；启动 2B 母线失灵保护；发动作信号
			主变压器开关失灵	跳主变压器三侧开关、该条母线上所有开关；发动作信号
			其他开关失灵	跳该条母线上所有开关；发动作信号
	母联失灵保护	母联断路器拒动	跳 A 段母线上所有开关；发动作信号	
死区保护	母联死区保护	母联断路器与 TA 之间	跳 A 段母线上所有开关；发动作信号	

3. 保护配置及动作行为分析

（1）保护配置：双母线接线微机型母线保护装置主要功能包括母线差动保护、母联（分段）充电保护、母联（分段）过电流保护、母联死区保护、母联失灵保护、断路器失灵保护，重要的告警功能包括 TA、TV 断线、隔离开关位置告警。其中母联（分段）充电保护、过电流保护功能通常不使用，控制字设置为 0。

（2）母线差动保护动作行为分析：母线差动保护设有大差启动元件、小差选择元件和复合电压闭锁元件。大差元件和对应母线的小差元件、电压闭锁同时动作，母差保护出口，跳开连接到该母线上的所有断路器。

1）复合电压闭锁：包括低电压（不同厂家的保护装置，有的采用相电压，有的采用线电压）、负序过电压、零序过电压，构成或门关系。

2）母线运行方式识别：保护装置引入母线侧隔离开关辅助触点作为开入量，判别各支路的运行方式，同时对隔离开关辅助触点进行自检；当有隔离开关位置变位时，需要运维人员检查无误后按隔离开关位置确认按钮复归；在支路有电流但其隔离开关辅助触点信号因故消失时保护装置可以通过记忆保持正常状态；运维人员也可以根据设备实际运行方式，通过强分、强合来干预支路的运行方式识别。

3）TA 断线判别：若保护装置 TA 断线闭锁控制字投入，判断出支路 TA 断线后，闭锁差动保护（有的保护装置只闭锁断线相差动元件），TA 断线消失后，自动解除闭锁；母联 TA 断线后，只报警不闭锁差动保护，有的保护装置会自动实现母差保护互联方式。

（3）母联失灵保护动作行为分析：当有保护动作跳母联，母联断路器拒动，两条母线电压闭锁均开放，则启动母联失灵保护，经整定延时跳两条母线上所有断路器。

1）启动母联失灵的保护：本装置内的母差保护（包括断路器失灵保护）、母联充电保护、经控制字控制的母联过电流保护、经控制字控制的外部保护（如独立安装的母联断路器充电保护、过电流保护）。

2）母联断路器拒动的判别：母联任一相电流大于母联失灵电流定值。

（4）母联死区保护动作行为分析：当母联断路器与电流互感器之间发生短路故障时，母差保护动作后，跳开断路器侧母线上所有断路器，但电流互感器侧母线仍向故障点提供短路电流,此时母差保护进入母联死区逻辑。

当满足下述几个条件,保护装置判定为母联死区故障:

1)母联断路器在断开位置;

2)母联 TA 有电流;

3)大差元件不返回;

4)Ⅱ母(母联断路器侧母线)小差元件不返回。

保护判断为母联死区故障后,经死区保护延时跳开另一条母线上所有断路器,故障切除。

(5)断路器失灵保护动作行为分析:当有元件保护(线路保护或主变压器保护)动作跳支路断路器,但断路器拒动时,启动断路器失灵保护,经复合电压闭锁,延时跳开拒动断路器运行母线上所有断路器。

1)启动失灵回路:线路或主变压器保护出口接点(要求故障消失后能瞬时返回)串联启动失灵压板后接入本保护装置的开入端。

2)断路器失灵判别:线路间隔跳闸相电流超过整定值,主变压器间隔任一相电流超过整定值,判为断路器拒动。

3)复合电压闭锁:包括低电压、负序过电压、零序过电压,构成或门关系,与母差保护的复合电压闭锁类似,只是定值不同,失灵保护需要考虑线路末端故障断路器拒动时有足够的灵敏度。

4)失灵保护出口:失灵保护动作条件满足后,第一时限跟跳拒动断路器,第二时限跳母联断路器,第三时限跳母线上所有断路器,目前现场应用中第二、三时限整定值相同。

5)主变压器支路断路器失灵:主变压器断路器失灵后除了跳开母线上所有断路器,还要联跳主变压器另两侧断路器;主变压器保护动作后,出口继电器触点启动断路器失灵的同时,还有一对触点解除失灵保护复合电压闭锁,这是考虑主变压器低压侧故障中压侧断路器拒动时,复合电压闭锁元件可能达不到动作值。

联跳主变压器断路器功能的实现:过去回路设计是通过主变压器非电量保护出口跳主变压器各侧断路器,现在的回路设计是通过两套电量保护装置,加入失灵再判别功能,判定断路器确实失灵后,通过电量保护出口跳各侧断路器。

(6)TV 断线的判别:保护装置检测到 TV 断线后,延时发 TV 断线告警,如果达到复合电压闭锁元件定值,则发复合电压闭锁开放信号,不闭锁母差保护。

二、500kV 母线保护

1. 保护配置要求

500kV 采用 3/2 接线,每组母线应装设两套母线保护。保护不应因母线故障时流出母线的短路电流影响而拒动。

2. 保护范围及动作结果

500kV 母线保护范围及动作结果见表 14-4。

表 14-4 　　　　　　　　500kV 母线保护范围及动作结果

类型	保护名称	保护范围	动作结果（以调度定值为准）
差动保护	差动保护	母线开关 TA 以内	跳母线上联所有开关；发动作信号
失灵保护	失灵保护	母线所联所有开关	跳母线所联所有开关；发动作信号

3. 保护配置及动作行为分析

（1）保护配置：500kV 母线保护装置主要功能包括母线差动保护和失灵经母差跳闸保护。重要的告警功能有 TA 断线告警。

（2）母线差动保护动作行为分析：母差保护动作后，跳母线上所有开关，同时出口继电器触点经出口启动失灵压板接入对应的断路器保护装置中。

（3）失灵经母差跳闸保护动作行为分析：当母线上某一断路器失灵保护动作后，需要利用母线保护装置跳母线上所有断路器。外部失灵保护装置提供两对触点给母线保护装置，装置同时检查到对应的两个失灵联跳开入并且尚未出现失灵开入异常告警时，检查电流判别元件是否动作，如动作，则失灵经母差跳闸保护启动，经 50ms 延时跳开母线上连接的所有断路器。

第三节　主变压器保护配置及动作行为分析

一、保护配置要求

（1）0.8MVA 及以上油浸式变压器，应装设瓦斯保护。当壳内故障产生轻微气体或油面下降时，应瞬时动作于信号；当壳内故障产生大量气体时，应瞬时动作于断开变压器各侧断路器。带负荷调压变压器充油调压开关，也应装设瓦斯保护。瓦斯保护应采取措施，防止因气体继电器的引线故障、震动等引起瓦斯保护误动作。

（2）变压器装设数字式纵联差动保护，除非电量保护外，应采用双重化保护配置。当断路器具有两组跳闸线圈时，两套保护宜分别动作于断路器的一组跳闸线圈。纵联差动保护应满足下列要求：

1）应能躲过励磁涌流和外部短路产生的不平衡电流。

2）在变压器过励磁时不应误动作。

3）在电流回路断线时应发出断线信号，电流回路断线允许差动保护动作跳闸。

4）在正常情况下，纵联差动保护的保护范围应包括变压器套管和引出线，如不能包括引出线时，应采取快速切除故障的辅助措施。在设备检修等特殊情况下，允许差动保护短时利用变压器套管电流互感器，此时套管和引线故障由后备保护动作切除；如电网安全稳定运行有要求时，应将纵联差动保护切至旁路断路器的电流互感器。

（3）对外部相间短路引起的变压器过电流，变压器应装设相间短路后备保护。保护带延时跳开相应的断路器。相间短路后备保护宜选用过电流保护、复合电压（负序电压和线间电压）启动的过电流保护或复合电流保护（负序电流和单相式电压启动的过电流保护）。相间短路后备保护用过电流保护不能满足灵敏性要求时，宜采用复合电压启动的过电流保护或复合电流保护。相间短路后备保护宜装于各侧。为满足选择性的要求或为降低后备保护的动作时间，相间短路后备保护可带方向，方向宜指向各侧母线，但断开变压器各侧断路器的后备保护不带方向。

（4）在中性点直接接地的电网中，如变压器中性点直接接地运行，对单相接地引起的变压器过电流，应装设零序过电流保护，保护可由两段组成，其动作电流与相关线路零序过电流保护相配合。每段保护可设两个时限，并以较短时限动作于缩小故障影响范围，或动作于本侧断路器，以较长时限动作于断开变压器各侧断路器。为降低零序过电流保护的动作时间和简化保护，高压侧零序一段只带一个时限，动作于断开变压器高压侧断路器；零序二段也只带一个时限，动作于断开变压器各侧断路器。为满足选择性要求，可增设零序方向元件，方向宜指向各侧母线。

（5）为防止由于频率降低和/或电压升高引起变压器磁密过高而损坏变压器，应装设过励磁保护。保护应具有定时限或反时限特性并与被保护变压器的过励磁特性相配合。定时限保护由两段组成，低定值动作于信号，高定值动作于跳闸。

（6）对变压器油温、绕组温度及油箱内压力升高超过允许值和冷却系统故障，应装设动作于跳闸或信号的装置。

（7）变压器非电气量保护不应启动失灵保护。

二、保护配置及动作行为分析

1. 保护配置

电量保护主要功能包括：

（1）动作于跳闸的保护：差动保护、三侧复合电压闭锁过电流保护、阻抗保护、大电流接地系统侧零序过电流保护、过励磁保护。

（2）动作于信号的保护：各侧过负荷、公共绕组过负荷、高压侧过负荷闭锁有载调压、启动冷却器、小电流接地系统侧零序过电压。

2. 差动保护动作行为分析

差动保护是利用比较主变压器各侧电流的差值构成的一种保护，能够反映各侧电流互感器之间的短路故障，动作后跳主变压器各侧断路器。

（1）保护装置故障相别的判定：差动保护在进行差流计算时，是按相计算，判定故障相别也是据此进行，由于变压器接线组别的影响，高低侧相差30°，直接用各侧同相电流计算会产生差流，所以保护装置需要进行相位补偿。

补偿方式有两种：

1）将三角形接线侧电流顺时针转30°，即 $\dot{I}_{a\Delta}=(\dot{I}'_{a\Delta}-\dot{I}'_{c\Delta})/\sqrt{3}$；其中 $\dot{I}_{a\Delta}$ 为保护计算用的三角形接线侧A相电流，$\dot{I}'_{a\Delta}$ 和 $\dot{I}'_{c\Delta}$ 为接入保护装置的三角形接线侧A相、C相电流，其他两相与A相同理。

2）将星形接线侧电流逆时针转30°，即 $\dot{I}_{aY}=\dot{I}'_{aY}-\dot{I}'_{bY}$；其中 $\dot{I}_{aY}$ 为保护计算用的星形接线侧A相电流，$\dot{I}'_{aY}$ 和 $\dot{I}'_{bY}$ 为接入保护装置的星形接线侧A相、B相电流，其他两相与A相同理。

由上述补偿方法可以看出，保护软件计算时使用的某相电流并不一定是真正的该相电流，所以所选出的故障相也不一定是真正的故障相，在实际的故障案例中曾发生过两套保护装置一套显示 C 相故障，一套显示 B、C 相故障，动作均正确。因此主变压器发生故障时故障相的判别还要参考录波波形图。

（2）差动保护范围内小电流接地系统发生单相接地故障时，由于没有形成短路回路，没有短路电流，所以差动保护不会动作。

3. 阻抗保护、复合电压闭锁过电流、零序过电流保护动作行为分析

阻抗保护、复合电压闭锁过电流和零序过电流保护作为外部相间短路和接地短路故障的后备保护，复合电压闭锁过电流和零序过电流保护可通过控制字设置带或不带方向。根据保护方向设置，有些功能动作后直接跳主变压器三侧断路器，有些功能动作后第一时限跳分段断路器，第二时限跳母联断路器，第三时限跳主变压器三侧断路器，逐级跳闸，缩小故障范围。

（1）阻抗保护：采用本侧的电压、电流进行计算，一般只配置相间阻抗功能。

（2）复合电压闭锁过电流保护：由复合电压元件、电流元件和方向元件三者构成与门逻辑后经延时出口。其中复合电压元件包括低电压和负序过电压，之所以没有设零序过电压，是考虑到发生接地故障时，有专门的零序过电流保护作后备，更为灵敏。另外复合电压元件可以只取本侧电压，也可以三侧电压均用。

（3）零序过电流保护：由零序方向元件和零序电流元件构成与门逻辑后经延时出口。零序方向元件是根据零序电压和零序电流之间的角度进行方向判断，其中零序电压一般采用自产。

4. 过励磁保护动作行为分析

过励磁保护根据接入的电压量计算出电压与频率的比值，与整定值比较，达到定值即动作，最低定值发告警信号，按照反时限原理整定跳闸时间，动作后跳主变压器三侧断路器。

5. 过负荷保护

过负荷保护按照作用不同，分为三类。

（1）负荷过大告警：主变压器各侧及公共绕组均设过负荷告警，作用于信号，提示运维人员引起关注。一般定值稍大于额定电流。

（2）过负荷闭锁有载调压：采用高压侧电流进行判断，其接点接入有载调压的控制回路，达到定值，即断开有载调压回路，并发信号。一般并列运行的变压器定值为 0.85 倍额定电流。

（3）过负荷启动冷却器：采用高压侧电流进行判断，其接点接入冷却器控制回路，达到定值即启动相关冷却器。冷却方式不同其定值也不同。

6. 零序过电压保护

小电流接地系统侧零序电压过高作用于信号，提示运维人员引起关注。发出信号的原

因一般是系统单相接地、电压互感器高压熔断器熔断、系统断线等。

第四节 500kV 短引线保护及断路器保护

一、500kV 短引线保护

1. 保护配置要求

（1）对各类双断路器接线方式，当双断路器所连接的线路或元件退出运行而双断路器之间仍连接运行时，应装设短引线保护以保护双断路器之间的连接线故障。

（2）按照近后备方式，短引线保护应为互相独立的双重化配置。

2. 保护范围及动作结果

500kV 短引线保护及动作结果见表 14-5。

表 14-5　　　　　　　　　　　500kV 短引线保护及动作结果

类型	保护名称	保护范围	动作结果（以调度定值为准）
短引线保护	电流差动保护	两侧开关 TA 以内	跳两侧开关；发动作信号

二、500kV 断路器保护

3/2 接线方式每个断路器需要单独配置一套断路器保护装置，主要包括断路器失灵、重合闸等保护功能。

1. 保护配置要求

（1）失灵保护的判别元件一般应为相电流元件。

（2）为提高动作可靠性，必须同时具备下列条件，断路器失灵保护方可启动：

1）故障线路或电力设备能瞬时复归的出口继电器动作后不返回（故障切除后，启动失灵的保护出口返回时间应不大于 30ms）；

2）断路器未断开的判别元件动作后不返回。

若主设备保护出口继电器返回时间不符合要求时，判别元件应双重化。

（3）3/2 接线的失灵保护应瞬时再次动作于本断路器的两组跳闸线圈跳闸，再经一时限动作于断开其他相邻断路器。

（4）3/2 接线的失灵保护不装设闭锁元件。

（5）失灵保护动作跳闸应满足下列要求：

1）对具有双跳闸线圈的相邻断路器，应同时动作于两组跳闸回路；

2）对远方跳对侧断路器的，宜利用两个传输通道传送跳闸命令；

3）应闭锁重合闸。

2. 保护配置及动作行为分析

（1）保护配置：保护装置设有断路器失灵保护、充电保护、非全相保护、重合闸等功能，正常情况下只使用其中的断路器失灵保护、重合闸功能，新线路投运时可临时投入充电保护功能。

（2）断路器失灵保护动作行为分析：动作条件满足后，按照瞬时重跳、延时三跳、延时跳相关断路器的顺序动作。

1）瞬时重跳：收到外部跳闸命令后，判断电流条件满足，通过本装置瞬时再发一次跳闸命令。外部跳闸命令为单相跳令时，重跳单相；外部跳闸命令为两相或三相跳令或者在沟通三跳状态时，重跳三相。

2）延时三跳：失灵保护动作条件满足后，经"失灵跳本开关时间"延时跳本断路器三相。

3）延时跳相关断路器：失灵保护动作条件满足后，经"失灵跳相邻开关时间"延时跳所有相邻断路器。跳本串的相邻断路器直接出口，跳母线上的断路器经过母线保护装置出口，跳线路对侧的断路器经线路保护通道向对侧保护装置发送远跳命令。

（3）重合闸动作行为分析：重合闸可由线路保护跳闸信号启动，也可由断路器跳闸位置启动，满足动作条件后，经延时重合闸出口，发出合闸命令，使断路器合闸，同时装置内部闭锁重合闸。若线路永久故障，线路保护再次出口跳闸，重合闸不再动作。

第五节　越级及死区故障保护动作行为分析

一、越级故障保护动作行为分析

当电力系统中发生故障时，应有保护装置动作跳开故障设备的各侧断路器。但由于某些原因断路器拒动或保护拒动，可能将引起上级断路器跳闸，造成越级故障。在保护设置及定值整定时，一般考虑发生一级断路器或保护拒动时，其他保护能够有选择地切除故障，当发生两级及以上拒动时，保护可能会失去选择性。

1. 线路越级故障

因 220kV 及以上线路装设双套保护，发生保护拒动的可能性较小，一旦发生，将会引起连接于同一变电站的所有 220kV 线路对端保护Ⅱ段或Ⅲ段动作跳闸，本站主变压器后备保护动作跳闸，造成大面积停电事故；如果线路保护动作，断路器拒动，则启动断路器失灵保护，经延时跳开拒动断路器所有相邻的断路器，将故障切除。

2. 主变压器越级故障

主变压器发生短路故障，若保护拒动，将由各侧电源线路对端的保护Ⅱ段或Ⅲ段动作切除故障；如果主变压器差动保护动作，某侧断路器拒动，将由断路器失灵保护动作切除故障。

3.35kV 设备越级故障

（1）35kV 电容器组、电抗器、站用变压器等设备发生短路故障，保护拒动或保护动作后断路器拒动，将引起主变压器低压侧复合电压闭锁过电流保护动作，跳开主变压器低压侧断路器，将故障切除。

（2）35kV 母线发生短路故障，母差保护拒动或保护动作后主变压器低压侧断路器拒动，将引起主变压器低压侧复合电压闭锁过电流保护动作，第一时限跳主变压器低压侧断路器，若断路器拒动，则第二时限跳开主变压器三侧断路器，将故障切除。

二、死区故障保护动作行为分析

采用单侧电流互感器的设计，当故障点位于电流互感器与断路器之间，若两侧均有电源，主保护动作跳开相应断路器后，故障并不能完全切除，所以我们一般将电流互感器与断路器之间的故障称为死区故障。

1. 220kV 出线断路器与电流互感器间故障

故障点位于母差保护范围内，不属于线路保护范围，母差保护动作跳开故障母线所有断路器的同时，通过线路保护装置向线路对侧发送远跳命令，线路对侧断路器跳开后故障切除。

2. 220kV 主变压器断路器与电流互感器间故障

故障点位于母差保护范围内，不属于主变压器保护范围，母差保护动作跳开故障母线所有断路器后，由于主变压器中压侧电流互感器中仍存在故障电流，所以启动 220kV 断路器失灵保护中的主变压器断路器失灵功能，联跳主变压器三侧断路器。

3. 220kV 母联断路器与电流互感器间故障

故障点位于母差保护范围内，母差保护动作跳开断路器侧母线上所有断路器后，母联电流互感器中仍有故障电流，母线保护判断为母联死区故障，跳开另一条母线上所有断路器。

4. 500kV 边断路器与电流互感器间故障

故障点位于母差保护范围内，不属于线路（主变压器）保护范围，母差保护动作跳开故障母线所有断路器后，由于故障间隔电流互感器中仍有故障电流，启动该断路器失灵保护，跳开与该断路器相连的所有断路器（包括线路对侧或主变压器三侧）。

5. 500kV 中断路器与电流互感器间故障

故障点位于线路（主变压器）保护范围内，不属于该断路器所连的另一条线路（主变压器）保护范围内，线路（主变压器）保护动作跳闸后，由于故障间隔电流互感器中仍有故障电流，启动该断路器失灵保护，跳开与该断路器相连的所有断路器（包括线路对侧或主变压器三侧）。

第十五章

故障处理基本原则及步骤

一、引起故障的原因

（1）电力线路或电气设备遭受雷击。

（2）绝缘老化，耐压强度下降。

（3）电力系统中出现的各种过电压造成的绝缘击穿。

（4）机械破坏，例如电杆倒杆。

（5）人为破坏，例如带接地线送电、带负荷拉合隔离开关等。

二、故障处理原则

（1）按照保人身、保电网、保重要设备和保重要用户的原则，限制故障的发展，消除其根源，解除对人身、电网、设备和重要用户的威胁。

（2）保持无故障设备继续运行，保证和恢复站用电源。

（3）对已停电的用户恢复供电，恢复系统正常运行方式。

（4）故障处理要正确、迅速，并保证处理过程中人员和设备的安全。

（5）处理故障时，对系统运行有影响的操作，如改变主接线运行方式，影响供电质量等，均应按照值班调度员的指令或经其同意后进行。

（6）故障处理时，运维人员必须坚守岗位，集中精力，听从所属调度指令，在值长的指挥下进行处理。任何人不得擅离工作岗位，严禁占用调度电话；接受调度指令时应优先接受上一级调度指令。

（7）处理故障时，必须迅速、果断、判断准确；切忌慌乱，以免因考虑不周造成故障扩大。

（8）故障处理期间，对处理的步骤、调度的有关指示和命令，均应做准确的记录，并始终与值班调度员取得联系。故障处理告一段落和处理完毕，应将情况详细报告有关领导。

（9）故障单位领导人有权对该单位运行人员发出指示，但不得与值班调度员的指令相抵触，如抵触时应执行值班调度员的指令。

（10）与调度失去通信联系，应尽快使用其他通信方式进行联系。

三、故障处理的一般步骤

1. 检查监控系统主要信息并汇报

发生事故，变电运维人员接到调控中心电话通知后，应立即派出人员赶赴现场，立即查看监控后台所跳断路器、所发信号，主要保护动作情况，进行初步故障定性，简要汇报值班调控人员，并立即报告上级领导。汇报主要内容包括跳闸时间（详细到分、秒）、故障设备（线路）双重名称、相关设备的潮流情况、启动（动作）的保护、跳闸断路器、是否重合成功、现场天气情况等。

2．应急处理

运维人员可不待调度指令自行进行以下紧急操作，同时应将事故与处理情况简明扼要地报告值班调控人员：

（1）将直接对人身安全有威胁的设备停电。

（2）将故障点及已损坏的设备隔离。

（3）对运用中的电气设备有受损伤威胁时的处理。

（4）当母线电压消失时，将连接在该母线上的断路器拉开。

（5）站用电全停或部分停电时，恢复其电源。

（6）电压互感器熔断器熔断或二次开关跳闸时，将可能误动的保护及自动装置停用。

（7）低频低压减载、低频低压解列等装置应动作未动时手动代替。

（8）现场专用规程规定的其他紧急操作。

3．保护装置检查、记录

检查并记录各类保护及自动装置动作情况，打印保护动作报告、故障录波报告，恢复事故音响、解除闪光。

4．故障初步判断并查找故障点

根据监控后台光字、软报文、故障录波和保护及自动化装置动作报告，综合进行分析判断故障范围、故障类型和故障距离，现场详细检查保护范围内所有一次设备查找故障点。

5．根据故障点位置隔离故障

确认故障点后，如非紧急情况，汇报调度后迅速进行隔离。

6．恢复无故障设备送电

（1）隔离故障点后，对于无故障设备尽快恢复送电，以减小对系统的影响。

（2）送电前，确认保护动作信号已全部复归。

7．故障设备转检修

向调度申请将故障设备转为检修，做好安全措施，待专业人员到站。

四、事故处理的注意事项

（1）检查保护和自动装置提供的信息，便于准确分析和判断事故的范围和性质。

（2）为准确分析事故原因和查找故障，在不影响事故处理和停送电的情况下，尽可能保留事故现场和故障设备的原状。

（3）发生越级跳闸事故，要及时拉开保护拒动的断路器和拒分断路器的两侧隔离开关。

（4）加强监视故障后线路、变压器的负荷状况，防止因故障致使负荷转移，造成其他设备长期过负荷运行，及时联系调度消除过负荷。

（5）事故时加强站用交、直流系统的巡视。

（6）对于事故紧急处理中的操作，应注意防止系统解列非同期并列。对于联络线，应经过并列装置合闸，确认线路无电时方可解除同期闭锁合闸。

第十六章

线 路 事 故 处 理

第一节　线路事故处理基本原则和处理步骤

一、线路事故处理基本原则

（1）220kV 及以上的线路多为双电源线路，断路器跳闸后处理原则：

1）重合成功，对断路器进行外部检查，报告调度。

2）重合不成功，不准试送，检查断路器及保护，报告调度，听候处理。

3）双电源线路断路器跳闸且线路有电时，装有同期装置的断路器应使用同期装置与系统并列。

（2）如已发现明显故障点、可疑故障点、断路器的遮断容量小于母线短路容量时，不允许强送电，应立即将故障点隔离进行处理。

（3）试运行线路、电缆线路故障跳闸后不应强送。其他线路跳闸后，值班调度人员可下令强送一次，如强送不成功需再次强送，应经调度机构主管生产领导同意，有条件时可对故障线路零起升压。

（4）经查明确系保护装置误动作，可试送一次，试送前应退出误动保护装置，但不允许无主保护运行。

（5）用于试送线路的断路器应符合以下条件：

1）断路器本身回路完好，操动机构工作正常，油压、气压在额定值。

2）断路器故障跳闸次数在允许范围内。

3）继电保护完好。

（6）出现单侧跳闸，在检查站内断路器无异常后，宜先将线路恢复合环（并列）运行，再检查继电保护或安全自动装置动作情况。

（7）若断路器遮断次数已达规定值，应向调度员提出要求，该断路器不得作为强送断路器及停用重合闸；若仍需强送，断路器外部检查无异常，经运行单位总工程师同意后，方能强送。在停电严重威胁人身或设备安全时，值班调度有权命令强送一次。

（8）事故时伴随有明显的事故象征，如火花、爆炸声、系统振荡等，应查明原因后再考虑能否强送。

（9）断路器跳闸，若断路器两侧有电压，运维人员按值班调度员命令进行检同期合闸，若无法检同期时，运维人员应立即汇报值班调度员，按值班调度员指令处理。

（10）线路故障跳闸后，一般允许强送一次。运维人员必须对故障跳闸线路的有关回路（包括断路器、隔离开关、TV、TA、耦合电容器、阻波器、继电保护等设备）进行外部检查正常，并根据调度命令强送。

（11）线路发生故障保护动作，但其断路器拒跳而越级到上级断路器跳闸时，应立即查明保护动作范围内的站内设备是否正常，隔离拒动的断路器，然后报告调度。在调度指令下，试送越级跳闸的断路器和其他线路。

（12）当线路和高压电抗器保护同时动作跳闸时，应按线路和高压电抗器同时故障来考虑事故处理。未查明高压电抗器保护动作原因和消除故障之前不得进行强送，如系统急需对故障线路送电，应将高压电抗器退出运行后才能对线路强送，同时必须符合无高压电抗器运行的规定。

（13）如果线路跳闸，重合闸动作重合成功，但无故障波形，且线路对侧的断路器未跳闸，应是本侧保护误动或断路器误跳闸。若有保护动作可判断为保护误动，在保证有一套主保护运行的情况下可申请将误动的保护退出运行，若没有保护动作，则是断路器误跳，查明误跳原因并排除误跳根源，若断路器机构故障，则通知检修人员进行处理。

（14）如继电保护人员在运行线路二次回路上工作，该线路断路器跳闸，又无故障录波，且对侧断路器未跳，则应立即终止继电保护人员工作，查明原因，向调度员汇报，采取相应的措施后申请试送（此时可能是保护通道漏退或误碰造成）。

（15）线路一侧断路器跳闸后，有同期装置且符合合环条件，则现场运维人员可不必等待调度指令迅速用同期并列方式进行合环。如无法迅速合环时，值班调度员可指令拉开线路另一侧断路器。500kV线路应尽量避免长时间充电运行。

（16）线路断路器故障跳闸时发生拒动造成越级跳闸，在恢复系统送电前，应将拒动的断路器隔离并保持原状。拒动断路器待查清原因并消除缺陷后方可投入运行。

（17）联络线跳闸后，在试送成功进行合环时应确保不会造成非同期合闸。

二、线路事故处理步骤

（1）线路保护动作跳闸后，运维人员应到站记录监控机断路器变位情况、重合闸动作、主要保护动作信号等事故信息，并报调度和有关部门。

（2）记录保护及自动装置的所有信号及线路故障录波器的测距数据。打印故障录波报告及微机保护报告。

（3）到现场检查故障线路对应的断路器的实际位置，无论重合与否，都应检查断路器及线路侧所有设备有无短路、接地、闪络、瓷件破损、爆炸、喷油等现象。

（4）检查站内其他相关设备有无异常。

（5）将详细检查结果汇报调度和有关部门。

（6）根据调度命令对故障设备进行隔离，恢复无故障设备运行，将故障设备转检修，做好安全措施。

（7）事故处理完毕后，运维人员填写运行日志、断路器分合闸等记录，并根据断路器跳闸情况、保护及自动装置的动作情况、故障录波报告以及处理过程，整理详细的事故处理经过。

第二节　线路事故处理实训项目

一、220kV 线路单相瞬时性接地故障

1. 实训项目：石北站 220kV 北西Ⅱ线 222 线路 C 相瞬时性接地故障

故障现象及处理步骤见表 16-1。

表 16-1　　　　　北西Ⅱ线 222 线路 C 相瞬时性接地故障现象及处理步骤

题目	北西Ⅱ线 222 线路 C 相瞬时性接地故障	
事故现象	北西Ⅱ线线路保护动作，222 断路器 C 相跳闸，重合闸动作，重合成功	
分析	北西Ⅱ线线路发生 C 相瞬时性故障，线路保护动作出口，C 相跳闸，重合闸动作，重合成功	
处理步骤	检查监控系统信息	（1）检查 222 断路器位置、三相电流； （2）检查 220kV 北西Ⅱ线 222 "PSL-603GC 保护动作" "PSL-603GC 重合闸动作" "RCS-931BM 保护跳闸" "RCS-931BM 保护重合闸"光字； （3）画面清闪，报告调度
	检查保护装置动作情况	（1）戴好安全帽； （2）检查 220kV 北西Ⅱ线 222 PSL 纵联电流差动保护屏 PSL-603GC 线路保护装置 "保护动作"灯亮、"重合动作"灯点亮，记录液晶显示并复归信号； （3）检查 220kV 北西Ⅱ线 222 RCS 纵联电流差动保护屏 CZX-12R1 操作箱 "TC" "CH"灯点亮，检查 RCS-931 线路保护装置 "跳 C" "重合闸"灯点亮，记录液晶显示并复归信号； （4）汇报调度
	查找故障点	（1）检查保护范围内设备，包括 222TA、222-5 隔离开关、线路 TV、避雷器、设备间连接线及站内可见线路，提交无异常报告； （2）检查跳闸断路器 222 实际位置并进行外观检查，提交无异常报告； （3）汇报调度

2. 故障跳闸报告

（1）RCS-931BM 保护装置打印报文见表 16-2。

表 16-2　　　　　　　　RCS-931BM 保护装置打印报文

报告序号	启动时间	相对时间	动作相别	动作元件
158	2018-06-02 12:22:29:603	00000ms		保护启动
		00012ms	C	电流差动保护
		00859ms		重合闸动作

故障相别　　　　　　　　　　C
故障测距结果　　　　　　　　0012.7km
故障相电流　　　　　　　　　002.81A
零序电流　　　　　　　　　　002.88A
差动电流　　　　　　　　　　004.45A
故障相电压　　　　　　　　　051.53V

(2) PSL-603GC 保护装置打印报文如下:

000000ms	启动 CPU 启动	
000000ms	综重电流启动	
000000ms	距离零序保护启动	
000000ms	差动保护启动	
000021ms	差动保护 C 跳出口	
000044ms	故障类型和测距	C 相接地 15.95km
000044ms	测距阻抗值	$9.183+j5.483\Omega$
000044ms	故障相电流	电流＝2.953A
000053ms	故障类型双端测距	C 相接地 16.53km
000072ms	综重重合闸启动	
000868ms	综重重合闸出口	
001031ms	综重重合闸复归	
006008ms	差动保护整组复归	
006012ms	综重电流复归	
006015ms	距离零序保护复归	
006231ms	启动 CPU 复归	

二、220kV 线路单相永久性接地故障

1. 实训项目:石北站 220kV 北常Ⅱ线 226 线路 A 相永久性接地故障

故障现象及处理步骤见表 16-3。

表 16-3 　　　　　北常Ⅱ线 226 线路 A 相永久性接地故障现象及处理步骤

题目	北常Ⅱ线 226 线路 A 相永久性接地故障	
事故现象	北常Ⅱ线线路保护动作,226 断路器 A 相跳闸,重合闸动作,重合不成功,226 断路器三相跳闸	
分析	北常Ⅱ线线路发生 A 相永久性故障,线路保护动作出口跳 A 相,重合闸动作,重合于永久性故障,跳三相	
处理步骤	检查监控系统信息	(1) 检查 226 断路器变位、三相电流; (2) 检查 220kV 北常Ⅱ线 226 "CSC-103D 保护动作" "CSC-103D 重合闸动作" "RCS-931BM 保护跳闸" "RCS-931BM 保护重合闸动作" 光字; (3) 画面清闪,报告调度
	检查保护装置动作情况	(1) 戴好安全帽; (2) 检查 220kV 北常Ⅱ线 226 CSC 纵联电流差动保护屏线路保护装置 "跳 A" "跳 B" "跳 C" "重合" 灯点亮,"充电" 灯熄灭,记录液晶显示并复归信号; (3) 检查 220kV 北常Ⅱ线 226 RCS 纵联电流差动保护屏 CZX-12R1 操作箱 "TA" "TB" "TC" "CH" 灯点亮,复归信号,RCS-931 线路保护装置 "跳 A" "跳 B" "跳 C" "重合闸" 灯点亮,"充电" 灯熄灭,记录液晶显示并复归信号; (4) 汇报调度
	查找故障点	(1) 检查保护范围内设备,包括 226TA、226-5 隔离开关、线路 TV、避雷器、设备间连接线及站内可见线路,提交无异常报告; (2) 检查跳闸断路器 226 机械位置并进行外观检查,提交无异常报告; (3) 汇报调度

续表

处理步骤	隔离故障点	(1) 穿绝缘靴、戴绝缘手套； (2) 根据调度令隔离故障点：将 226 断路器"远方/就地"切换把手切至"就地"位置，拉开 226-5-2 隔离开关； (3) 汇报调度
	故障设备转检修	(1) 带 220kV 验电器； (2) 根据调度令将故障设备转检修：合上 226-5XD 接地开关，在 226-5 隔离开关合闸按钮和机构箱门把手上挂"禁止合闸，线路有人工作"标示牌； (3) 汇报调度

2. 现场同类故障跳闸报告

（1）PCS-931GM 保护装置打印报告见表 16-4。

表 16-4　　　　　　　　　　PCS-931GM 保护装置打印报告

报告序号	00115367	启动时间	2016-06-14　17:27:21:891
序号	相对时间	动作相别	动作元件
0059	0000ms		保护启动
	0015ms	B	纵联差动保护动作
	0860ms		重合闸动作
	0953ms	A、B、C	纵联差动保护动作
	0953ms	A、B、C	距离加速动作
故障相电压 故障相电流 最大零序电流 最大差动电流 故障测距 故障相别			42.48V 2.57A 2.14A 4.94A 29.4km B

（2）PSL603U 保护装置打印报告见表 16-5。

表 16-5　　　　　　　　　　PSL603U 保护装置打印报告

故障时间：2016 年 6 月 14 日 17 时 27 分 21 秒 860 毫秒

动作时间	动作元件	
000000ms	保护启动	
000011ms	纵差保护动作	
000011ms	保护 B 跳闸出口	
000011ms	保护动作	
000061ms	故障参数	
故障类型		BN
故障测距		28.793km
故障阻抗		$3.001+10.688j\Omega$
故障电流		2.557A
零序电流		2.127A
最大差流		5.142A
000871ms	重合闸出口	
000874ms	保护动作	
000947ms	纵差保护动作	
000947ms	保护永跳出口	
00959ms	距离重合闸加速动作	

三、220kV 线路单相相继接地故障

1. 实训项目：石北站 220kV 北坊线 224 线路 A 相瞬时接地故障，4.1s 后 A 相再次故障

故障现象及处理步骤见表 16-6。

表 16-6 　　　北坊线 224 线路 A 相瞬时接地故障，4.1s 后 A 相再次故障的
故障现象及处理步骤

题目	北坊线 224 线路 A 相瞬时接地故障，4.1s 后 A 相再次故障	
事故现象	北坊线线路保护动作，224 断路器三相跳闸，重合闸动作，断路器在分位	
分析	北坊线线路发生 A 相故障，线路保护动作出口，A 相跳闸，重合闸动作，重合成功，4.1s 后，A 相再次故障，由于重合闸尚未充好电，保护沟通三跳，动作后直接跳开 224 断路器三相	
处理步骤	检查监控系统信息	(1) 检查 224 断路器位置、三相电流； (2) 检查 220kV 北坊线 224 "CSC-103D 保护跳闸" "CSC-103D 重合闸动作" "PRS-753 保护动作" "PRS-753 保护重合闸动作" 光字； (3) 画面清闪，报告调度
	检查保护装置动作情况	(1) 戴好安全帽； (2) 检查 220kV 北坊线 224 CSC 纵联电流差动保护屏 CSC-103D 线路保护装置 "跳 A" "跳 B" "跳 C" "重合" 灯点亮，记录液晶显示并复归信号；检查 JFZ-12F 操作箱 "A 相分位" "B 相分位" "C 相分位" 灯亮； (3) 检查 220kV 北坊线 224 PRS 纵联电流差动保护屏 "主保护动作" "重合闸" 灯点亮，记录液晶显示并复归信号； (4) 汇报调度
	查找故障点	(1) 检查保护范围内设备，包括 224TA、224-5 隔离开关、线路 TV、避雷器、设备间连接线及站内可见线路，提交无异常报告； (2) 检查跳闸断路器 224 实际位置并进行外观检查，提交无异常报告； (3) 汇报调度
	后续处理	根据调度令试送线路或者将线路转检修

2. 故障跳闸报告

(1) CSC-103D 保护装置打印报文见表 16-7。

表 16-7 　　　　　　　　　　　CSC-103D 保护装置打印报文

时间	动作元件	跳闸相别	动作参数
2018-06-27 11:50:45:555	保护启动		
20ms	纵联差动保护动作	跳 A 相	
	分相差动保护动作	跳 A 相	$I_{CDa}=1.148A$　$I_{CDb}=0.0108A$　$I_{CDc}=0.0108A$
	三相差动电流		$I_{CDa}=2.891A$　$I_{CDb}=0.0108A$　$I_{CDc}=0.0054A$
	三相制动电流		$I_A=1.898A$　$I_B=0.3789A$　$I_C=0.4160A$
71ms	单跳启动重合		
871ms	重合闸动作		
5164ms	纵联差动保护动作	跳 A、B、C 相	
5164ms	分相差动保护动作	跳 A、B、C 相	$I_{CDa}=1.852A$　$I_{CDb}=0.0108A$　$I_{CDc}=0.0108A$
	三相差动电流		$I_{CDa}=1.852A$　$I_{CDb}=0.0108A$　$I_{CDc}=0.0108A$
	三相制动电流		$I_A=1.336A$　$I_B=0.3789A$　$I_C=0.4102A$
5167ms	三跳闭锁重合闸		
5226ms	三跳闭锁重合闸		

时间	动作元件	跳闸相别	动作参数
	采样已同步		
	数据来源通道一		
	对侧差动动作		
	故障相电压		$U_A=53.50V$　$U_B=62.50V$　$U_C=59.75V$
	故障相电流		$I_A=2.766A$　$I_B=0.1943A$　$I_C=0.2109A$　$3I_0=2.656A$
	测距阻抗		$X=5.625\Omega$　$R=9.813\Omega$　A 相
	测距		$L=13.38km$　相别：A 相
5166ms	闭锁重合闸		
	数据来源通道一		

（2）PRS-753 保护装置打印报文见表 16-8。

表 16-8　　　　　　　　　　PRS-753 保护装置打印报文

类别	时间	描述
保护动作情况	2018 年 6 月 27 日 11 时 50 分 45 秒 421 毫秒	保护启动
	17ms	分相差动
	18ms	保护动作　跳闸 A
	867ms	重合闸动作
	5180ms	分相差动动作
	5181ms	保护动作　跳闸 A、B、C
	故障序号	00178
	故障相别	A
	测距	010.9km
	I_a	002.15A
	U_a	054.49V
	I_{da}	002.59A
	I_{d0}	002.59A

3. 现场案例：某站 220kV××线 235 断路器跳闸事故

（1）故障情况概述：7 月 28 日 19 时 5 分，220kV××线 RCS-931、CSC103 保护装置动作，重合闸动作，235 断路器三相跳闸。21 号故障录波器启动，故障测距为 35.44km。CSC103 保护装置故障测距 39.5km，RCS-931 保护装置故障测距 35km。正常方式运行，雷雨天气，四级风，线路全长 57.98km，故障前线路电流为 204A，有功功率为 78.98MW。

（2）监控主要信息：××线线路保护 1 保护跳闸、××线线路保护 2 保护跳闸、××线线路保护 1 重合闸动作、××线线路保护 2 重合闸动作、××线 235 断路器事故总信号。

（3）RCS-931BM 保护动作情况：装置面板"跳 A""跳 B""跳 C""重合闸"红灯亮。

（4）CSC103D 保护动作情况：装置面板"跳 A""跳 B""跳 C""重合"红灯亮。

（5）故障录波器动作情况。

1）故障时间：2018 年 7 月 28 日 19 时 5 分 45 秒 4616 毫秒；

2）故障相别：BN；

3）故障测距：35.444km。

（6）现场检查情况：××线235断路器在断位，线路保护范围内一次设备外观检查正常，避雷器计数器未动作。

（7）故障录波装置动作报告如图16-1所示。

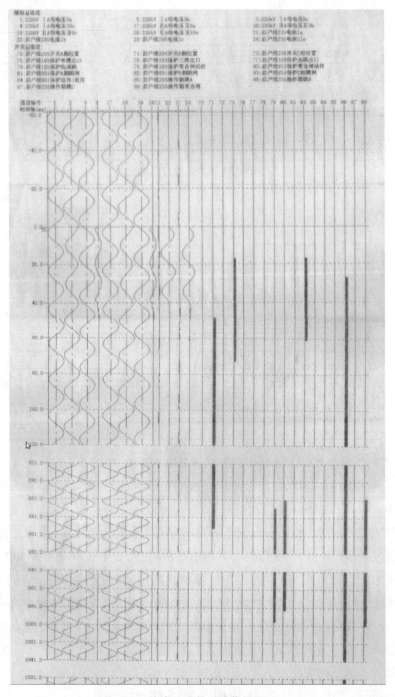

图16-1　故障录波装置动作报告（一）

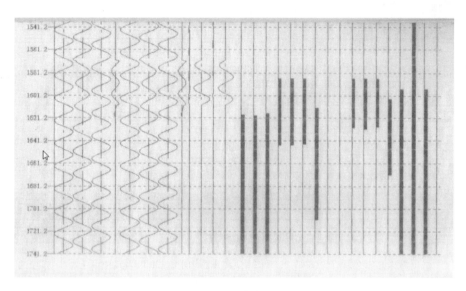

图 16-1　故障录波装置动作报告（二）

四、500kV 线路单相永久性接地故障

1. 实训项目：石北站 500kV 北清 I 线 5061/5062 线路 C 相永久性接地故障

故障现象及处理步骤见表 16-9。

表 16-9　　北清 I 线 5061/5062 线路 C 相永久性接地故障现象及处理步骤

题目	北清 I 线 5061/5062 线路 C 相永久性接地故障	
事故现象	北清 I 线线路保护动作，5061、5062 断路器 C 相跳闸，5061 断路器保护重合闸动作，重合不成功，5061、5062 断路器三相跳闸	
分析	当北清 I 线 5061/5062 线路发生单相接地故障时，线路保护动作出口跳单相，边断路器重合闸动作，重合于永久故障，保护动作跳三相，中断路器不再重合	
处理步骤	检查监控系统信息	（1）检查 5061、5062 断路器变位、三相电流。 （2）检查 500kV 北清 I 线 RCS-931AS "保护 1A 相跳闸""保护 1B 相跳闸""保护 1C 相跳闸""保护 1 装置异常"光字，检查 PSL-603GA "保护装置告警""保护装置动作""保护装置 TV 断线"光字，检查 "RCS-925A 远跳就地判别 1 装置异常""RCS-925A 远跳就地判别 2 装置异常"光字。 （3）检查 5061 断路器保护 RCS-921A "A 相跳闸""B 相跳闸""C 相跳闸""重合闸"光字，检查 5062 断路器保护 RCS-921A "A 相跳闸""B 相跳闸""C 相跳闸"光字。 （4）画面清闪，报告调度
	检查保护装置动作情况	（1）戴好安全帽。 （2）检查 500kV 5061/5062 北清 I 线 RCS 纵联电流差动保护屏 RCS-931 线路保护装置 "跳 A""跳 B""跳 C""TV 断线"灯亮，记录液晶显示并复归信号；检查 PSL 纵联电流差动保护屏线路保护装置 "A 相跳闸""B 相跳闸""C 相跳闸""TV 断线"灯亮，记录液晶显示并复归信号；检查 RCS-925A 远方跳闸保护屏过电压保护装置 "TV 断线"灯亮，记录液晶显示。 （3）检查 5061 断路器保护屏断路器操作箱 "TA""TB""TC""CH"灯点亮，断路器保护装置 "跳 A""跳 B""跳 C""重合闸"灯点亮，记录液晶显示并复归信号；检查 5062 断路器保护屏断路器操作箱 "TA""TB""TC"灯点亮，断路器保护装置 "跳 A""跳 B""跳 C"灯点亮，记录液晶显示并复归信号。 （4）检查故障录波器动作情况。 （5）汇报调度

处理步骤	查找故障点	(1) 检查保护范围内设备，包括 5061 断路器、5061-2 隔离开关、5062-1 隔离开关、5062 断路器、线路 TV、避雷器、设备间连接线及站内可见线路，提交无异常报告。 (2) 检查跳闸开关 5061、5062 实际位置。 (3) 汇报调度
	隔离故障点	(1) 穿绝缘靴、戴绝缘手套。 (2) 根据调度令隔离故障点：将 5061、5062 断路器"远方/就地"把手切至"就地"位置，拉开 5061-2-1、5062-1-2 隔离开关，断开北清 I 线线路 TV 二次空气开关。 (3) 汇报调度
	故障设备转检修	(1) 带 500kV 验电器。 (2) 根据调度令将故障设备转检修：验电后合上 5061-67 接地刀闸，在 5061-2、5062-1 隔离开关合闸按钮和机构箱门把手上悬挂"禁止合闸，线路有人工作"标示牌。 (3) 汇报调度

2. 现场案例：某站 500kV××Ⅱ线 5041、5042 线路故障，重合不成功

(1) 故障情况概述：1 月 11 日 14 时 1 分××Ⅱ线 RCS-931、P546 保护动作跳开 5041、5042 断路器 A 相，5041 断路器重合闸动作，重合不成功，跳开 5041、5042 断路器三相，54 号故障录波器测距 23.852km，RCS-931 保护测距 22.8km，P546 保护测距 20.10km。事故前天气晴，××Ⅱ线全长 115.0km，输入功率约为 600MW。

(2) 监控主要信息：××Ⅱ线 RCS-931AMS 电流差动保护动作、××Ⅱ线 P546 电流差动保护动作、5041 断路器保护柜 A 相跳闸动作、5041 断路器保护柜 B 相跳闸动作、5041 断路器保护柜 C 相跳闸动作、5041 断路器保护柜重合闸动作、5042 断路器保护柜 A 相跳闸动作、5042 断路器保护柜 B 相跳闸动作、5042 断路器保护柜 C 相跳闸动作。

(3) RCS-931 线路保护动作情况：装置面板"跳 A""跳 B""跳 C"灯亮。

(4) P546 线路保护动作情况：装置面板"TRIP""ALARM""A 相故障""三相跳闸"灯亮。

(5) 5041 断路器 RCS-921A 保护装置面板"跳 A""跳 B""跳 C""重合闸"灯亮；CZX-22R 操作箱第一组"TA""TB""TC""CH"灯亮，"OP"灯熄灭，第二组"TA""TB""TC"灯亮。

(6) 5042 断路器 RCS-921A 保护装置面板"跳 A""跳 B""跳 C"灯亮；CZX-22R 操作箱第一组"TA""TB""TC"灯亮，"OP"灯熄灭，第二组"TA""TB""TC"灯亮。

(7) 现场检查情况：5041、5042 断路器在断位，线路保护范围内一次设备外观检查正常，避雷器计数器未动作。

(8) 5041 断路器 RCS-921 保护装置动作报告如图 16-2 所示。

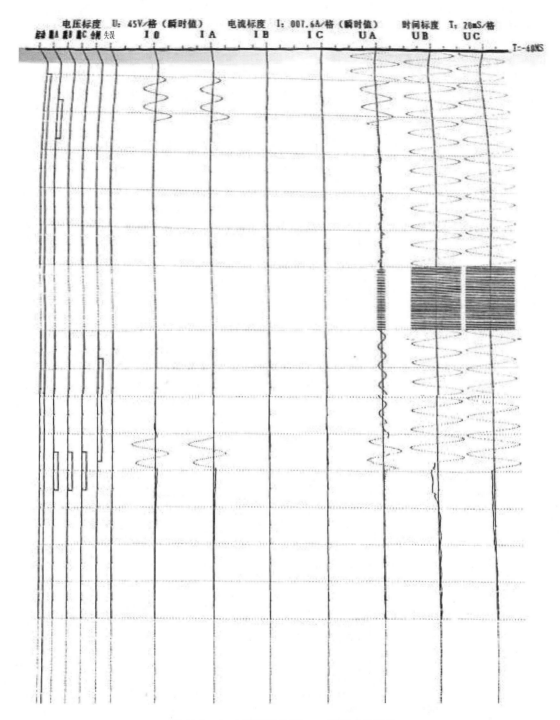

图 16-2　5041 断路器 RCS-921 装置动作报告

五、500kV 线路单相瞬时接地故障，重合成功后 10s 再次故障

1. 实训项目：石北站 500kV 北清Ⅰ线 5061/5062 线路 C 相瞬时接地故障，重合成功后 10s 再故障

故障现象及处理步骤见表 16-10。

表 16-10   **北清Ⅰ线 5061/5062 线路 C 相瞬时接地故障，**

重合成功后 10s 再故障现象及处理步骤

题目	北清Ⅰ线 5061/5062 线路 C 相瞬时接地故障，重合成功后 10s 再故障	
事故现象	北清Ⅰ线线路保护动作，5061、5062 断路器 C 相跳闸，5061、5062 断路器保护重合闸动作，重合成功，500kV 北清Ⅰ线线路保护动作，5061、5062 断路器三相跳闸，5062、5061 断路器在分位	
分析	当 500kV 北清Ⅰ线 5061/5062 线路发生单相接地故障时，线路保护动作出口跳单相，断路器保护重合闸动作，重合成功，10s 后线路 C 相再次故障，由于线路保护已整组复归，所以线路保护再次启动，动作后出口跳单相，但断路器保护中重合闸充电时间为 15s，重合闸尚未充好电，断路器保护沟通三跳，线路保护虽发单跳令，但断路器保护发三跳令，5061、5062 断路器三相跳闸	
处理步骤	检查监控系统信息	(1) 检查 5061、5062 断路器变位、三相电流。 (2) 检查 500kV 北清Ⅰ线 RCS-931AS "保护 1A 相跳闸" "保护 1B 相跳闸" "保护 1C 相跳闸" "保护 1 装置异常" 光字，检查 PSL-603GA "保护装置告警" "保护装置动作" "保护装置 TV 断线" 光字，检查 RCS-925A "远跳就地判别 1 装置异常" "远跳就地判别 2 装置异常" 光字。 (3) 检查 5061、5062 断路器保护 RCS-921A "A 相跳闸" "B 相跳闸" "C 相跳闸" "重合闸" 光字。 (4) 画面清闪，报告调度
	检查保护装置动作情况	(1) 戴好安全帽。 (2) 检查 500kV 5061/5062 北清Ⅰ线 RCS 纵联电流差动保护屏线路保护装置 "跳 A" "跳 B" "跳 C" "TV 断线" 灯亮，记录液晶显示并复归信号；检查 PSL 纵联电流差动保护屏线路保护装置 "A 相跳闸" "B 相跳闸" "C 相跳闸" "TV 断线" 灯亮，记录液晶显示并复归信号；检查 RCS 远方跳闸保护屏过电压保护装置 "TV 断线" 灯亮，记录液晶显示。 (3) 检查 5061、5062 断路器 RCS 断路器保护屏断路器操作箱 "TA" "TB" "TC" "CH" 灯点亮，断路器保护装置 "跳 A" "跳 B" "跳 C" "重合闸" 灯点亮，记录液晶显示并复归信号。 (4) 检查故障录波器动作情况。 (5) 汇报调度
	查找故障点	(1) 检查保护范围内设备，包括 5061 断路器、5061-2 隔离开关、5062-1 隔离开关、5062 断路器、线路 TV、避雷器、设备间连接线及站内可见线路，提交无异常报告。 (2) 检查跳闸断路器 5061、5062 实际位置。 (3) 汇报调度
	隔离故障点	(1) 穿绝缘靴、戴绝缘手套。 (2) 根据调度令隔离故障点：将 5061、5062 断路器 "远方/就地" 把手切至 "就地" 位置，拉开 5061-2-1、5062-1-2 隔离开关，断开北清Ⅰ线线路 TV 二次空气开关。 (3) 汇报调度
	故障设备转检修	(1) 带 500kV 验电器。 (2) 根据调度令将故障设备转检修：验电后合上 5061-67 接地刀闸；在 5061-2、5062-1 隔离开关合闸按钮和机构箱门把手上挂 "禁止合闸，线路有人工作" 标示牌。 (3) 汇报调度

2. 现场同类事故故障跳闸报告

(1) 第一套 RCS-931 保护装置打印报文见表 16-11 和表 16-12。

表 16-11　　　　　　　　第一套 RCS-931 保护装置第一次故障打印报文

动作序号	014	启动绝对时间	2017-06-21　16:47:25:948
序号	动作相	动作相对时间	动作元件
01	C	00012ms	电流差动保护
故障测距结果 故障相别 故障相电流值 故障零序电流 故障差动电流			0037.2km C 002.52A 002.63A 003.24A

表 16-12　　　　　　　　第一套 RCS-931 保护装置第二次故障打印报文

动作序号	015	启动绝对时间	2017-06-21　16:47:35:128
序号	动作相	动作相对时间	动作元件
01	C	00012ms	电流差动保护
故障测距结果 故障相别 故障相电流值 故障零序电流 故障差动电流			0037.2km C 002.52A 002.63A 003.25A

（2）第二套 RCS-931 保护装置打印报文见表 16-13 和表 16-14。

表 16-13　　　　　　　　第二套 RCS-931 保护装置第一次故障打印报文

动作序号	013	启动绝对时间	2017-06-21　16:47:25:945
序号	动作相	动作相对时间	动作元件
01	C	00013ms	电流差动保护
故障测距结果 故障相别 故障相电流值 故障零序电流 故障差动电流			037.0km C 002.54A 002.65A 003.26A

表 16-14　　　　　　　　第二套 RCS-931 保护装置第二次故障打印报文

动作序号	014	启动绝对时间	2017-06-21 16:47:35:125
序号	动作相	动作相对时间	动作元件
01	C	00013ms	电流差动保护
故障测距结果 故障相别 故障相电流值 故障零序电流 故障差动电流			037.1km C 002.54A 002.65A 003.26A

（3）5061 断路器 RCS-921A 保护装置打印报文见表 16-15 和表 16-16。

表 16-15　　　　　　5061 断路器 RCS-921A 保护装置第一次故障打印报文

动作序号	022	启动绝对时间	2017-06-21 16:47:25:953
序号	动作相	动作相对时间	动作元件
01	C	00024ms	C 相跟跳
02		00766ms	重合闸动作

表 16-16   5061 断路器 RCS-921A 保护装置第二次故障打印报文

动作序号	023	启动绝对时间	2017-06-21 16:47:35:133
序号	动作相	动作相对时间	动作元件
01	ABC	00023ms	C 相跳跳
02	ABC	00023ms	沟通三跳
03	ABC	00029ms	三相跟跳

（4）5062 断路器 RCS-921A 保护装置打印报文见表 16-17 和表 16-18。

表 16-17   5062 断路器 RCS-921A 保护装置第一次故障打印报文

动作序号	010	启动绝对时间	2017-06-21 16:47:25:950
序号	动作相	动作相对时间	动作元件
01	C	00023ms	C 相跟跳
02		01075ms	重合闸动作

表 16-18   5062 断路器 RCS-921A 保护装置第二次故障打印报文

动作序号	011	启动绝对时间	2017-06-21 16:47:35:130
序号	动作相	动作相对时间	动作元件
01	ABC	00022ms	C 相跟跳
02	ABC	00022ms	沟通三跳
03	ABC	00033ms	三相跟跳

（5）故障录波器打印报文。

1）第一次故障。

故障时间：2017 年 6 月 21 日 16 时 45 分 2 秒 56.100 毫秒。

故障开始时间：−0.9ms。

故障相别：CN。

保护动作时间（单跳）：771.5ms。

故障结束时间：47.9ms。

断路器跳闸时间：47.9ms。

故障距离：37.571km。

二次侧电抗：6.3118Ω。

2）第二次故障：

故障时间：2017 年 6 月 21 日 16 时 45 分 11 秒 235.100 毫秒。

故障开始时间：−0.3ms。

故障相别：CN。

故障结束时间：48.7ms。

断路器跳闸时间：48.7ms。

故障距离：37.596km。

二次侧电抗：6.3161Ω。

第十七章

变压器事故处理

第一节 变压器事故处理基本原则和处理步骤

一、变压器事故处理基本原则

（1）当并列运行中的一台变压器跳闸后，应密切关注运行中的变压器有无过负荷现象，并报告调度。

（2）变压器跳闸后应密切关注站用电的供电，确保站用电、直流系统的安全稳定运行。

（3）变压器的重瓦斯、差动保护同时动作跳闸，未经查明原因和消除故障之前不得进行强送。

（4）重瓦斯或差动之一动作跳闸，检查变压器外部无明显故障，检查瓦斯气体证明变压器内部无明显故障，经设备主管单位总工程师同意，在系统急需时可以试送一次，有条件时，应尽量进行零起升压。

（5）若变压器后备保护动作跳闸，一般经外部检查、初步分析（必要时经电气试验），无明显故障，可以试送一次。

（6）若主变压器重瓦斯保护误动作，两套差动保护中一套误动作或者后备保护误动作造成变压器跳闸，应根据调度命令，停用误动作保护，将主变压器送电。

（7）变压器故障跳闸造成电网解列时，在试送变压器或投入备用变压器时，要防止非同期并列。

（8）如因线路或母线故障，保护越级动作引起变压器跳闸，则在故障线路断路器断开后，可立即恢复变压器运行。

（9）变压器主保护动作，在未查明故障原因前，运维人员不要复归保护屏信号，做好相关记录以便专业人员进一步分析和检查。

（10）对于不同的接线方式，应及时调整运行方式，本着无故障变压器尽快恢复送电的原则。

（11）主变压器保护动作，若500、220kV侧断路器拒动，则启动失灵；若是35kV侧断路器拒动，则由电源对侧或主变压器后备保护动作跳闸，切除故障。运维人员根据越级情况，尽快隔离拒动断路器，恢复送电。

二、变压器事故处理步骤

(1) 变压器保护动作跳闸后，运维人员应记录事故发生时间、设备名称、断路器变位情况、主要保护和自动装置动作信号等事故信息。

(2) 检查受事故影响的运行设备状况，主要是指两台主变压器并列运行，如一台主变压器跳闸，另一台主变压器运行状况以及站用变压器运行情况。

(3) 加强运行变压器负荷、油温和油位的监视，并记录过负荷电流及持续时间。

(4) 检查站用系统电源是否切换正常，直流系统是否正常。

(5) 将以上信息、天气情况、停电范围和当时的负荷情况及时汇报调度和有关部门，便于调度及有关人员及时、全面地掌握事故情况，进行分析判断。

(6) 记录保护及自动装置屏上的所有信号，检查故障录波器的动作情况。打印故障录波报告及微机保护报告。

(7) 检查保护范围内一次设备。

(8) 将详细检查结果汇报调度和有关部门。根据调度命令进行处理。

(9) 事故处理完毕后，值班人员填写运行日志、事故跳闸记录、断路器分合闸记录等，根据断路器跳闸情况、保护及自动装置的动作情况、事件记录、故障录波、微机保护打印以及处理情况，整理详细的事故处理报告。

第二节　变压器事故处理实训项目

一、石北站2号主变压器中压侧避雷器单相接地故障

故障现象及处理步骤见表17-1。

表 17-1　　　　　　2号主变压器中压侧避雷器单相接地故障分析及处理步骤

题目	2号主变压器中压侧避雷器单相接地故障	
事故现象	2号主变压器差动保护动作，5021、5022、212、312断路器跳闸；站用变压器备用电源自动投入动作，3226、421断路器跳闸，3200、401断路器合闸；35kV 2号母线电压为0	
分析	当2号主变压器中压侧避雷器单相接地时，2号主变压器差动保护动作出口跳开三侧断路器，35kV 2号母线失压，1号站用变压器失压，站用变压器备用电源自动投入动作跳开421、3226断路器，合上3200、401断路器	
处理步骤	检查监控系统信息	(1) 检查5021、5022、212、312、3226、3200、401、421断路器变位、三相电流；检查3号主变压器负荷、温度；检查35kV 2号母线电压为0；380V Ⅰ段母线电压正常。 (2) 检查2号主变压器CSC-326C"保护告警""保护差动保护动作""保护TV断线"光字；检查PST-1201A"保护动作""保护装置告警""保护TV断线"光字。 (3) 检查5021、5022断路器保护RCS-921A"A相跳闸""B相跳闸""C相跳闸""312操作箱跳闸出口"光字。 (4) 检查站用变压器"备用电源自动投入装置跳闸""备用电源自动投入装置合闸"光字。 (5) 检查"35kV 2号母差保护装置报警""4号电容装置报警""5号电容装置报警""6号电容装置报警"光字。 (6) 画面清闪，汇报调度

续表

处理步骤	检查保护装置动作情况	(1) 戴安全帽； (2) 检查 2 号主变压器 CSC 变压器保护屏差动保护装置"差动动作""TV 断线""装置告警"灯点亮，记录液晶显示并复归信号；检查 PST 变压器保护屏差动保护装置"保护动作""呼唤""启动""TV 回路异常"灯点亮，记录液晶显示并复归信号。 (3) 检查 312 断路器操作箱"跳闸位置""Ⅰ跳闸启动""保护Ⅰ跳闸""Ⅱ跳闸启动""保护Ⅱ跳闸"灯点亮并复归信号，检查 212 断路器操作箱"跳闸位置 A""跳闸位置 B""跳闸位置 C""Ⅰ跳闸启动""保护Ⅰ跳闸""Ⅱ跳闸启动""保护Ⅱ跳闸"灯点亮并复归信号；检查 5022、5021 断路器保护屏断路器操作箱"TA""TB""TC"灯亮，断路器保护装置"跳 A""跳 B""跳 C"灯亮，记录液晶显示并复归信号。 (4) 检查 35kV 站用变压器保护屏站用变压器备用电源自动投入保护装置"跳闸""合闸"灯点亮，记录液晶显示并复归信号，退出 1 号站用变压器备用电源自动投入压板。 (5) 检查低压室 380V 1 号站用变压器进线屏 421 断路器三相电流、机械指示，检查 380V 0 号站用变压器 1、2 母分段屏 401 断路器三相电流、机械指示。 (6) 检查 35kV 2 号母线电容器、电抗器保护屏"告警"灯点亮，记录液晶显示。 (7) 检查故障录波器动作情况。 (8) 汇报调度
	应急处理及查找故障点	(1) 检查跳闸断路器的机械指示并进行外观检查，提交无异常报告，包括 5021、5022、212、312、3226、3200 断路器。 (2) 检查保护范围内设备有无异常，包括 5021TA、5021-2 隔离开关、5022-1 隔离开关、5022TA、5022 断路器、500kV TV、避雷器、主变压器本体、低压侧 BLQ、低压侧汇流母线、312-4 隔离开关、312 断路器、312TA、212TA、212-4 隔离开关、中压侧避雷器，提交 2 号主变压器中压侧避雷器故障报告，其他设备报告无异常。 (3) 拉开 4 号电抗器 3223 断路器。 (4) 汇报调度
	隔离故障点	(1) 戴绝缘手套、穿绝缘靴。 (2) 根据调度令隔离故障点：将 5021、5022、212、312 断路器"远方/就地"切换把手切至"就地"位置，拉开 5021-2-1、5022-1-2、212-4-2、312-4 隔离开关。 (3) 汇报调度
	方式调整	(1) 根据调度令调整运行方式：退出 220kV A 母线 RCS 母线保护屏 203 检修状态投入压板 1LP15、204 检修状态投入压板 1LP16，退出 220kV B 母线 RCS 母线保护屏 203 检修状态投入压板 1LP14、204 检修状态投入压板 1LP15，合上 203、204 断路器。 (2) 汇报调度
	故障设备转检修	(1) 带 500（采用间接验电可不带）、220、35kV 验电器。 (2) 根据调度令将 2 号主变压器转检修：断开 2 号主变压器高压侧 TV 二次空气开关，合上 5021-67、212-4BD、312-4BD 接地刀闸。 (3) 如果 2 号主变压器保护有工作，需退出主变压器保护屏启动 5021 失灵、启动 5022 失灵、跳 202、跳 203、跳 204、启动 220kV 失灵压板，如果 5021、5022 断路器保护有工作应退出断路器保护屏失灵相关压板。 (4) 汇报调度
	布置安全措施	(1) 在 5021-2、5022-1、212-4、312-4 隔离开关合闸按钮和机构箱门把手上挂"禁止合闸，有人工作"标示牌，在 2 号主变压器 220kV 避雷器处放置"在此工作"标示牌。 (2) 2 号主变压器 220kV 避雷器处设置围栏，挂"止步，高压危险""从此进出"标示牌

二、石北站 3 号主变压器高压套管单相接地故障

故障现象及处理步骤见表 17-2。

表 17-2　　　　　　　　　　　3 号主变压器高压套管接地故障现象及处理步骤

题目	3 号主变压器高压套管单相接地故障	
事故现象	3 号主变压器差动保护动作，5013、5012、213、313 断路器跳闸；站用变压器备用电源自动投入动作，3236、422 断路器跳闸，3200、402 断路器合闸；35kV 3 号母线电压为 0	
分析	当 3 号主变压器高压套管单相接地时，3 号主变压器差动保护动作出口跳三侧断路器，35kV 3 号母线失压，2 号站用变压器失压，站用变压器备用电源自动投入动作跳开 422、3236 断路器，合上 3200、402 断路器	
处理步骤	检查监控系统信息	(1) 检查 5013、5012、213、313、3236、3200、422、402 断路器变位、三相电流；检查 2 号主变压器负荷、温度；检查 35kV 3 号母线电压为 0；380V 2 段母线电压正常。 (2) 检查 3 号主变压器 CSC-326EB "保护告警""差动保护""保护 TV 断线"光字；检查 PST-1201B "保护动作""保护装置告警""保护 TV 断线"光字。 (3) 检查 5012、5013 断路器保护 RCS-921A "A 相跳闸""B 相跳闸""C 相跳闸"光字；检查 213 操作箱"第一组出口跳闸""第二组出口跳闸"光字；检查 313 操作箱"跳闸出口"光字。 (4) 检查站用变压器"备用电源自动投入装置跳闸""备用电源自动投入装置合闸"光字。 (5) 检查"35kV 3 号母线保护异常报警""35kV 3 号母线 TV 测量断线""35kV 3 号母线 TV 保护断线"光字。 (6) 画面清闪，汇报调度
	检查保护装置动作情况	(1) 戴安全帽。 (2) 检查 3 号主变压器 CSC 变压器保护屏差动保护装置"差动动作""TV 断线""装置告警"灯点亮，记录液晶显示并复归信号；检查 PST 变压器保护屏差动保护装置"保护动作""呼唤""启动""TV 回路异常""告警"灯点亮，记录液晶显示并复归信号。 (3) 检查 313 断路器操作箱"1DL 分位""1DL1 跳闸"灯点亮并复归信号，检查 213 断路器操作箱"一组跳 A""一组跳 B""一组跳 C""一组永跳""二组跳 A""二组跳 B""二组跳 C""二组永跳"灯点亮并复归信号；检查 5012、5013 断路器操作箱"TA、TB、TC"灯亮，断路器保护装置"跳 A""跳 B""跳 C"灯亮，记录液晶显示并复归信号。 (4) 检查 35kV 站用变压器保护屏站用变压器备用电源自动投入保护装置"跳闸""合闸"灯点亮，记录液晶显示并复归信号，退出 2 号站用变压器备用电源自动投入压板。 (5) 检查低压室 380V 2 号站用变压器进线屏 422 断路器三相电流、机械指示，检查低压室 380V 1、2 母分段屏 402 断路器三相电流、机械指示。 (6) 检查 35kV 3 号母线电容器、电抗器保护屏"告警"灯点亮，记录液晶显示。 (7) 检查故障录波器动作情况。 (8) 汇报调度
	应急处理及查找故障点	(1) 检查跳闸断路器的机械指示并进行外观检查，包括 5013、5012、213、313、3236、3200 断路器。 (2) 到设备区检查保护范围内设备有无异常，包括 5013 断路器、5013-1 隔离开关、5012-2 隔离开关、5012 断路器、500kV TV、避雷器、主变压器本体、低压侧避雷器、低压侧汇流母线、313-4 隔离开关、313 断路器、313TA、213TA、213-4 隔离开关、中压侧避雷器，提交 3 号主变压器异常情况，其他设备无异常。 (3) 拉开 1 号电抗器 3232 断路器。 (4) 汇报调度

处理步骤	隔离故障点	（1）戴绝缘手套、穿绝缘靴。 （2）根据调度令隔离故障点：断开 3 号主变压器高压侧 TV 二次空气开关，将 5013、5012、213、313 断路器"远方/就地"切换把手切至"就地"位置，拉开 5013-1-2、5012-2-1、213-4-1、313-4 隔离开关。 （3）汇报调度
	方式调整	（1）根据调度令调整运行方式：退出 220kV A 母线 RCS 母线保护屏 203 检修状态投入压板 1LP15、204 检修状态投入压板 1LP16，退出 220kV B 母线 RCS 母线保护屏 203 检修状态投入压板 1LP14、204 检修状态投入压板 1LP15，合上 203、204 断路器。 （2）汇报调度
	故障设备转检修	（1）带 500（采用间接验电可不带）、220、35kV 验电器。 （2）根据调度令将故障设备转检修：将 3 号主变压器转检修，合上 5013-67、213-4BD、313-4BD 接地刀闸，断开 3 号主变压器风冷电源。 （3）如果 3 号主变压器保护有工作，需退出主变压器保护屏启动 5013 失灵、启动 5012 失灵、跳 202、跳 203、跳 204、启动 220kV 失灵压板；如果 5012、5013 断路器传动，应断开断路器控制电源，将 5011/5012 廉北 I 线 PRS 后备及远跳 1 保护屏、PCS 纵联电流差动及远跳 2 保护屏"断路器检修方式把手 1QK"切至"5012 断路器检修"位置；如果 5012、5013 断路器保护有工作，应退出断路器保护屏失灵相关压板。 （4）汇报调度
	布置安全措施	（1）在 5013-1、5012-2、213-4、313-4 隔离开关合闸按钮和机构箱门把手挂"禁止合闸，有人工作"标示牌，在 3 号主变压器处放置"在此工作"标示牌。 （2）在 3 号主变压器周围设围栏，挂"止步，高压危险""从此进出"标示牌

三、石北站 3 号主变压器 A 相内部接地故障

故障现象及处理步骤见表 17-3。

表 17-3　　　　　　**3 号主变压器 A 相内部接地故障现象及处理步骤**

题目		3 号主变压器 A 相内部接地故障
事故现象		3 号主变压器差动保护、重瓦斯保护动作出口跳三侧断路器，5013、5012、213、313 断路器跳闸；3231、3233、3235 电容器低电压保护动作，3231、3233、3235 断路器跳闸；站用变压器备用电源自动投入动作，3236、422 断路器跳闸，3200、402 断路器合闸；35kV 3 号母线电压为 0；2 号主变压器过负荷
分析		当 3 号主变压器 A 相内部接地故障时，3 号主变压器差动保护、重瓦斯保护动作出口跳开三侧断路器，35kV 3 号母线断路器失灵，电容器低电压保护动作跳闸，2 号站用变压器失压，站用变压器备用电源自动投入动作跳开 3236、422 断路器，合上 3200、402 断路器
处理步骤	检查监控系统信息	（1）检查 5013、5012、213、313、3231、3233、3235、3236、3200、422、402 断路器变位、电流，检查 380V 2 段母线电压正常。 （2）检查 35kV 3 号母线电压。 （3）检查 2 号主变压器过负荷程度、主变压器温度。 （4）检查 3 号主变压器双套"差动动作""重瓦斯动作""压力释放""压力突变"光字，检查 3231、3233、3235 电容器"低电压动作"光字，检查站用变压器"备用电源自动投入装置跳闸""备用电源自动投入装置合闸"光字。 （5）检查 5012、5013 断路器保护 RCS-921A "A 相跳闸""B 相跳闸""C 相跳闸"光字；检查 213 操作箱"第一组出口跳闸""第二组出口跳闸"光字；检查 313 操作箱"跳闸出口"光字。 （6）画面清闪，将故障情况报告调度并要求限负荷

处理步骤	检查保护装置动作情况	(1) 戴安全帽。 (2) 检查 3 号主变压器 CSC 变压器保护屏差动保护装置"差动动作""TV 断线""装置告警"灯点亮，记录液晶显示并复归信号；检查 PST 变压器保护屏差动保护装置"保护动作""呼唤""启动""TV 回路异常""告警"灯点亮，记录液晶显示并复归信号；检查 3 号主变压器保护 CSC 非电量保护"本体重瓦斯""压力释放""压力突变"灯亮，做好记录并复归信号。 (3) 检查 2 号主变压器保护"过负荷"灯亮。 (4) 检查 313 断路器操作箱"1DL 分位""1DL1 跳闸"灯点亮并复归信号，检查 213 断路器操作箱"一组跳 A""一组跳 B""一组跳 C""一组永跳""二组跳 A""二组跳 B""二组跳 C""二组永跳"灯点亮并复归信号；检查 5012、5013 断路器操作箱"TA、TB、TC"灯亮，断路器保护装置"跳 A""跳 B""跳 C"灯亮，记录液晶显示并复归信号。 (5) 检查 35kV 站用变压器保护屏站用变压器备用电源自动投入保护装置"跳闸""合闸"灯点亮，记录液晶显示并复归信号，退出 2 号站用变压器备用电源自动投入压板。 (6) 检查低压室 380V 2 号站用变压器进线屏 422 断路器三相电流、机械指示，检查低压室 380V 1、2 母分段屏 402 断路器三相电流、机械指示。 (7) 检查 3231、3233、3235 电容器保护"跳闸"灯亮，记录液晶显示并复归信号。 (8) 检查故障录波器动作情况。 (9) 汇报调度
	查找故障点	(1) 检查跳闸断路器的机械指示并进行外观检查，包括 5013、5012、213、313、3236、3200、3231、3233、3235 断路器。 (2) 检查 2 号主变压器冷却器投入情况及主变压器温度。 (3) 根据保护动作情况，检查保护范围内设备，包括 5013 断路器、5013-1 隔离开关、5012-2 隔离开关、5012 断路器、500kV TV、避雷器、主变压器本体、低压侧避雷器、低压侧汇流母线、313-4 隔离开关、313 断路器、313TA、213TA、213-4 隔离开关、中压侧避雷器及之间的引线，发现 3 号主变压器 A 相气体继电器集气室内有黄色气体，压力释放装置喷出大量变压器油，判定 3 号主变压器 A 相内部有故障，提交 3 号主变压器异常情况，其他设备无异常。 (4) 汇报调度
	隔离故障点	(1) 戴绝缘手套、穿绝缘靴。 (2) 根据调度令隔离故障点：将 5013、5012、213、313 断路器"远方/就地"切换把手切至"就地"位置，拉开 5013-1-2、5012-2-1、213-4-1、313-4 隔离开关。 (3) 汇报调度
	方式调整	(1) 根据调度令调整运行方式：退出 220kV A 母线 RCS 母线保护屏 203 检修状态投入压板 1LP15、204 检修状态投入压板 1LP16，退出 220kV B 母线 RCS 母线保护屏 203 检修状态投入压板 1LP14、204 检修状态投入压板 1LP15，合上 203、204 断路器。 (2) 汇报调度
	故障设备转检修	(1) 带 500（采用间接验电可不带）、220、35kV 验电器。 (2) 根据调度令将故障设备转检修：断开 3 号主变压器高压侧 TV 二次空气开关，将 3 号主变压器转检修，合上 5013-67、213-4BD、313-4BD 接地刀闸，断开 3 号主变压器风冷电源。 (3) 如果 3 号主变压器保护有工作，需退出主变压器保护屏启动 5013 失灵、启动 5012 失灵、跳 202、跳 203、跳 204、启动 220kV 失灵压板；如果 5012、5013 断路器传动，应断开断路器控制电源空气开关，并将 5011/5012 廉北 I 线 PRS 后备及远跳 1 保护屏、PCS 纵联电流差动及远跳 2 保护屏"断路器检修方式把手 1QK"切至"5012 断路器检修"位置；如果 5012、5013 断路器保护有工作应退出断路器保护屏失灵相关压板。 (4) 汇报调度

续表

处理步骤	布置安全措施	(1) 在 5013-1、5012-2、213-4、313-4 隔离开关合闸按钮和机构箱门把手挂"禁止合闸,有人工作"标示牌,在 3 号主变压器 A 相处放置"在此工作"标示牌。 (2) 在 3 号主变压器 A 相本体处设置围栏,挂"止步,高压危险""从此进出"标示牌

四、石北站 3 号主变压器 5013-1 隔离开关与 5013 断路器间连线支持绝缘子单相接地故障

故障现象及处理步骤见表 17-4。

表 17-4　　3 号主变压器 5013-1 隔离开关与 5013 断路器间连线支持绝缘子

单相接地故障现象及处理步骤

题目		3 号主变压器 5013-1 隔离开关与 5013 断路器间连线支持绝缘子单相接地故障
事故现象		3 号主变压器差动保护动作,5013、5012、213、313 断路器跳闸;站用变压器备用电源自动投入动作,3236、422 断路器跳闸,3200、402 断路器合闸;35kV 3 号母线电压为 0
分析		当 3 号主变压器 5013-1 隔离开关与 5013 断路器间连线高压侧支持绝缘子单相接地故障单相接地时,3 号主变压器差动保护动作出口跳开三侧断路器,35kV 3 号母线失压,2 号站用变压器失压,站用变压器备用电源自动投入动作跳开 422、3236 断路器,合上 3200、402 断路器
处理步骤	检查监控系统信息	(1) 检查 5013、5012、213、313、3236、3200 断路器变位、三相电流;检查 2 号主变压器负荷、温度;检查 35kV 3 号母线电压为 0;380V 2 段母线电压正常。 (2) 检查 3 号主变压器 CSC-326EB"保护告警""差动保护""保护 TV 断线"光字;检查 PST-1201B"保护动作""保护装置告警""保护 TV 断线"光字。 (3) 检查 5012、5013 断路器保护 RCS-921A"A 相跳闸""B 相跳闸""C 相跳闸"光字;检查 213 操作箱"第一组出口跳闸""第二组出口跳闸"光字;检查 313 操作箱"跳闸出口"光字。 (4) 检查站用变压器"备用电源自动投入装置跳闸""备用电源自动投入装置合闸"光字。 (5) 检查"35kV 3 号母线 TV 测量断线""35kV 3 号母线 TV 保护断线""35kV 3 号母线保护异常报警"光字。 (6) 画面清闪,汇报调度
	检查保护装置动作情况	(1) 戴安全帽。 (2) 检查 3 号主变压器 CSC 变压器保护屏差动保护装置"差动动作""TV 断线""装置告警"灯点亮,记录液晶显示并复归信号;PST 变压器保护屏差动保护装置"保护动作""呼唤""启动""TV 回路异常""告警"灯点亮,记录液晶显示并复归信号。 (3) 检查 313 断路器操作箱"1DL 分位""1DL1 跳闸"灯点亮,复归信号;检查 213 断路器操作箱"一组跳 A""一组跳 B""一组跳 C""一组永跳""二组跳 A""二组跳 B""二组跳 C""二组永跳"灯点亮,复归信号;检查 5012、5013 断路器操作箱"TA、TB、TC"灯亮,断路器保护装置"跳 A""跳 B""跳 C"灯亮,记录液晶显示并复归信号。 (4) 检查 35kV 站用变压器保护屏站用变压器备用电源自动投入保护装置"跳闸""合闸"灯点亮,记录液晶显示并复归信号,退出 2 号站用变压器备用电源自动投入压板。 (5) 检查低压室 380V 2 号站用变压器进线屏 422 断路器三相电流、机械指示,检查低压室 380V 1、2 母分段屏 402 断路器三相电流、机械指示。 (6) 检查 35kV 3 号母线电容器、电抗器保护屏"告警"灯点亮,记录液晶显示。 (7) 检查故障录波器动作情况。 (8) 汇报调度

处理步骤	应急处理及查找故障点	(1) 检查跳闸开关的机械指示并进行外观检查，包括5013、5012、213、313、3236、3200断路器。 (2) 检查保护范围内设备有无异常，包括5013断路器、5013-1隔离开关、5012-2隔离开关、5012断路器、500kV TV、避雷器、主变压器本体、低压侧避雷器、低压侧汇流母线、313-4隔离开关、313断路器、313TA、213TA、213-4隔离开关、中压侧避雷器，提交3号主变压器5013-1隔离开关与5013断路器间连线支持绝缘子异常情况，其他设备无异常。 (3) 拉开1号电抗器3232断路器。 (4) 汇报调度
	隔离故障点，恢复无故障设备送电	(1) 戴绝缘手套、穿绝缘靴。 (2) 根据调度令隔离故障点：将5013断路器"远方/就地"切换把手切至"就地"位置，拉开5013-1-2隔离开关。 (3) 根据调度令合上3主变压器的5012断路器，检查3号主变压器充电良好，合上213、313断路器，检查35kV 3号母线电压正常。 (4) 恢复站用变压器方式（拉开402、3200断路器，合上3236、422断路器，投入备用电源自动投入压板）。 (5) 汇报调度
	故障设备转检修	(1) 带500kV（采用间接验电可不带）。 (2) 根据调度令将故障设备转检修：合上5013-17、5013-27接地刀闸。 (3) 汇报调度
	布置安全措施	(1) 在5013-1、5013-2隔离开关合闸按钮和机构箱门把手上挂"禁止合闸，有人工作"标示牌，在工作处放置"在此工作"标示牌。 (2) 工作地点设置围栏，挂"止步，高压危险""从此进出"标示牌

第十八章

母 线 事 故 处 理

第一节　母线事故处理基本原则和处理步骤

一、母线事故处理基本原则

（1）当母线故障或电压消失后，运维人员应立即汇报相应调控机构值班调度员，同时将故障或失压母线上的开关全部拉开。

（2）如母线失压造成站用电失电，自投不成功时，应先倒站用电。

（3）如有明显的故障点，应用隔离开关隔离故障点，恢复无故障母线送电。

（4）经检查若确系母差或失灵保护误动作，应停用母差或失灵保护，立即对母线恢复送电。

（5）如故障点不能隔离，对于双母线接线，一条母线故障停电时，采用冷倒母线方法，将无故障元件倒至运行母线上，恢复无故障母线送电；对于单母线或3/2接线，应将母线转检修。

（6）经检查不能找到故障点，一般不得对停电母线试送；经试验证明母线绝缘合格后可以试送一次。

（7）双母线接线同时停电时，如母联断路器无异常且未断开应立即将其拉开，经检查排除故障后再送电。要尽快恢复一条母线运行，另一条母线不能恢复则将所有负荷倒至运行母线。

（8）3/2接线方式的母线故障跳闸，正常情况下不影响线路及变压器设备（主变压器进串方式）正常负荷；若故障前，其中某一串中间断路器在备用或检修方式，母线故障跳闸将引起线路或变压器高压侧断路器跳闸，应考虑中断路器是否具备恢复条件。

（9）3/2接线方式的一组母线跳闸失电若因母差保护误动所致，应停用母差保护进行检查，待处理结束，投入母差保护后，再恢复母线送电。

（10）母线故障跳闸若是某一出线断路器拒动（包括失灵保护动作）越级所致，对拒动断路器首先隔离（拉开断路器两侧隔离开关），对失电母线进行外部检查（包括出线断路器及其保护），尽快恢复送电。拒动断路器故障如不能很快消除，有条件时应采用旁路断路器代替运行。

（11）如故障点在母线侧隔离开关外侧，可将该回路两侧隔离开关拉开。故障隔离或排除以后，按调度命令恢复母线运行。对双母线或单母线分段接线，宜采用有充电保护的断路器对母线充电。对于3/2断路器接线，应选择一条电源线路对停电母线充电。母线充电成功后，再送出其他线路。

（12）若找不到明显故障点，则不准将跳闸元件接入运行母线送电，以防止故障扩大至运行母线。可按照值班调控人员指令试送母线。线路对侧有电源时应由线路对侧电源对故障母线试送电。

（13）封闭式（GIS）母线事故处理原则：

1）双母线运行的其中一条母线故障或失电，在未查明故障原因前禁止将故障或失电母线上的断路器冷倒至运行母线。

2）母线上设备发生故障，必须查清原因并修复故障或确实隔离故障点后方能试送。

3）如设备所属单位查不到故障，应根据故障情况进一步采取试验措施。

二、母线事故处理步骤

（1）母线保护动作跳闸后，运维人员应记录事故发生时间、设备名称、断路器变位情况、主要保护及自动装置动作信号等事故信息。

（2）将以上信息、天气情况、停电范围和当时的负荷情况及时汇报调度和有关部门，便于调度及有关人员及时、全面地掌握事故情况，进行分析判断。

（3）检查运行变压器的负荷情况，必要时向调度申请减负荷。

（4）如有工作现场或操作现场，应立即停止工作并对现场进行检查。

（5）记录保护及自动装置屏上的所有信号，打印故障录波报告及微机保护报告。

（6）现场检查跳闸母线上所有设备，是否有放电、闪络痕迹或其他故障点。

（7）将详细检查结果汇报调度和有关部门，按照母线事故处理原则进行事故处理。

（8）事故处理完毕后，值班人员填写运行日志、断路器分合闸等记录，并根据断路器跳闸情况、保护及自动装置的动作情况、故障录波报告以及处理过程，整理详细的事故处理报告。

第二节　母线事故处理实训项目

一、石北站35kV 2号母线相间短路故障

故障现象及处理步骤见表18-1。

表 18-1　　　　　35kV 2号母线相间短路故障现象及处理步骤

题目	35kV 2号母线相间短路故障（电容电抗间隔开关在断位）
事故现象	35kV 2号母线差动保护动作，站用变压器备用电源自动投入动作；312、3226、421断路器跳闸，3200、401断路器合闸
分析	35kV 2号母线相间故障，35kV母线差动保护动作，跳开312断路器，35kV 2号母线失压，1号站用变压器失压，站用变压器备用电源自动投入动作，跳开3226、421断路器，合上3200、401断路器

处理步骤	检查监控系统信息	（1）检查 312、3226、3200、421、401 断路器位置及电流； （2）检查 380V 母线电压正常； （3）检查 35kV 2 号母线电压为零； （4）检查"事故总信号""备用电源自动投入装置跳闸""备用电源自动投入装置合闸""35kV 2 号母差保护差动动作"光字； （5）画面清闪，报告调度
	检查保护装置动作情况	（1）检查 35kV 母差保护装置"跳 1 号母"灯亮，记录液晶显示并复归信号； （2）检查 35kV 备用电源自动投入装置"跳闸""合闸"灯亮，记录液晶显示并复归信号； （3）退出 2 号主变压器保护"低压侧复压元件保护投入"及"低压侧电压投入"压板； （4）检查故障录波信号； （5）汇报调度
	查找故障点	（1）佩戴安全帽、绝缘手套、绝缘鞋； （2）现场检查 312、3226、3200、421 及 401 断路器机械指示及外观有无异常； （3）现场检查保护范围内设备，包括 35kV 2 号母线，312TA、3221、3222、3223、3224、3225 间隔的断路器、-2 隔离开关，3226 间隔的 TA、断路器、-2 隔离开关，32-7 隔离开关，32TV 及避雷器以及设备之间的引线； （4）现场检查发现 35kV 2 号母线两相短路，做好记录，汇报调度
	隔离故障点	根据调度令隔离故障点：拉开 312-4、3221-2、3222-2、3223-2、3224-2、3225-2、3226-4-2 隔离开关，断开 TV 二次小开关，拉开 32-7 隔离开关
	故障设备转检修	将故障设备转检修：验电后合上 32-7MD 接地刀闸
	布置安全措施	（1）在 312-4、3221-2、3222-2、3223-2、3224-2、3225-2、3226-2 隔离开关操作把手上挂"禁止合闸，有人工作"标示牌； （2）将 35kV 2 号母线用围栏围起，在围栏上挂"止步，高压危险"标示牌； （3）在 35kV 2 号母线处放"在此工作"标示牌

二、石北站北纺线 224 断路器 B 相接地故障

故障现象及处理步骤见表 18-2。

表 18-2　　　　　　　　北纺线 224 断路器 B 相接地故障现象及处理步骤

题目	北纺线 224 断路器 B 相接地故障	
事故现象	220kV A 母线母差保护动作，201、222、224、226、212 断路器跳闸，220kV 2A 母线失压	
分析	224 断路器发生单相接地故障，母差保护动作，跳开 220kV 2A 母线上的所有断路器及母联 201 断路器，同时通过线路保护向线路对端发送远跳命令	
处理步骤	检查监控系统信息	（1）检查 201、222、224、226、212 断路器变位、三相电流，220kV 2A 母线三相电压。 （2）检查 220kV 母线保护 RCS-915AB"装置报警""母差动作""跳母联"光字；检查 CSC-150"母差动作跳 2 母""交流断线告警""装置告警"光字。 （3）画面清闪，报告调度
	检查保护装置动作情况	（1）戴安全帽。 （2）检查 220kV A 母线 RCS 母线保护屏"跳 Ⅱ 母""断线报警"灯点亮，检查液晶屏显示并复归信号；检查 CSC 母线保护屏"母差动作""交流异常"灯点亮，检查液晶屏显示并复归信号。

处理步骤	检查保护装置动作情况	（3）检查 220kV A 母联 201 保护屏断路器操作箱"TA""TB""TC"灯点亮并复归信号。 （4）检查 500kV 2 号主变压器中低压断路器操作箱屏 212 断路器操作箱"跳闸位置 A""跳闸位置 B""跳闸位置 C""Ⅰ跳闸启动""保护Ⅰ跳闸""Ⅱ跳闸启动""保护Ⅱ跳闸"灯点亮并复归信号。 （5）检查 224 北坊线、222 北车Ⅱ线、226 北常Ⅱ线 RCS 纵联电流差动保护屏断路器操作箱"TA""TB""TC"灯点亮并复归信号。 （6）检查故障录波信号。 （7）汇报调度
	查找故障点	（1）到设备区检查跳闸断路器的实际位置及外观有无异常，包括 226、224、222、212、201 断路器。 （2）检查保护范围内设备有无异常，包括 226、224、222、212 间隔 TA、断路器、-1 隔离开关断路器侧、-2 隔离开关，201 间隔-2 隔离开关、TA，204 间隔-2A 隔离开关、TA、断路器，22A-7 隔离开关、TV、避雷器，220kV 2A 母线，发现 224 断路器 B 相接地，其他设备无异常，做好记录。 （3）汇报调度
	隔离故障点，恢复无故障设备送电	（1）穿绝缘靴、戴绝缘手套。 （2）根据调度令隔离故障点：将 224 断路器"远方/就地"切换把手切至"就地"位置，拉开 224-5-2 隔离开关。 （3）根据调度令恢复 220kV 2A 母线送电：投入 201 断路器充电保护（充电保护投入压板 8LP4、充电启动失灵压板 8LP8、923 跳 201Ⅰ出口压板 8LP1、923 跳 201Ⅱ出口压板 8LP2）；合上 201 断路器，检查 220kV 2 号 A 母线充电良好；退出 201 断路器充电保护；合上 212、226、222 断路器。 （4）汇报调度
	故障设备转检修	（1）带 220kV 验电器。 （2）将 224 断路器转检修：合上 224-1KD、224-5KD 接地刀闸，断开断路器机构电源、控制电源，退出线路保护屏纵联、启失灵、远跳压板。 （3）汇报调度
	布置安全措施	（1）在 224-1-2-5 隔离开关机构箱门把手上和端子箱合闸按钮上挂"禁止合闸，有人工作"标示牌，在 224 断路器上挂"在此工作"标示牌。 （2）在 224 断路器周围设围栏，在围栏上挂"止步，高压危险""从此进出"标示牌
备注		操作断路器后应检查后台监控变位、遥测值及现场机械指示；操作隔离开关、接地刀闸后应检查后台监控变位及现场触头位置；操作母线侧隔离开关后还应检查二次切换

三、石北站北纺线 224-1 隔离开关断路器侧单相接地故障

故障现象及处理步骤见表 18-3。

表 18-3　　　　北纺线 224-1 隔离开关断路器侧单相接地故障现象及处理步骤

题目	北坊线 224-1 隔离开关断路器侧单相接地故障
事故现象	220kV A 母线母差保护动作，201、222、224、226、212 断路器跳闸，220kV 2A 母线失压
分析	224-1 隔离开关正常方式在分位，隔离开关断路器侧单相接地故障，属于 220kV 2A 母线保护范围，母差保护动作，跳开 220kV 2A 母线上的所有开关及母联 201 断路器，同时通过线路保护向线路对端发送远跳命令

处理步骤	检查监控系统信息	（1）检查 201、222、224、226、212 断路器变位、三相电流，220kV 2A 母线三相电压。 （2）检查 220kV 母线保护 RCS-915AB "装置报警" "母差动作" "跳母联" 光字；检查 CSC-150 "母差动作跳 2 母" "交流断线告警" "装置告警" 光字。 （3）画面清闪，报告调度
	检查保护装置动作情况	（1）戴安全帽。 （2）检查 220kV A 母线 RCS 母线保护屏 "跳Ⅱ母" "断线报警" 灯点亮，检查液晶屏显示并复归信号；检查 CSC 母线保护屏 "母差动作" "交流异常" 灯点亮，检查液晶屏显示并复归信号。 （3）检查 220kVA 母联 201 保护屏断路器操作箱 "TA" "TB" "TC" 灯点亮并复归信号。 （4）检查 500kV 2 号主变压器中低压断路器操作箱屏 212 断路器操作箱 "跳闸位置 A" "跳闸位置 B" "跳闸位置 C" "Ⅰ跳闸启动" "保护Ⅰ跳闸" "Ⅱ跳闸启动" "保护Ⅱ跳闸" 灯点亮并复归信号。 （5）检查 224 北坊线、222 北车Ⅱ线、226 北常Ⅱ线 RCS 纵联电流差动保护屏断路器操作箱 "TA" "TB" "TC" 灯点亮并复归信号。 （6）检查故障录波信号。 （7）汇报调度
	查找故障点	（1）到设备区检查跳闸断路器的实际位置及外观有无异常，包括 226、224、222、212、201 断路器。 （2）检查保护范围内设备有无异常，包括 226、224、222、212 间隔 TA、断路器、-1 隔离开关断路器侧、-2 隔离开关，201 间隔-2 隔离开关、TA，204 间隔-2A 隔离开关、TA、断路器、22A-7 隔离开关、TV、避雷器、220kV 2A 母线，发现 224-1 隔离开关断路器侧接地，其他设备无异常，做好记录。 （3）汇报调度
	隔离故障点，恢复无故障设备送电	（1）穿绝缘靴、戴绝缘手套。 （2）根据调度令隔离故障点：将 224 断路器 "远方/就地" 切换把手切至 "就地" 位置，拉开 224-5-2 隔离开关。 （3）根据调度令恢复 220kV 2A 母线送电：投入 201 断路器充电保护（充电保护投入压板 8LP4、充电启动失灵压板 8LP8、923 跳 201Ⅰ出口压板 8LP1、923 跳 201Ⅱ出口压板 8LP2）；合上 201 断路器，检查 220kV 2 号 A 母线充电良好；退出 201 断路器充电保护；合上 212、226、222 断路器。 （4）根据调度令将 225、221 热倒至 220kV 2A 母线运行，220kV 1A 母线由运行转冷备用。 （5）汇报调度
	故障设备转检修	（1）带 220kV 验电器、绝缘杆、接地线。 （2）224-1 隔离开关转检修：将 220kV 1A 母线由冷备用转检修，在 224-1 隔离开关断路器侧挂接地线一组。 （3）汇报调度
	布置安全措施	（1）在 224-2-5、226-1、225-1、222-1、221-1、212-1、201-1、203-1A、21A-7 隔离开关机构箱门把手上和端子箱合闸按钮上挂 "禁止合闸，有人工作" 标示牌，在 224-1 隔离开关上挂 "在此工作" 标示牌。 （2）在 224-1 隔离开关周围设围栏，在围栏上挂 "止步，高压危险" "从此进出" 标示牌
备注	操作断路器后应检查后台监控变位、遥测值及现场机械指示；操作隔离开关、接地刀闸后应检查后台监控变位及现场触头位置；操作母线侧隔离开关后还应检查二次切换	

四、石北站北大线 230-1 隔离开关母线侧单相接地故障

故障现象及处理步骤见表 18-4。

表 18-4　　　　　　北大线 230-1 隔离开关母线侧单相接地故障现象及处理步骤

题目	北大线 230-1 隔离开关母线侧单相接地故障	
事故现象	220kV B 段母差保护动作，202、229、233、235、213 断路器跳闸，220kV 1B 母线失压	
分析	230-1 隔离开关正常方式在分位，隔离开关母线侧单相接地故障，属于 220kV 1B 母线保护范围，母差保护动作，跳开 220kV 1B 母线上的所有开关及母联 202 断路器，同时通过线路保护向线路对端发送远跳命令	
处理步骤	检查监控系统信息	(1) 检查 202、229、233、235、213 断路器变位、三相电流，记录 220kV 1B 母线三相电压。 (2) 检查 220kV B 母"保护 1 装置告警""保护 1 母差动作""保护 1 跳母联""保护 2 母差动作跳 1 母""保护 2 交流断线告警""保护 2 装置告警"光字。 (3) 检查 213"操作箱第一组出口跳闸""操作箱第二组出口跳闸"光字。 (4) 画面清闪，汇报调度
	检查保护装置动作情况	(1) 戴安全帽。 (2) 检查 220kV B 母线 RCS 母线保护屏"跳 1 母""断线报警"灯点亮，检查液晶屏显示并复归信号，检查 CSC 母线保护屏"母差动作""交流异常"灯点亮，检查液晶屏显示并复归信号。 (3) 检查 220kV B 母联 202 保护屏断路器操作箱"TA""TB""TC"灯点亮并复归信号。 (4) 检查 500kV 3 号主变压器中低压断路器操作屏 213 断路器操作箱"一组跳 A""一组跳 B""一组跳 C""一组永跳""二组跳 A""二组跳 B""二组跳 C""二组永跳"灯点亮并复归信号。 (5) 检查北兆线 229、西北线 233、北田Ⅰ线 235 RCS 纵联电流差动保护屏断路器操作箱"TA""TB""TC"灯点亮并复归信号。 (6) 检查故障录波信号。 (7) 汇报调度
	查找故障点	(1) 到设备区检查跳闸断路器的机械指示及外观有无异常，包括 229、233、235、213、202 断路器。 (2) 检查保护范围内设备有无异常，包括 229、233、235、213 间隔 TA、断路器、-1 隔离开关、-2 隔离开关断路器侧，230-1、234-1、236-1 隔离开关母线侧，202 间隔开关、TA、-1 隔离开关，203 间隔-1B 隔离开关、断路器，21B-7 隔离开关、TV、避雷器，220kV 1B 母线，发现 230-1 隔离开关母线侧单相接地，其他设备无异常，做好记录。 (3) 汇报调度
	隔离故障点，恢复无故障设备送电	(1) 穿绝缘靴、戴绝缘手套。 (2) 根据调度令将 230 间隔停电：拉开 230 断路器，将 230 断路器"远方/就地"切换把手切至"就地"位置，拉开 230-5-2 隔离开关。 (3) 根据调度令将 229、233、235、213 断路器冷倒至 220kV 2B 母线：拉开 229-1 隔离开关，合上 229-2 隔离开关；拉开 233-1 隔离开关，合上 233-2 隔离开关；拉开 235-1 隔离开关，合上 235-2 隔离开关；拉开 213-1 隔离开关，合上 213-2 隔离开关；合上 229、233、235、213 断路器。 (4) 根据调度令将 220kV 1B 母线转冷备用：拉开 202-1-2 隔离开关，拉开 203-1B-1A 隔离开关，拉开 220kV 1B 母线 TV 二次小开关，拉开 21B-7 隔离开关。 (5) 汇报调度
	故障设备转检修	(1) 带 220kV 验电器、绝缘杆、接地线。 (2) 将 230-1 隔离开关转检修：检查所有-1 隔离开关在断位，验电后合上 202-1MD 接地刀闸；在 230-1 隔离开关断路器侧验电挂接地线一组。 (3) 汇报调度

处理步骤	布置安全措施	（1）在 230-2-5、229-1、233-1、234-1、235-1、236-1、202-1、213-1、203-1B、21B-7 隔离开关机构箱门把手和端子箱合闸按钮上挂"禁止合闸，有人工作"示示牌，在 230-1 隔离开关上挂"在此工作"示示牌 （2）在 230-1 隔离开关周围设置围栏，在围栏上挂"止步，高压危险""从此进出"示示牌
备注		操作开关后应检查后台监控变位、遥测值及现场机械指示；操作隔离开关、接地刀闸后应检查后台监控变位及现场触头位置；操作母线侧隔离开关后还应检查二次切换

五、石北站 500kV 1 号母线 51-17 接地刀闸 B 相单相接地故障

故障现象及处理步骤见表 18-5。

表 18-5 **500kV 1 号母线 51-17 接地刀闸 B 相单相接地故障现象及处理步骤**

题目		500kV 1 号母线 51-17 接地刀闸 B 相单相接地故障
事故现象		500kV 1 号母差保护动作，5011、5021、5031、5042、5052、5061、5071、5082 断路器跳闸，500kV 1 号母线失压
分析		51-17 接地刀闸接地故障，属于 500kV 1 号母线保护范围，500kV 1 号母差保护动作，跳开 500kV 1 号母线上的所有开关
处理步骤	检查监控系统信息	（1）检查 5011、5021、5031、5042、5052、5061、5071、5082 断路器变位、三相电流，检查 500kV 1 号母线三相电压为零。 （2）检查 500kV 1 号母线 RCS-915E 保护"装置报警""母差跳闸""A 相跳闸"光字；检查 CSC-150"差动保护动作""交流断线告警""装置告警I"光字。 （3）检查 5011、5021、5031、5042、5061、5071 断路器保护 RCS-921A"A 相跳闸""B 相跳闸""C 相跳闸"光字，检查 5052 断路器保护 RCS-921A"保护跳闸"、5052 断路器操作箱"第一组跳闸出口""第二组跳闸出口"光字，检查 5082 断路器操作箱"第一组跳闸出口""第二组跳闸出口"光字。 （4）画面清闪，报告调度
	检查保护装置动作情况	（1）戴安全帽。 （2）检查 500kV 1 号母线 RCS 母线保护屏"母差动作""断线报警"灯点亮，记录液晶显示并复归信号，检查 500kV 1 号母线 CSC 母线保护屏"母差动作""交流异常"灯点亮，记录液晶显示并复归信号。 （3）检查 5011、5021、5031、5042、5052、5061、5071 断路器保护屏断路器操作箱"TA""TB""TC"灯亮，断路器保护装置"跳 A""跳 B""跳 C"灯亮，记录液晶显示并复归信号。 （4）检查 5082 断路器保护屏断路器操作箱"一组跳 A""一组跳 B""一组跳 C""一组永跳""二组跳 A""二组跳 B""二组跳 C""二组永跳"灯亮，断路器保护装置"跳闸"灯点亮，记录液晶显示并复归信号。 （5）检查故障录波信号。 （6）汇报调度
	查找故障点	（1）检查 5011、5021、5031、5042、5052、5061、5071、5082 断路器三相机械指示及外观有无异常。 （2）检查保护范围内设备，即 5011、5021、5031、5042、5052、5061、5071、5082 间隔 TA 至 500kV 1 号母线之间的所有设备，包括 5011 断路器、5011-1 隔离开关（5061 间隔相同），5021 TA、5021 断路器、5021-1 隔离开关（5031、5071 间隔相同），5042TA、5042 断路器、5041-1 隔离开关（5052、5082 间隔相同），500kV 1 号母线，500kV 1 号母线 TV、51-17、51-27 接地刀闸，发现 51-17 接地刀闸接地，其他设备无异常，做好记录。 （3）汇报调度

处理步骤	隔离故障点	(1) 穿绝缘靴、戴绝缘手套。 (2) 根据调度令将 500kV 1 号母线转冷备用：将 5011、5021、5031、5042、5052、5061、5071、5082 断路器"远方/就地"切换把手切至"就地"位置，拉开 5011-1-2、5021-1-2、5031-1-2、5041-1、5042-2、5051-1、5052-2、5061-1-2、5071-1-2、5081-1、5082-2 隔离开关，拉开 500kV 1 号母线 TV 二次小开关。 (3) 汇报调度
	故障设备转检修	将 500kV 1 号母线转检修：后台监控及现场检查 500kV 1 号母线上所有隔离开关均在断位，合上 51-27 接地刀闸，根据现场工作需要可加挂地线
	布置安全措施	(1) 在 5011-1、5021-1、5031-1、5041-1、5051-1、5061-1、5071-1、5081-1 隔离开关机构箱门把手和端子箱合闸按钮上挂"禁止合闸，有人工作"标示牌，在 51-17 接地刀闸处挂"在此工作"标示牌。 (2) 在 51-17 接地刀闸周围设置围栏，在围栏上挂"止步，高压危险""从此进出"标示牌

六、石北站廉北Ⅱ线 5031 断路器（母线侧）套管 A 相单相接地故障

故障现象及处理步骤见表 18-6。

表 18-6　　廉北Ⅱ线 5031 断路器（母线侧）套管 A 相单相接地故障现象及处理步骤

题目	廉北Ⅱ线 5031 断路器（母线侧）套管 A 相单相接地故障
事故现象	500kV 1 号母差保护动作，5011、5021、5031、5042、5052、5061、5071、5082 断路器跳闸，500kV 1 号母线失压
分析	因为 5031 断路器的 TA 在 5031 断路器与 5031-2 隔离开关之间，所以 5031 断路器母线侧套管 A 相单相接地故障属于 500kV 1 号母差保护范围，500kV 1 号母差保护动作跳开 500kV 1 号母线上的所有开关
处理步骤	**检查监控系统信息** (1) 检查 5011、5021、5031、5042、5052、5061、5071、5082 断路器变位、三相电流，检查 500kV 1 号母线三相电压为零。 (2) 检查 500kV 1 号母线 RCS-915E 保护"装置报警""母差跳闸""A 相跳闸"光字；检查 CSC-150"差动保护动作""交流断线告警""装置告警Ⅰ"光字。 (3) 检查 5011、5021、5031、5042、5061、5071 断路器保护 RCS-921A"A 相跳闸""B 相跳闸""C 相跳闸"光字，检查 5052 断路器保护 RCS-921A"保护跳闸"、5052 断路器操作箱"第一组跳闸出口""第二组跳闸出口"光字，检查 5082 断路器操作箱"第一组跳闸出口""第二组跳闸出口"光字。 (4) 画面清闪，报告调度
	检查保护装置动作情况 (1) 戴安全帽。 (2) 检查 500kV 1 号母线 RCS 母线保护屏"母差动作""断线报警"灯点亮，记录液晶显示并复归信号，检查 500kV 1 号母线 CSC 母线保护屏"母差动作""交流异常"灯点亮，记录液晶显示并复归信号。 (3) 检查 5011、5021、5031、5042、5052、5061、5071 断路器保护屏断路器操作箱"TA""TB""TC"灯亮，断路器保护装置"跳 A""跳 B""跳 C"灯亮，记录液晶显示并复归信号。 (4) 检查 5082 断路器保护屏断路器操作箱"一组跳 A""一组跳 B""一组跳 C""一组永跳""二组跳 A""二组跳 B""二组跳 C""二组永跳"灯亮，断路器保护装置"跳闸"灯点亮，记录液晶显示并复归信号。 (5) 检查故障录波信号。 (6) 汇报调度

续表

处理步骤	查找故障点	(1) 检查 5011、5021、5031、5042、5052、5061、5071、5082 断路器三相机械指示及外观有无异常。 (2) 检查保护范围内设备，即 5011、5021、5031、5042、5052、5061、5071、5082 间隔 TA 至 500kV 1 号母线之间的所有设备，包括 5011 断路器、5011-1 隔离开关（5061 间隔相同）、5021 TA、5021 断路器、5021-1 隔离开关（5031、5071 间隔相同），5042TA、5042 断路器、5041-1 隔离开关（5052、5082 间隔相同），500kV 1 号母线，500kV 1 号母线 TV、51-17、51-27 接地刀闸，发现 5031 断路器母线侧套管 A 相接地，其他设备无异常，做好记录。 (3) 汇报调度
	隔离故障点，恢复无故障设备送电	(1) 穿绝缘靴、戴绝缘手套。 (2) 根据调度令将 5031 断路器转冷备用：将 5031 断路器"远方/就地"切换把手切至"就地"位置，拉开 5031-1-2 隔离开关。 (3) 根据调度令将 500kV 1 号母线转运行：合上 5011 断路器，检查 500kV 1 号母线三相电压正常，合上 5021、5042、5052、5061、5071、5082 断路器。 (4) 汇报调度
	故障设备转检修	(1) 检查 5031-1-2 隔离开关监控机及现场三相触头位置在分位，合上 5031-17、5031-27 接地刀闸；拉开 5031 断路器机构电源、控制电源；将 5031/5032 廉北Ⅱ线 RCS 后备及远跳 1 保护屏、RCS 纵联电流差动及远跳 2 保护屏"断路器检修方式把手 1QK"切至"5031 断路器检修"位置，将 P544 纵联电流差动保护屏"5031 断路器检修方式把手"切至"检修"位置。 (2) 汇报调度
	布置安全措施	(1) 在 5031-1-2 隔离开关机构箱门把手和端子箱合闸按钮上挂"禁止合闸，有人工作"标示牌，在 5031 断路器处放"在此工作"标示牌。 (2) 在 5031 断路器周围设置围栏，围栏上挂"止步，高压危险""从此进出"标示牌
备注		操作断路器后应检查后台监控变位、遥测值及现场机械指示；操作隔离开关、接地刀闸后应检查后台监控变位及现场触头位置

第十九章

复杂事故处理

第一节 复杂事故保护动作分析

一、保护死区故障分析

1. 死区故障类型

大多数保护装置都是通过对接入的电压、电流量进行分析，判断设备是否正常运行，而电流量取自各间隔的电流互感器二次，所以保护范围的划分，通常是以电流互感器为分界点的，而保护动作之后是通过跳开断路器切除故障，这样判断故障和切除故障的设备不同，在这两种设备之间就存在一个特殊的位置，也就是我们通常所说的保护死区。

（1）双母线接线的线路（主变压器）间隔保护死区如图 19-1 所示。电流互感器通常装在断路器和线路隔离开关之间，本间隔以电流互感器为分界，母线侧是母差保护范围，线路侧是线路保护范围。当断路器与电流互感器之间发生短路故障时，属于母差保护范围，母差保护动作，跳开母线上所有断路器，本间隔断路器跳开后，从图 19-1 中可以看出，如果线路对侧有电源，那么故障点依然有短路电流，而线路对侧的快速保护范围是两侧电流互感器之间的部分，如果没有采取适当的措施，对侧快速保护则不能动作，只能等待后备保护动作。对于主变压器间隔，当上述范围发生故障时，母差保护动作同样切除不了故障，也不在主变压器差动保护范围内，如没有采取措施，只能靠主变压器的后备保护动作，切除故障时间延长。

（2）双母线接线母联间隔保护死区如图 19-2 所示。以母联电流互感器为界，靠近 220kV 1 号母线侧为母差保护的 I 母小差保护范围，另一侧为 II 母小差保护范围，当母联断路器与电流互感器间发生故障时，220kV 母差保护 I 母小差元件动作，判断为 I 母故障，母差保护跳开母联及 220kV 1 号母线上的所有断路器，但此时故障没有被切除，依然存在，但又不属于 II 母小差范围，II 母小差元件不动作，如不采取措施，只能靠后备保护动作，切除两条母线，切除故障时间延长。

（3）双母线双分段接线分段间隔保护死区如图 19-3 所示。以分段电流互感器为界，靠近 220kV 2 号 B 母线侧为 220kV B 母线保护的 II 母小差保护范围，另一侧为 220kV A 母线保护的 II 母小差保护范围。当分段断路器与电流互感器间发生故障时，220kV B 母差保护动作，跳开分段断路器及 220kV 2 号 B 母线上的所有断路器，但此时故障没有被切除，依然存在，但又不属于 220kV 2 号 A 母线母差范围，如不采取措施，只能靠后备保护动作，切除两条母线，切除故障时间延长。

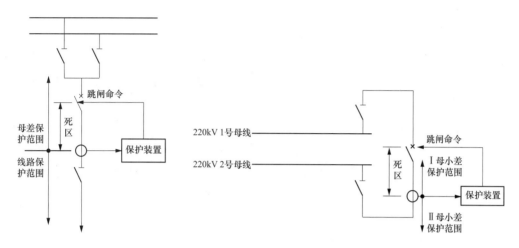

图 19-1 线路间隔保护死区   图 19-2 母联间隔保护死区

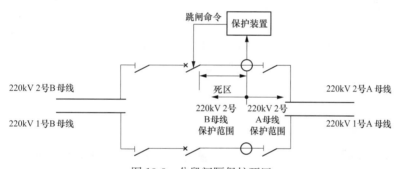

图 19-3 分段间隔保护死区

（4）500kV 3/2 接线方式的保护死区如图 19-4 所示。以边断路器电流互感器为界，靠近母线侧为 500kV 母差保护范围，靠近线路侧为线路保护范围，当断路器与电流互感器间发生故障时，500kV 2 号母线母差保护动作，跳开母线上的所有断路器，但此时故障没有被切除，依然存在，但又不属于线路保护范围，如不采取措施，只能靠线路后备保护动作，对于 3/2 接线方式，各条线路感受到的故障距离基本一样，线路后备保护没有选择性，将造成多条线路跳闸，所以必须采取措施，快速切除死区间的故障。中间断路器与电流互感器间发生故障时情况类似，也需要采取措施，快速切除故障。

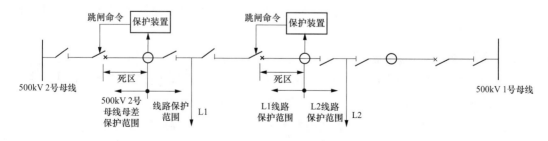

图 19-4 500kV 3/2 接线方式的保护死区

2. 死区故障的切除方法

保护死区的存在对系统的安全稳定运行威胁很大，因为保护死区大都位于母线的出口附近，一旦此范围内发生故障，不能快速切除，对设备和电网的影响非常大，所以要采取措施尽快切除死区故障。

（1）在断路器两侧分别安装电流互感器。在断路器两侧各装设一组电流互感器，两组电流互感器之间保护范围交叉，一旦该范围内发生故障，两种保护同时动作，快速切除故障。

（2）设置专门的母联死区保护。在微机型母线保护中，针对单母线分段和双母线接线方式，专门设置了母联死区保护。当母联断路器与电流互感器之间发生故障时，母差保护小差选择元件会判断为断路器侧母线故障，将其切除之后，另一条母线仍然向故障点提供短路电流，此时大差启动元件和断路器侧小差选择元件均不返回，经过整定的较短延时跳开另一条母线，从而快速切除故障。

（3）使用线路保护的远跳功能。当线路死区范围内发生故障，母差保护动作，作用于断路器操作箱永跳继电器，并通过永跳继电器触点开入线路保护装置，启动远方跳闸，由线路保护通过光纤通道向对侧线路保护发送远方跳闸信号，对侧保护接收到远方跳闸信号后，根据本侧保护设置确定是否启动出口跳闸，从而快速切除死区故障。

（4）利用失灵保护切除死区故障。对于 220kV 双母线接线，当分段断路器与电流互感器间发生故障时，如图 19-3 所示，220kV B 段母差保护动作跳分段断路器后，故障未切除，此时 B 段母差保护不返回，提供分段断路器跳闸触点，开入 A 段母线保护，A 段母线保护检测到分段断路器跳闸开入、断路器有流、220kV 2 号 A 母线复合电压闭锁开放，三个条件满足后出口跳 220kV 2 号 A 母线，切除故障。即通过分段失灵保护来切除分段死区故障。

对于 220kV 双母线接线，当 500kV 主变压器中压侧断路器与电流互感器间发生故障时，母差保护动作跳开故障母线后，故障未切除，母差保护继续动作不返回，中压侧电流互感器有流，满足上述两个条件后 220kV 母差失灵保护动作，联跳主变压器三侧断路器，切除故障。

对于 3/2 接线，当边断路器与电流互感器间发生故障时，如图 19-4 所示，500kV 2 号母线母差保护动作，跳开母线上的所有断路器，但此时故障没有被切除，母差保护动作不返回，边断路器电流互感器有流，则边断路器失灵保护动作跳开中断路器，并通过线路保护发远方跳闸信号，对侧收到远方跳闸信号并经远方跳闸就地判别装置判别后三相跳闸，从而切除故障。中断路器与电流互感器间发生故障时，同样靠断路器失灵保护跳开相邻断路器，切除死区故障。

二、断路器拒动故障分析

当某一线路、母线、变压器发生故障时，相应的保护动作，断路器跳闸，但由于断路器本身的某些原因，发生拒动，未跳开，导致事故范围扩大。

断路器拒动时，故障的切除依靠断路器失灵保护、主变压器后备保护等。

第二节 复杂事故实训项目

一、石北站 212 断路器 SF₆ 压力低闭锁，2 号主变压器高压侧套管单相接地故障

故障现象及处理步骤见表 19-1。

表 19-1 212 断路器 SF₆ 压力低闭锁，2 号主变压器高压侧套管接地故障现象及处理步骤

题目	212 断路器 SF₆ 压力低闭锁，2 号主变压器高压侧套管单相接地故障	
事故现象	212 断路器 SF₆ 气体压力降低告警、212 断路器 SF₆ 气体压力降低闭锁、212 断路器第一组控制回路断线、212 断路器第二组控制回路断线，2 号主变压器差动保护动作、220kV A 母线失灵保护动作，5021、5022、312、222、224、226、201 断路器跳闸，212 断路器在合位。380V 站用变压器备用电源自动投入动作，421、3226 断路器跳闸，3200、401 断路器合闸。220kV 2A 母线、35kV 2 号母线电压为 0，2 号主变压器三侧电流为 0	
分析	2 号主变压器高压侧套管发生单相接地故障，故障点在主变压器差动保护范围内，主变压器两套差动保护动作，跳三侧断路器，此时 212 断路器由于 SF₆ 压力低闭锁拒动，故障无法切除，220kV A 母线保护的失灵保护动作，跳开 212 断路器所在母线上的其他出线断路器以及母联 201 断路器，故障切除，同时通过线路保护向线路对端发送远跳命令	
处理步骤	检查监控系统信息	(1) 检查 5021、5022、212、312、222、224、226、201、3200、401、421、3226 断路器变位、三相电流，检查 220kV 2A 母线、35kV 2 号母线电压为零，检查 3 号主变压器负荷、温度。 (2) 检查 2 号主变压器 CSC-326C "保护告警" "保护差动保护动作" "保护 TV 断线" 光字；检查 PST-1201A "保护动作" "保护装置告警" "保护 TV 断线" 光字。 (3) 检查 5021、5022 断路器保护 RCS-921A "A 相跳闸" "B 相跳闸" "C 相跳闸" 及 "312 操作箱跳闸出口" 光字。 (4) 检查 220kV 母线保护 RCS-915AB "装置报警" "失灵跳Ⅱ母" "线路跟跳" 光字，检查母线保护 CSC-150 "失灵跳Ⅱ母" "交流断线告警" "装置告警" 光字。 (5) 检查站用变压器 "备用电源自动投入装置跳闸" "备用电源自动投入装置合闸" 光字。 (6) 检查 "35kV 2 号母差保护装置报警" "4 号电容装置报警" "5 号电容装置报警" "6 号电容装置报警" 光字。 (7) 画面清闪，汇报调度
	检查保护装置动作情况	(1) 戴安全帽。 (2) 检查 2 号主变压器 CSC 变压器保护屏差动保护装置 "差动动作" "TV 断线" "装置告警" 灯点亮，记录液晶显示并复归信号；检查 PST 变压器保护屏差动保护装置 "保护动作" "呼唤" "启动" "TV 回路异常" 灯点亮，记录液晶显示并复归信号。 (3) 检查 312 断路器操作箱 "跳闸位置" "Ⅰ跳闸启动" "保护Ⅰ跳闸" "Ⅱ跳闸启动" "保护Ⅱ跳闸" 灯点亮并复归信号，检查 212 断路器操作箱 "运行" "跳闸位置 A" "跳闸位置 B" "跳闸位置 C" "合闸位置 A" "合闸位置 B" "合闸位置 C" 灯熄灭。 (4) 检查 5022、5021 断路器保护屏断路器操作箱 "TA" "TB" "TC" 灯亮，断路器保护装置 "跳 A" "跳 B" "跳 C" 灯亮，记录液晶显示并复归信号。 (5) 检查 220kV A 母线 RCS 母线保护屏 "断线报警" "母联保护" "Ⅱ母失灵" "线路跟跳" 灯点亮，记录液晶屏信息并复归信号；检查 CSC 母线保护屏 "失灵动作" "交流异常" 灯点亮，记录液晶屏信息并复归信号。 (6) 检查 220kV A 母联 201 保护屏、222 北车Ⅱ线、224 北坊线 226 北常Ⅱ线 RCS 纵联电流差动保护屏断路器操作箱 "TA" "TB" "TC" 灯亮并复归信号。 (7) 检查 35kV 站用变压器保护屏站用变压器备用电源自动投入保护装置 "跳闸" "合闸" 灯点亮，记录液晶显示并复归信号，退出 1 号站用变压器备用电源自动投入压板。

处理步骤	检查保护装置动作情况	(8) 检查低压室 380V 1 号站用变压器进线屏 421 断路器三相电流、机械指示，检查低压室 380V 0 号站用变压器进线屏 401 断路器三相电流、机械指示。 (9) 检查 35kV 2 号母线电容器、电抗器保护屏"告警"灯点亮，记录液晶显示。 (10) 检查故障录波器动作情况。 (11) 汇报调度
	应急处理及查找故障点	(1) 到设备区检查跳闸断路器的机械指示，包括 5021、5022、212、312、3226、3200、222、224、226、201 断路器。 (2) 到设备区检查保护范围内设备及跳闸断路器有无异常，包括 5021 断路器、5021TA、5021-2 隔离开关、5022-1 隔离开关、5022 断路器、5022TA、500kV TV、避雷器、主变压器本体、低压侧避雷器、低压侧汇流母线、312-4 隔离开关、312 断路器、312TA、212TV、212 断路器、212-4 隔离开关、中压侧避雷器、222 断路器、224 断路器、226 断路器、201 断路器，发现 2 号主变压器高压套管接地，212 断路器 SF$_6$ 压力已降低至闭锁值，其他设备无异常，做好记录。 (3) 拉开 4 号电抗器 3223 断路器。 (4) 汇报调度
	隔离故障点，恢复无故障设备送电	(1) 戴绝缘手套、穿绝缘靴。 (2) 根据调度令隔离故障点：断开 2 号主变压器高压侧 TV 二次空气开关，将 5021、5022、212、312 断路器"远方/就地"切换把手切至"就地"位置，拉开 5021-2-1、5022-1-2、212-4-2、312-4 隔离开关。 (3) 根据调度令恢复无故障设备送电：投入 201 断路器充电保护，合上 201 断路器给 220kV 2A 母线充电正常后退出充电保护，依次合上 222、224、226 断路器，恢复 220kV 2A 母线及出线运行。 (4) 汇报调度
	方式调整	(1) 根据调度令调整运行方式：退出 220kV A 母线 RCS 母线保护屏 203 检修状态投入压板 1LP15、204 检修状态投入压板 1LP16，退出 220kV B 母线 RCS 母线保护屏 203 检修状态投入压板 1LP14、204 检修状态投入压板 1LP15，合上 203、204 断路器。 (2) 汇报调度
	故障设备转检修	(1) 带 500kV 验电器（采用间接验电可不带）、220kV 验电器、35kV 验电器。 (2) 根据调度令将故障设备转检修：合上 212-1KD、212-4KD、212-4BD、312-4BD、5021-67 接地刀闸，断开 212 断路器机构电源、控制电源。 (3) 如果保护有工作，需退出主变压器保护屏启动 5021 失灵、启动 5022 失灵、跳 202、跳 203、跳 204、启动 220kV 失灵压板。 (4) 汇报调度
	布置安全措施	(1) 在 212 断路器、2 号主变压器上挂"在此工作"标示牌，在 212-1-2-4、312-4、5021-2、5022-1 隔离开关操动机构箱门把手和端子箱合闸按钮上挂"禁止合闸，有人工作"标示牌。 (2) 在 212 断路器、2 号主变压器周围设置围栏，挂"止步，高压危险""从此进出"标示牌

二、石北站北田Ⅱ线 236 断路器 SF$_6$ 压力低闭锁，线路单相接地故障

故障现象及处理步骤见表 19-2。

表 19-2　北田Ⅱ线 236 断路器 SF$_6$ 压力低闭锁，线路单相接地故障现象及处理步骤

题目	北田Ⅱ线 236 断路器 SF$_6$ 压力低闭锁，线路单相接地故障
事故现象	236 断路器 SF$_6$ 气体压力低告警、闭锁，第一组控制回路断线，第二组控制回路断线，北田Ⅱ线线路保护动作、220kV B 母线失灵保护动作，230、234、202 断路器跳闸，236 断路器在合位，220kV 2B 母线电压为零

分析		当北田Ⅱ线236线路发生单相接地故障时，线路保护动作，跳相应故障相，此时236断路器由于SF$_6$压力低闭锁拒动，故障无法切除，220kV B母线保护的失灵保护动作，跳开236断路器所在母线上的其他出线以及母联202断路器，并通过线路保护发远方跳闸信号。对侧保护接到远跳信号后经本地判别，发三相跳闸命令跳开该对侧断路器。 北田Ⅱ线236线路对侧保护正确动作，跳开相应故障相，石北站失灵保护动作后对侧收到远方跳闸信号，断路器三跳
处理步骤	检查监控系统信息	(1) 检查230、234、236、202断路器位置、三相电流；检查220kV 2B母线电压为零。 (2) 检查北田Ⅱ线236断路器"SF$_6$低气压闭锁""低气压告警""控制回路1断线""控制回路2断线""压力降低禁止重合闸"光字，检查"RCS-931BM保护跳闸""RCS-931BM保护装置异常""PSL-603G保护报警""PSL-603G保护动作""PSL-603G保护TV断线"光字。 (3) 检查220kV B母"保护1装置告警""保护1失灵跳Ⅱ母""保护1线路跟跳""保护2失灵跳Ⅱ母""保护2交流断线告警""保护2装置告警"光字。 (4) 画面清闪，汇报调度
	检查保护装置动作情况	(1) 戴安全帽。 (2) 检查236北田Ⅱ线RCS纵联电流差动保护屏"OP"灯熄灭，线路保护装置"跳A"灯点亮，记录液晶屏信息并复归信号；检查PSL纵联电流差动保护屏保护装置"保护动作""TV断线""告警"灯点亮，记录液晶屏信息并复归信号。 (3) 检查220kV B母线RCS母线保护屏"断线报警""母联保护""Ⅱ母失灵""线路跟跳"灯点亮，记录液晶屏信息并复归信号；检查CSC母线保护屏"失灵动作""交流异常"灯点亮，记录液晶屏信息并复归信号。 (4) 检查220kV B母联202保护屏、230北大线、234北托线RCS纵联电流差动保护屏断路器操作箱"TA""TB""TC"灯亮并复归信号。 (5) 检查故障录波器动作情况。 (6) 汇报调度
	查找故障点	(1) 检查236断路器SF$_6$压力值，做好记录。 (2) 检查线路保护范围内设备，包括236TA、-5隔离开关、线路TV及站内可见线路。 (3) 检查跳闸断路器位置及外观有无异常，包括230、234、202断路器。 (4) 汇报调度
	隔离故障点，恢复无故障设备送电	(1) 穿绝缘靴、戴绝缘手套。 (2) 根据调度令隔离故障点：将236断路器"远方/就地"切换把手切至"就地"位置，拉开236-5-2隔离开关（解锁操作后及时恢复五防）。 (3) 根据调度令恢复无故障设备送电：投入202断路器充电保护（充电保护投入8LP2、充电启动失灵8LP10、辅助保护跳闸出口Ⅰ8LP16、辅助保护跳闸出口Ⅱ8LP17），合上202断路器给220kV 2B母线充电正常后退出充电保护，依次合上230、234断路器。 (4) 汇报调度
	故障设备转检修	(1) 带220kV验电器。 (2) 根据调度令将故障设备转检修：合上236-5KD、236-1KD，断开236断路器控制电源、机构电源。 (3) 如果保护同时有工作退出236北田Ⅱ线线路保护屏纵联、启动失灵、远跳压板。 (4) 根据调度令将故障线路转检修：合上236-5XD接地刀闸，在236-5隔离开关合闸按钮和机构箱门把手上挂"禁止合闸，线路有人工作"标示牌。 (5) 汇报调度

处理步骤	布置安全措施	（1）在236断路器上挂"在此工作"标示牌，在236-1-2-5隔离开关操动机构箱门和端子箱合闸按钮上挂"禁止合闸，有人工作"标示牌。 （2）在236断路器周围设置围栏，围栏上挂"止步，高压危险""从此进出"标示牌
备注		操作断路器后应检查后台监控变位、遥测值及现场机械指示；操作隔离开关、接地刀闸后应检查后台监控变位及现场触头位置；操作母线侧隔离开关后还应检查二次切换

三、石北站 5063 断路器控制回路断线，忻石Ⅲ线线路单相接地故障

故障现象及处理步骤见表 19-3。

表 19-3　　**5063 断路器控制回路断线，忻石Ⅲ线线路单相接地故障现象及处理步骤**

题目		5063 断路器控制回路断线，忻石Ⅲ线线路单相接地故障
事故现象		5063 断路器第一组控制回路断线、5063 断路器第二组控制回路断线，忻石Ⅲ线线路保护动作，5063 失灵保护动作，5062、5013、5023、5033、5043、5053、5073、5083 断路器跳闸，5063 断路器在合位，500kV 2 号母线电压为零，忻石Ⅲ线线路电流、电压为零
分析		忻石Ⅲ线线路发生单相接地故障，线路保护动作，跳 5063、5062 断路器故障相，但 5063 断路器控制回路断线，故障无法切除，因此 5063 断路器失灵保护动作，发三相跳闸命令跳开 5062 断路器三相，同时跳开 500kV 2 号母线上的所有断路器并向线路对侧发送远跳命令
处理步骤	检查监控系统信息	（1）检查 5062、5063、5013、5023、5033、5043、5053、5073、5083 断路器位置、三相电流；检查 500kV 2 号母线电压为零，检查忻石Ⅲ线电流、电压为零，检查忻石Ⅰ、Ⅱ线负荷正常。 （2）检查 500kV 忻石Ⅲ线 RCS-931AS "保护 1B 相跳闸""保护 1 装置异常""保护 2B 相跳闸""保护 2 装置异常"光字；检查 RCS-925A "远跳就地判别 1 装置异常""远跳就地判别 2 装置异常"光字。 （3）检查 5063 断路器保护 RCS-921 "A 相跳闸""B 相跳闸""C 相跳闸""失灵保护跳闸""第一组控制回路断线""第二组控制回路断线""第一组电源断线""第二组电源断线"光字。 （4）检查 500kV 2 号母线 RCS-915S "保护装置报警""保护失灵跳闸"光字，检查 CSC-150 "失灵保护动作""交流断线告警""保护装置告警"光字。 （5）检查 5013、5023、5033、5043、5062、5073 断路器保护 RCS-921 "A 相跳闸""B 相跳闸""C 相跳闸"光字；检查 5083 断路器"第一组出口跳闸""第二组出口跳闸"光字；检查 5053 断路器"RCS921A 保护跳闸""第一组出口跳闸""第二组出口跳闸"光字。 （6）画面清闪，汇报调度
	检查保护装置动作情况	（1）戴安全帽。 （2）检查 500kV 5063/5062 忻石Ⅲ线 RCS 纵联电流差动及远跳 1、2 保护屏 RCS-931 线路保护装置"跳 B""TV 断线"灯亮，记录液晶显示并复归信号。 （3）检查 500kV 忻石Ⅲ线 5063 断路器 RCS 断路器保护屏 CZX-22R 操作箱"OP""TA""TB""TC"灯熄灭，RCS921 断路器保护装置"跳 A""跳 B""跳 C"灯亮，记录液晶显示并复归信号，检查 5063 断路器控制电源空气开关，发现空气开关跳闸，试送一次又跳。 （4）检查 500kV 2 号母线 RCS 母线保护屏"失灵动作""断线报警"灯点亮，记录液晶显示并复归信号，检查 500kV 2 号母线 CSC 母线保护屏"失灵动作""交流异常"灯点亮，记录液晶显示并复归信号。 （5）检查 5013、5023、5033、5043、5053、5062、5073 断路器保护屏 CZX-22R 操作箱"TA""TB""TC"灯亮，RCS-921 断路器保护装置"跳 A""跳 B""跳 C"灯亮，记录液晶显示并复归信号。

处理步骤	检查保护装置动作情况	（6）检查 5083 断路器保护屏断路器操作箱"一组跳 A""一组跳 B""一组跳 C""一组永跳""二组跳 A""二组跳 B""二组跳 C""二组永跳"灯亮，断路器保护装置"跳闸"灯点亮，记录液晶显示并复归信号。 （7）检查故障录波动作情况。 （8）汇报调度
	查找故障点	（1）检查线路保护范围内设备，包括 5063 断路器、5063-1 隔离开关、5062-2 隔离开关、5062 断路器、线路 TV、避雷器及出线引线以及线路可瞭望部分，未发现一次设备异常。 （2）检查跳闸断路器机械指示并进行外观检查，包括 5013、5023、5033、5043、5053、5062、5073、5083 断路器。 （3）汇报调度
	隔离故障点，恢复无故障设备送电	（1）穿绝缘靴、戴绝缘手套。 （2）根据调度令隔离故障点：将 5063 断路器"远方/就地"切换把手切至"就地"位置，拉开 5063-1-2 隔离开关（解锁操作后及时恢复五防）。 （3）根据调度令将 500kV 2 号母线转运行：合上 5013 断路器，检查 500kV 2 号母线三相电压正常，合上 5023、5033、5043、5053、5073、5083 断路器。 （4）根据调度令试送忻石Ⅲ线，合上 5062 断路器，试送成功。 （5）汇报调度
	故障设备转检修	（1）根据调度令将故障设备转检修：后台监控及现场检查 5063-1-2 隔离开关在分位，合上 5063-17、5063-27 接地刀闸，断开 5063 断路器机构电源，将忻石Ⅲ线 RCS 纵联电流差动及远跳 1、2 保护屏"断路器检修方式把手 1QK"切至"5063 断路器检修"位置。 （2）如果保护同时有工作退出 5063 断路器屏失灵保护出口压板。 （3）汇报调度
	布置安全措施	（1）在 5063 断路器上挂"在此工作"标示牌，在 5063-1-2 隔离开关机构箱门把手和端子箱合闸按钮上挂"禁止合闸，有人工作"标示牌。 （2）在 5063 断路器周围设置围栏，挂"止步，高压危险""从此进出"标示牌

四、石北站 5062 断路器不明原因拒动，北清Ⅰ线线路单相接地故障

故障现象及处理步骤如表 19-4 所示。

表 19-4   5062 断路器不明原因拒动，北清Ⅰ线线路单相接地故障现象及处理步骤

题目		5062 断路器不明原因拒动，北清Ⅰ线线路单相接地故障
事故现象		北清Ⅰ线线路保护动作，5062 失灵保护动作，5061、5063 断路器跳闸，5062 断路器在合位，北清Ⅰ线线路电流、电压为零，忻石Ⅲ线线路电流、电压为零
分析		北清Ⅰ线线路发生单相接地故障，线路保护动作，跳 5061、5062 断路器故障相，但由于 5062 断路器拒动，故障无法切除，5062 断路器失灵保护动作，发三相跳闸命令跳开 5061、5063 断路器三相，同时通过北清Ⅰ线、忻石Ⅲ线线路保护向对侧发远方跳闸信号，线路对侧保护收到远方跳闸信号并经远方跳闸就地判别装置判别后三相跳闸，故障切除，北清Ⅰ线、忻石Ⅲ线线路失电
处理步骤	检查监控系统信息	（1）检查 5062、5063、5061 断路器位置、三相电流，检查北清Ⅰ线、忻石Ⅲ线线路电压。 （2）检查北清Ⅰ线 RCS-931AS"保护 1A 相跳闸""保护 1B 相跳闸""保护 1C 相跳闸""保护 1 装置异常"光字；检查 PSL-603GA"保护装置告警""保护装置动作""保护装置 TV 断线"光字；检查 RCS-925A"远跳就地判别 1 装置异常""远跳就地判别 2 装置异常"光字。 （3）检查 5061、5063 断路器 RCS-921A"A 相跳闸""B 相跳闸""C 相跳闸"光字；检查 5062 断路器 RCS-921A"A 相跳闸""B 相跳闸""C 相跳闸""失灵保护跳闸"光字。 （4）画面清闪，汇报调度

处理步骤	检查保护装置动作情况	（1）戴安全帽。 （2）检查 500kV 5061/5062 北清Ⅰ线 PSL 纵联电流差动保护屏 PSL-603 线路保护装置"A 相跳闸""B 相跳闸""C 相跳闸"灯点亮，记录液晶屏信息并复归信号；检查 RCS 纵联电流差动保护屏 RCS-931 线路保护装置"跳 A""跳 B""跳 C""TV 断线"灯点亮，记录液晶显示并复归信号。 （3）检查 5061、5063 断路器 RCS 断路器保护屏 CZX-22R 操作箱"TA""TB""TC"灯点亮，RCS-921 断路器保护装置"跳 A""跳 B""跳 C"灯点亮，记录液晶显示并复归信号。 （4）检查 5062 断路器 RCS 断路器保护屏 CZX-22R 操作箱"OP""TA""TB""TC"灯点亮，RCS-921 断路器保护装置"跳 A""跳 B""跳 C"灯点亮，记录液晶显示。 （5）检查故障录波器动作情况。 （6）汇报调度
	查找故障点	（1）检查跳闸断路器机械指示，包括 5063、5062、5061 断路器。 （2）检查线路保护范围内设备及跳闸断路器有无异常，包括 5063 断路器、5061 断路器、5061-2 隔离开关、5062-1 隔离开关、5062 断路器、线路 TV、避雷器及出线引线以及线路可瞭望部分，5062 断路器不明原因拒动，其他设备无异常。 （3）汇报调度
	隔离故障点，恢复无故障设备送电	（1）穿绝缘靴、戴绝缘手套。 （2）根据调度令隔离故障点：将 5062 断路器"远方/就地"切换把手切至"就地"位置，拉开 5062-1-2 隔离开关（解锁操作后及时恢复五防）。 （3）根据调度令恢复无故障设备送电：合上 5063 断路器。 （4）根据调度令试送北清Ⅰ线，合上 5061 断路器，再次跳闸，根据调度令拉开 5061-2-1 隔离开关，断开北清Ⅰ线 TV 二次空气开关。 （5）汇报调度
	故障设备转检修	（1）带 500kV 验电器。 （2）根据调度令将故障设备转检修：后台监控及现场检查 5062-1-2 隔离开关在分位，合上 5062-17、5062-27 接地刀闸，将忻石Ⅲ线 RCS 纵联电流差动及远跳1、2 保护屏"断路器检修方式把手 1QK"切至"5062 断路器检修"位置；如果保护同时有工作退出 5062 断路器屏失灵保护出口压板。 （3）根据调度令将北清Ⅰ线线路转检修：验电后合上 5061-67 接地刀闸，在 5062-2、5062-1 隔离开关机构箱门把手和端子箱合闸按钮上挂"禁止合闸，线路有人工作"标示牌。 （4）汇报调度
	布置安全措施	（1）在 5062 断路器上挂"在此工作"标示牌，在 5062-1-2 隔离开关机构箱门把手和端子箱合闸按钮上挂"禁止合闸，有人工作"标示牌。 （2）在 5062 断路器周围设置围栏，挂"止步，高压危险"标示牌，在出入口处挂"从此进出"标示牌
备注		断路器不明原因拒动，不要断开控制电源，操作箱信号不复归，保持断路器状态不变

五、石北站 5021 断路器不明原因拒动，2 号主变压器高压侧 CVT B 相故障

故障现象及处理步骤见表 19-5。

表 19-5　5021 断路器不明原因拒动，2 号主变压器高压侧 CVT B 相故障现象及处理步骤

题目	石北站 5021 断路器不明原因拒动，2 号主变压器高压侧 CVT B 相故障
事故现象	2 号主变压器差动保护动作，5021 断路器失灵保护动作，5022、212、312、5011、5031、5042、5052、5061、5071、5082 断路器跳闸，5021 断路器在合位；380V 站用变压器备用电源自动投入动作，421、3226 断路器跳闸，3200、401 断路器合闸；500kV 1 号母线、35kV 2 号母线电压为零，2 号主变压器三侧电流为零

分析		2号主变压器高压侧CVT B相故障，故障点在主变压器差动保护范围内，主变压器两套差动保护动作，跳三侧断路器，5021断路器拒动，5021断路器失灵保护动作，跳开500kV 1号母线上的所有断路器，故障切除
处理步骤	检查监控系统信息	（1）检查5011、5021、5022、5031、5042、5052、5061、5071、5082、212、312、3200、3226、401、421断器位置、三相电流，检查500kV 1号母线、35kV 2号线电压为零，检查2号主变压器电流、电压为零，检查3号主变压器负荷、温度，检查380V 1段母线电压正常。 （2）检查2号主变压器CSC-326C"保护告警""保护差动保护动作""保护TV断线"光字；检查PST-1201A"保护动作""保护装置告警""保护TV断线"光字；检查"312操作箱跳闸出口"光字。 （3）检查5021断路器RCS-921A"A相跳闸""B相跳闸""C相跳闸""失灵保护跳闸"光字。 （4）检查500kV 1号母线RCS-915S"保护装置报警""保护失灵跳闸"光字，检查CSC-150"失灵保护动作""交流断线告警""保护装置告警"光字。 （5）检查5011、5022、5031、5042、5061、5071断路器保护RCS-921"A相跳闸""B相跳闸""C相跳闸"光字；检查5082断路器"第一组出口跳闸""第二组出口跳闸"光字；检查5052断路器"RCS921A保护跳闸""第一组出口跳闸""第二组出口跳闸"光字。 （6）检查站用变压器"备用电源自动投入装置跳闸""备用电源自动投入装置合闸"光字。 （7）画面清闪，汇报调度
	检查保护装置动作情况	（1）戴安全帽。 （2）检查2号主变压器CSC变压器保护屏差动保护装置"差动动作""TV断线""装置告警"灯点亮，记录液晶显示并复归信号；检查PST变压器保护屏差动保护装置"保护动作""呼唤""启动""TV回路异常"灯点亮，记录液晶显示并复归信号。 （3）检查312断路器操作箱"跳闸位置""Ⅰ跳闸启动""保护Ⅰ跳闸""Ⅱ跳闸启动""保护Ⅱ跳闸"灯点亮并复归信号，检查212断路器操作箱"跳闸位置A""跳闸位置B""跳闸位置C""Ⅰ跳闸启动""保护Ⅰ跳闸""Ⅱ跳闸启动""保护Ⅱ跳闸"灯点亮并复归信号。 （4）检查5021断路器RCS断路器保护屏CZX-22R操作箱"OP""TA""TB""TC"灯点亮，RCS-921断路器保护装置"跳A""跳B""跳C"灯点亮，记录液晶显示。 （5）检查500kV 1号母线RCS母线保护屏"失灵动作""断线报警"灯点亮，记录液晶显示并复归信号，检查500kV 1号母线CSC母线保护屏"失灵动作""交流异常"灯点亮，记录液晶显示并复归信号。 （6）检查5011、5022、5031、5042、5052、5061、5071断路器保护屏CZX-22R操作箱"TA""TB""TC"灯亮，RCS921断路器保护装置"跳A""跳B""跳C"灯亮，记录液晶显示并复归信号；检查5082断路器保护屏断路器操作箱"一组跳A""一组跳B""一组跳C""一组永跳""二组跳A""二组跳B""二组跳C""二组永跳"灯亮，断路器保护装置"跳闸"灯点亮，记录液晶显示并复归信号。 （7）检查35kV站用变压器保护屏站用变压器备用电源自动投入保护装置"跳闸""合闸"灯点亮，记录液晶显示并复归信号，退出1号站用变压器备用电源自动投入压板。 （8）检查低压室380V 1号站用变压器进线屏421断路器三相电流、机械指示，检查低压室380V 0号站用变压器进线屏401断路器三相电流、机械指示。 （9）检查故障录波器动作情况。 （10）汇报调度
	应急处理及查找故障点	（1）检查5021断路器机械指示、SF$_6$压力情况、储能情况，发现5021断路器不明原因拒动。 （2）检查跳闸断路器的机械指示及外观有无异常，包括5011、5022、5031、5042、5052、5061、5071、5082、212、312、3226、3200断路器。

处理步骤	应急处理及查找故障点	(3) 检查保护范围内设备有无异常，包括 5021TA、5021-2 隔离开关、5022-1 隔离开关、5022TA、5022 断路器、500kV TV、避雷器、主变压器本体、低压侧避雷器、低压侧汇流母线、312-4 隔离开关、312 断路器、312TA、212TA、212 断路器、212-4 隔离开关、中压侧避雷器，发现 2 号主变压器高压侧 CVT B 相接地，其他设备无异常，做好记录。 (4) 拉开 4 号电抗器 3223 断路器。 (5) 汇报调度
	隔离故障点，恢复无故障设备送电	(1) 穿绝缘靴、戴绝缘手套。 (2) 根据调度令隔离故障点：断开 2 号主变压器高压侧 TV 二次空气开关，将 5021、5022、212、312 断路器"远方/就地"切换把手切至"就地"位置，拉开 312-4、212-4-2、5021-1-2、5022-1-2 隔离开关。 (3) 根据调度令恢复无故障设备送电：合上 5011 断路器，检查 500kV 1 号母线充电良好，然后再依次合上 5031、5042、5052、5061、5082 断路器，恢复 500kV 1 号母线运行。 (4) 汇报调度
	方式调整	(1) 根据调度令调整运行方式：退出 220kV A 母线 RCS 母线保护屏 203 检修状态投入压板 1LP15、204 检修状态投入压板 1LP16，退出 220kV B 母线 RCS 母线保护屏 203 检修状态投入压板 1LP14、204 检修状态投入压板 1LP15，合上 203、204 断路器。 (2) 汇报调度
	故障设备转检修	(1) 带 500kV 验电器（采用间接验电可不带）、220kV 验电器、35kV 验电器。 (2) 根据调度令将故障设备转检修：5021-17、5021-27、5021-67、212-4BD、312-4BD 接地刀闸。 (3) 如果主变压器保护有工作，需退出主变压器保护屏启动 5021 失灵、启动 5022 失灵、跳 202、跳 203、跳 204、启动 220kV 失灵压板；如果断路器保护有工作，需退出 5021 断路器屏失灵保护出口压板。 (4) 汇报调度
	布置安全措施	(1) 在 5021 断路器、2 号主变压器高压侧 CVT 上挂"在此工作"标示牌，在 212-4、312-4、5021-1、5022-1 隔离开关操作机构箱门把手和端子箱合闸按钮上挂"禁止合闸，有人工作"标示牌。 (2) 在 5021 断路器、2 号主变压器高压侧 CVT 周围设置围栏，挂"止步，高压危险""从此进出"标示牌
备注		断路器不明原因拒动，不要断开控制电源，操作箱信号不复归，保持断路器状态不变

六、石北站 220kV 母联 202 断路器死区相间短路故障

故障现象及处理步骤见表 19-6。

表 19-6　　　　　　　　220kV 母联 202 断路器死区相间短路故障现象及处理步骤

题目	220kV 母联 202 断路器死区相间短路故障
事故现象	220kV B 母线母差跳 I 母、220kV B 母线母差跳 II 母、220kV B 母线母差跳母联，229、230、233、234、235、236、213、202 断路器跳闸，220kV 1B、2B 母线电压为零，B 段母线全停
分析	当 202 断路器与 TA 间故障时，220kV B 母线保护判断为 1B 母线故障，跳开 220kV 1B 母线及母联 202 断路器，但此时故障仍然存在，202 断路器的死区保护动作，经死区延时跳 220kV 2B 母线，至此，两条母线全部跳闸，故障切除。 同时线路保护发远方跳闸信号，所有线路对侧断路器均跳闸，线路失压；母差保护动作只跳 213 断路器，不联跳主变压器三侧，故 3 号主变压器高低压侧运行

处理步骤	检查监控系统信息	(1) 检查229、230、233、234、235、236、213、202断路器变位、三相电流；检查2号主变压器负荷情况；检查220kV 1B、2B母线三相电压。 (2) 检查220kV B母"保护1装置告警""保护1母差动作""保护1跳母联""保护2母差动作跳1母""保护2母差动作跳2母""保护2交流断线告警""保护2装置告警"光字。 (3) 检查213"操作箱第一组出口跳闸""操作箱第二组出口跳闸"光字。 (4) 画面清闪，汇报调度
	检查保护装置动作情况	(1) 戴安全帽。 (2) 检查220kV B母线RCS母线保护屏"跳1母""跳2母""断线报警"灯点亮，检查液晶屏显示并复归信号，检查CSC母线保护屏"母差动作""交流异常"灯点亮，检查液晶屏显示并复归信号。 (3) 检查220kV B母联202保护屏断路器操作箱"TA""TB""TC"灯点亮并复归信号。 (4) 检查500kV 3号主变压器中低压断路器操作箱屏213断路器操作箱"一组跳A""一组跳B""一组跳C""一组永跳""二组跳A""二组跳B""二组跳C""二组永跳"灯点亮并复归信号。 (5) 检查北兆线229、北大线230、西北线233、北托线234、北田Ⅰ线235、北田Ⅱ线236RCS纵联电流差动保护屏断路器操作箱"TA""TB""TC"灯点亮并复归信号。 (6) 检查故障录波信号。 (7) 汇报调度
	查找故障点	(1) 检查跳闸断路器的机械指示及外观有无异常，包括229、230、233、234、235、236、213、202断路器。 (2) 检查保护范围内设备有无异常，根据故障现象进行判断，首先检查202断路器与TA间设备，若未发现异常，则应对220kV B母线差动保护范围内的所有设备进行检查；发现故障点后，做好记录。 (3) 汇报调度
	隔离故障点，恢复无故障设备送电	(1) 穿绝缘靴、戴绝缘手套。 (2) 根据调度令隔离故障点：将202断路器"远方/就地"切换把手切至"就地"位置，拉开202-1-2隔离开关。 (3) 根据调度令恢复无故障设备送电，一般有以下几种方式： 1) 220kV单母线运行，所有间隔上220kV 1B（或2B）母线运行； 2) 220kV隔离开关跨接母线运行，选择某一间隔跨接220kV 1B、2B母线，首先将母差保护投非选择，选择某一间隔跨接两条母线，由线路对侧给220kV 1B、2B母线充电，充电正常后，依次合上其他断路器，恢复220kV B段母线运行； 3) 220kV 1B、2B母线分列运行，1B、2B母线分别选择一条线路由对侧充电后，合上其他断路器，还可以调整运行方式，合上分段断路器提高可靠性。 (4) 汇报调度
	故障设备转检修	(1) 带220kV验电器。 (2) 将202断路器转检修：合上202-1KD、202-2KD接地刀闸，断开断路器机构电源、控制电源。 (3) 汇报调度
	布置安全措施	(1) 在202-1-2隔离开关机构门把手上和端子箱合闸按钮上挂"禁止合闸，有人工作"标示牌，在202断路器及TA上挂"在此工作"标示牌。 (2) 在202断路器及TA周围设置围栏，挂"止步，高压危险"标示牌，在出入口处挂"从此进出"标示牌

七、石北站 500kV 忻石Ⅱ线/北清Ⅱ线 5072 断路器死区单相接地故障

故障现象及处理步骤见表 19-7。

表 19-7　　500kV 忻石Ⅱ线/北清Ⅱ线 5072 断路器死区单相接地故障现象及处理步骤

题目	500kV 忻石Ⅱ线/北清Ⅱ线 5072 断路器死区单相接地故障	
事故现象	北清Ⅱ线线路保护动作，5072 失灵保护动作，5071、5072、5073 断路器跳闸，北清Ⅱ线线路电流、电压为零，忻石Ⅱ线线路电流、电压为零	
分析	500kV 忻石Ⅱ线/北清Ⅱ线 5072 电流互感器安装在断路器与-2 隔离开关之间，断路器死区单相接地故障时，北清Ⅱ线线路保护动作，跳 5071、5072 断路器故障相，但由于故障点位于 5072 断路器外侧，故障并未切除，5072 断路器失灵保护动作，发三相跳闸命令跳开 5071、5072、5073 断路器三相，同时通过忻石Ⅱ线、北清Ⅱ线线路保护发远方跳闸信号，线路对侧保护收到远方跳闸信号并经远方跳闸就地判别装置判别后三相跳闸，切除故障，忻石Ⅱ线、北清Ⅱ线线路失电	
处理步骤	检查监控系统信息	(1) 检查 5071、5072、5073 断路器位置、三相电流，检查线路电压。 (2) 检查北清Ⅱ线 RCS-931AS "保护 1A 相跳闸" "保护 1B 相跳闸" "保护 1C 相跳闸" "保护 1 装置异常" 光字，检查 PSL-603GA "保护装置告警" "保护装置动作" "保护装置 TV 断线" 光字，检查 RCS-925A "远跳就地判别 1 装置异常" "远跳就地判别 2 装置异常" 光字。 (3) 检查 5071、5073 断路器 RCS-921A "A 相跳闸" "B 相跳闸" "C 相跳闸" 光字；检查 5062 断路器 RCS-921A "A 相跳闸" "B 相跳闸" "C 相跳闸" "失灵保护跳闸" 光字。 (4) 画面清闪，汇报调度
	检查保护装置动作情况	(1) 戴安全帽。 (2) 检查 500kV 5071/5072 北清Ⅱ线 PSL 纵联电流差动保护屏 PSL-603 线路保护装置 "A 相跳闸" "B 相跳闸" "C 相跳闸" 灯点亮，记录液晶显示并复归信号；检查 RCS 纵联电流差动保护屏 RCS-931 线路保护装置 "跳 A" "跳 B" "跳 C" "TV 断线" 灯点亮，记录液晶显示并复归信号。 (3) 检查 5071、5073 断路器 RCS 断路器保护屏 CZX-22R 操作箱 "TA" "TB" "TC" 灯点亮，RCS-921 断路器保护装置 "跳 A" "跳 B" "跳 C" 灯点亮，记录液晶显示并复归信号。 (4) 检查 5072 断路器 RCS 断路器保护屏 CZX-22R 操作箱 "TA" "TB" "TC" 灯点亮，RCS-921 断路器保护装置 "跳 A" "跳 B" "跳 C" 灯点亮，记录液晶显示并复归信号。 (5) 检查故障录波器动作情况。 (6) 汇报调度
	查找故障点	(1) 检查跳闸断路器机械指示及外观有无异常，包括 5073、5072、5071 断路器。 (2) 检查线路保护范围内设备有无异常，根据故障现象进行判断，首先检查 5072 断路器与 TA 之间设备，若未发现异常，则检查线路保护范围内所有设备，包括 5072TA、5072 断路器、5072-1 隔离开关、5071-2 隔离开关、5071TA、5071 断路器、线路 TV、避雷器及出线引线以及线路可瞭望部分，发现 5072 断路器与 TA 之间发生单相接地，其他设备无异常，做好记录。 (3) 汇报调度
	隔离故障点，恢复无故障设备送电	(1) 穿绝缘靴、戴绝缘手套。 (2) 根据调度令隔离故障点：将 5072 断路器 "远方/就地" 切换把手切至 "就地" 位置，拉开 5072-1-2 隔离开关。 (3) 根据调度令恢复无故障设备送电：合上 5073 断路器、5071 断路器。 (4) 汇报调度

处理步骤	故障设备转检修	（1）根据调度令将故障设备转检修：后台监控及现场检查 5072-1-2 隔离开关在分位，合上 5072-17、5072-27 接地刀闸，断开 5072 断路器控制电源、机构电源，将忻石Ⅱ线、北清Ⅱ线线路保护屏"断路器检修方式断路器 1QK"切至"5072 断路器检修"位置。 （2）如果保护同时有工作，需退出 5072 断路器保护屏失灵保护出口压板。 （3）汇报调度
	布置安全措施	（1）在 5072-1-2 隔离开关机构箱门把手和端子箱合闸按钮上挂"禁止合闸，有人工作"标示牌，在 5072 断路器上挂"在此工作"标示牌。 （2）在 5072 断路器周围设置围栏，挂"止步，高压危险"标示牌，在出入口处挂"从此进出"标示牌

八、石北站 500kV 北清Ⅰ线 5061 断路器保护交叉区单相接地故障

故障现象及处理步骤见表 19-8。

表 19-8　　　　　　　　500kV 北清Ⅰ线 5061 断路器保护交叉区单相接地故障

题目		500kV 北清Ⅰ线 5061 断路器保护交叉区单相接地故障
事故现象		北清Ⅰ线线路保护动作，500kV 1 号母线母差保护动作，5061、5062、5011、5021、5031、5042、5052、5071、5082 断路器跳闸，北清Ⅰ线线路电流、电压为零，500kV 1 号母线失压
分析		北清Ⅰ线 5061 电流互感器安装在断路器套管内，双侧布置，当 5061 断路器保护交叉区（即断路器内部）单相接地故障时，北清Ⅰ线线路保护动作，跳开 5061、5062 断路器故障相，母线保护动作跳开 500kV 1 号母线上所有开关，5061 断路器同时接到线路保护和母差保护跳闸令，三相跳开，5062 断路器等待重合，当线路对侧的边断路器重合闸动作后，故障仍然存在，线路两侧保护动作，本侧跳开 5062 断路器其余两相，线路对侧两个断路器三相跳闸，故障切除，北清Ⅰ线、500kV 1 号母线失电
处理步骤	检查监控系统信息	（1）检查 5061、5062、5011、5021、5031、5042、5052、5071、5082 断路器位置、三相电流，检查北清Ⅰ线电压。 （2）检查北清Ⅰ线 RCS-931AS"保护 1A 相跳闸""保护 1B 相跳闸""保护 1C 相跳闸""保护 1 装置异常"光字，检查 PSL-603GA"保护装置告警""保护装置动作""保护装置 TV 断线"光字，检查 RCS-925A"远跳就地判别 1 装置异常""远跳就地判别 2 装置异常"光字。 （3）检查 500kV 1 母线 RCS-915E 保护"装置报警""母差跳闸""A 相跳闸"光字，检查 CSC-150"差动保护动作""交流断线告警""装置告警Ⅰ"光字。 （4）检查 5011、5021、5031、5042、5061、5062、5071 断路器保护 RCS-921A"A 相跳闸""B 相跳闸""C 相跳闸"光字，检查 5052 断路器保护 RCS-921A"保护跳闸"、5052 断路器操作箱"第一组跳闸出口""第二组跳闸出口"光字，检查 5082 断路器操作箱"第一组跳闸出口""第二组跳闸出口"光字。 （5）画面清闪，汇报调度
	检查保护装置动作情况	（1）戴安全帽。 （2）检查 500kV 5061/5062 北清Ⅰ线 PSL 纵联电流差动保护屏 PSL-603 线路保护装置"A 相跳闸""B 相跳闸""C 相跳闸"灯点亮，记录液晶显示并复归信号；检查 RCS 纵联电流差动保护屏 RCS-931 线路保护装置"跳 A""跳 B""跳 C""TV 断线"灯点亮，记录液晶显示并复归信号。 （3）检查 500kV 1 号母线 RCS 母线保护屏"母差动作""断线报警"灯点亮，检查液晶显示并复归信号，检查 500kV 1 号母线 CSC 母线保护屏"母差动作""交流异常"灯点亮，检查液晶显示并复归信号。

处理步骤	检查保护装置动作情况	(4) 检查 5011、5021、5031、5042、5052、5061、5062、5071 断路器保护屏断路器操作箱 "TA""TB""TC" 灯亮，断路器保护装置 "跳 A""跳 B""跳 C" 灯亮，记录液晶显示并复归信号；检查 5082 断路器保护屏断路器操作箱 "一组跳 A""一组跳 B""一组跳 C""一组永跳""二组跳 A""二组跳 B""二组跳 C""二组永跳" 灯点亮，检查断路器保护装置 "跳闸" 灯点亮，检查液晶显示并复归信号。 (5) 检查故障录波器动作情况。 (6) 汇报调度
	查找故障点	(1) 检查跳闸断路器机械指示及外观有无异常，包括 5062、5061、5011、5021、5031、5042、5052、5071、5082 断路器。 (2) 根据故障现象判断为保护交叉区范围内故障，检查设备有无异常，若外观检查未见异常，则应检查线路保护和母差保护范围内设备，若无异常，结合故障录波报告，则可判定为 5061 断路器内部故障。 (3) 汇报调度
	隔离故障点，恢复无故障设备送电	(1) 穿绝缘靴、戴绝缘手套。 (2) 根据调度令隔离故障点：将 5061 断路器 "远方/就地" 切换把手切至 "就地" 位置，拉开 5061-1-2 隔离开关。 (3) 根据调度令恢复无故障设备送电：合上 5062 断路器送北清Ⅰ线；合上 5011 断路器，检查 500kV 1 号母线三相电压正常，合上 5021、5031、5042、5052、5071、5082 断路器，恢复母线送电。 (4) 汇报调度
	故障设备转检修	(1) 根据调度令将故障设备转检修：后台监控及现场检查 5061-1-2 隔离开关在分位，合上 5061-17、5061-27 接地刀闸，断开 5061 断路器控制电源、机构电源，将北清Ⅰ线线路保护屏 "断路器检修方式断路器 1QK" 切至 "5061 断路器检修" 位置。 (2) 如果保护同时有工作，需退出 5061 断路器保护屏失灵出口压板。 (3) 汇报调度
	布置安全措施	(1) 在 5061-1-2 隔离开关机构箱门把手和端子箱合闸按钮上挂 "禁止合闸，有人工作" 标示牌，在 5061 断路器上挂 "在此工作" 标示牌。 (2) 在 5061 断路器周围设置围栏，围栏上挂 "止步，高压危险" 标示牌，在出入口处挂 "从此进出" 标示牌